U0209604

葡萄酒生产与质量
（原著第二版）
Wine Production and Quality
（Second Edition）

〔英〕Keith Grainger　Hazel Tattersall　著

王　军　段长青　何　非　译

科学出版社

北京

图字：01-2019-2050 号

内 容 简 介

　　本书分为葡萄酒生产和葡萄酒质量两部分。葡萄酒生产部分论述了葡萄栽培的基础知识、气候和土壤对葡萄生产的影响、葡萄园的建立和整形修剪、病虫害防控、有机和生物动力学葡萄栽培、果实采收和酿造工艺、葡萄酒厂设计和设备、葡萄酒陈酿和勾兑、特种葡萄酒酿造工艺等。葡萄酒质量部分论述了葡萄酒的品尝、外观、嗅觉和味觉，以及葡萄酒的缺点和缺陷、葡萄酒的质量保证和担保、优质葡萄酒生产、葡萄酒的采购等。

　　本书结构编排循序渐进，图表制作精美，对从事葡萄和葡萄酒生产的专业技术人员、葡萄酒贸易专业的学生、葡萄酒商、侍酒师、餐厅经理和葡萄酒爱好者来说，是一本理想的参考书。

图书在版编目（CIP）数据

　　葡萄酒生产与质量（原著第二版）/（英）基思·格兰杰（Keith Grainger），黑兹尔·塔特索尔（Hazel Tattersall）著；王军，段长青，何非译. —北京：科学出版社，2019.8

　　书名原文：Wine Production and Quality（Second Edition）

　　原书 ISBN 978-1-118-93455-5

　　ISBN 978-7-03-062070-5

　　Ⅰ. ①葡⋯　Ⅱ. ①基⋯　②黑⋯　③王⋯　④段⋯　⑤何⋯　Ⅲ. ①葡萄酒-酿造-生产过程-质量控制　Ⅳ. ①TS262.61

　　中国版本图书馆 CIP 数据核字（2019）第 167541 号

责任编辑：贾　超　侯亚薇 / 责任校对：杜子昂
责任印制：肖　兴 / 封面设计：东方人华

科 学 出 版 社 出版
北京东黄城根北街 16 号
邮政编码：100717
http://www.sciencep.com
天津文林印务有限公司　印刷
科学出版社发行　各地新华书店经销
*
2019 年 8 月第 一 版　　开本：720×1000　1/16
2019 年 8 月第一次印刷　　印张：15 1/2　彩插：8
字数：300 000

定价：**128.00 元**
（如有印装质量问题，我社负责调换）

译 者 序

进入 21 世纪以来，随着进口葡萄酒数量和酒种的增加，我国的翻译工作者翻译出版了一批葡萄酒品鉴/鉴赏、葡萄酒选购/收藏和葡萄酒配餐等方面的专业书籍。这些书籍的出版，对提高我国葡萄酒消费者/爱好者的鉴赏水平、传播葡萄酒文化、科学饮用葡萄酒和促进葡萄酒消费市场繁荣等发挥了很大的推动作用。

Wine Production: *Vine to Bottle* 于 2005 年由 Blackwell 公司出版，是一些国家专业院校葡萄酒酿造课程的必备参考书；*Wine Quality*: *Tasting and Selection* 于 2009 年由 Wiley 公司出版。本书原著 *Wine Production and Quality*（*Second Edition*）是上述两部专著的合并和补充扩展，分为葡萄酒生产和葡萄酒质量两部分，涵盖了从葡萄生产到葡萄酒生产、品尝和采购的各个方面，不仅具有很强的知识性，而且有助于专业人士和葡萄酒爱好者对葡萄酒生产全产业链进行深入了解，这也是本书的特色之处。

Wine Production and Quality（*Second Edition*）一书的版权由科学出版社引进，由中国农业大学食品科学与营养工程学院的王军、段长青和何非翻译，王军对全书译文进行统稿。感谢江西君子谷野生水果世界有限公司为本书的出版提供全部资金支持。

翻译过程同时也是对原著的深入理解和文字加工过程，对难以理解的专业术语，译者尽最大努力去查阅相关文献，如《葡萄学：解剖学与生理学》、《葡萄酒科学——原理与应用（第三版）》、《葡萄酒酿造学——原理及应用》、《葡萄酒品尝学》、《葡萄酒品尝法》、《葡萄酒工业手册》、*Understanding Wine Chemistry* 和 *The Grapevine*: *from the Science to the Practice of Growing Vines for Wine*。由于译者水平有限，译文中难免存在翻译不当之处，恳请读者批评指正。

译　者

2019 年 8 月

前　　言

本书的主题为葡萄酒生产、品尝和质量。2005 年，Blackwell 公司出版了 *Wine Production: Vine to Bottle*。随后该书就成为一些国家专业院校"葡萄酒酿造学基础"和"葡萄酒总论"课程的必备参考书。该书的西班牙语版 *Producción de Vino* 由 Editorial Acribia 出版。2009 年，Wiley 公司出版了 *Wine Quality: Tasting and Selection*，当年该书即获得"世界美食家奖最佳葡萄酒教育图书"称号，后又获得"1995～2014 美食家奖最佳葡萄酒教育图书"称号。上述著作出版后，葡萄酒行业发生了很大变化，评论家的认知和消费者的期望也发生了改变。因此，在重新审视上述著作的基础上，我们补充了许多新资料，合并出版了 *Wine Production and Quality*（*Second Edition*）。本书分为葡萄酒生产和葡萄酒质量两部分。

有关葡萄生长和葡萄酒酿造及其他方面的专业书籍有很多。尽管这些书籍对葡萄酒酿造专业的学生、葡萄生产者和酿酒师来说很有价值，具有很高的学术或技术水准，但也有许多书籍是消费者欣赏或某些人临时关注的"休闲"图书。

本书第 1 部分，即"葡萄酒生产"部分，我们以简洁但又结构化的方式论述了葡萄酒生产的基础知识，目的是增强本书的可读性，使读者更容易理解葡萄酒生产，同时也可以作为葡萄酒生产的基本参考资料。尽管这一部分包括了必要的科学信息，但内容的编排是为了使了解葡萄酒知识较少的读者更容易理解。

本书第 2 部分，即"葡萄酒质量"部分，我们的目的在于使读者了解有关葡萄酒风格和质量方面的品尝、评定和评价的概念与技术，以及在葡萄酒质量评价和认可方面所面临的挑战；同时，也论述了可能损害任何质量等级的葡萄酒的缺陷，以及有关质量构成方面的误解。与第 1 部分一样，内容的编排主要是面向了解葡萄酒知识较少的读者，引导其采取更科学的方法，审视赋予香味、风味的化合物，尤其是不良风味化合物。其中还穿插着一些特殊场合的事例，因为这不仅是我们的看法，也是我们的体验，这些体验勾勒出我们与葡萄酒互动的轮廓。本书所采用的品尝结构和品尝术语与葡萄酒及烈酒教育基金会（WSET，英国）学业水平系统品尝法所采用的一致。因此，我们希望本书能为正在学习或考虑学习这一国际资格认证的读者提供有益的帮助。

本书未详细介绍或举例说明葡萄品种和世界葡萄酒产区所生产的众多葡萄酒的特点和质量，因为该领域已有大量文献，我们仅以举例的形式简要介绍了采用独特方法生产的香槟酒、雪利酒和波特酒。然而，本书又多次提及波尔多和波尔多葡萄酒。我们的理由非常简单：波尔多是世界上最大的"顶级"葡萄酒产区，其声誉早已建立在顶级列级名庄葡萄酒的卓越品质之上，虽然生产的大部分葡萄酒是"日常消费的波尔多葡萄酒"。对全世界的酿酒师和葡萄酒爱好者来说，波尔多产区保持了其标杆、旗舰和典范地位。

本书所包含的信息并非来源于任何狭隘或对立的观点。但是，与所有葡萄酒爱好者一样，我们不能（也不希望）声称自己是客观的。在调查和准备素材期间，我们将大量时间花费在新旧世界葡萄酒产区上；我们倾听来自于数百位从业者的多种观点，这些从业者包括冷凉和炎热气候区的葡萄种植者及葡萄园工人、家族葡萄酒厂所有者、酿酒师和大型葡萄酒厂的技术员、咨询师和葡萄酒研究机构的代表。所以我们相信，本书将为食品和饮料工业的专业人员、葡萄酒贸易专业的学生、葡萄酒商、侍酒师、餐厅经理和葡萄酒爱好者，以及进入或想要进入葡萄酒生产领域的人士提供宝贵资料。

感谢为本书的编辑奉献时间、知识和意见的每一个人，特别感谢葡萄酒大师 Antony Moss 和 Trevor Elliott 审阅书稿并提出宝贵建议，由衷地感谢葡萄酒及烈酒教育基金会允许我们使用、改编和摘录其系统品尝法。

Keith Grainger

Hazel Tattersall

致　　谢

图 1.2、图 1.4、图 1.5、图 4.2 由 Christopher Willsmore 提供，图 4.10 和图 25.10 由阿根廷朱卡迪酒庄提供，图 7.1 由拉赛格酒庄提供，图 15.1 由 Taittinger 香槟酒/Hatch Mansfield 提供，图 15.2 由 Brett Jones 提供，图 16.2 由 Riedel 提供，图 25.5 由 AMOS INDUSTRIE 提供，其他照片由 Keith Grainger 提供。

感谢葡萄酒及烈酒教育基金会允许使用其系统品尝法。

目　　录

第1部分　葡萄酒生产

第1章　葡萄栽培 ………………………………………………………… 3
1.1　葡萄 …………………………………………………………………… 3
1.2　葡萄品种 ……………………………………………………………… 3
1.3　葡萄浆果的结构 ……………………………………………………… 4
　　1.3.1　穗梗 …………………………………………………………… 5
　　1.3.2　果皮 …………………………………………………………… 5
　　1.3.3　酵母 …………………………………………………………… 5
　　1.3.4　果肉 …………………………………………………………… 6
　　1.3.5　种子 …………………………………………………………… 7
1.4　杂交种、种间杂种、无性系选种和混合选种 …………………… 7
　　1.4.1　杂交种 ………………………………………………………… 7
　　1.4.2　种间杂种 ……………………………………………………… 7
　　1.4.3　无性系选种和混合选种 ……………………………………… 7
1.5　嫁接 …………………………………………………………………… 8
1.6　葡萄根瘤蚜 …………………………………………………………… 8
1.7　砧木 …………………………………………………………………… 9
1.8　葡萄植株的生命 ……………………………………………………… 10
第2章　气候 ……………………………………………………………… 12
2.1　世界气候分类 ………………………………………………………… 12
2.2　葡萄对气候的要求 …………………………………………………… 13
　　2.2.1　日照 …………………………………………………………… 13
　　2.2.2　温度 …………………………………………………………… 13
　　2.2.3　冬季寒冷 ……………………………………………………… 13
　　2.2.4　降水 …………………………………………………………… 13
2.3　对葡萄植株有害的气象事件 ………………………………………… 14
　　2.3.1　霜冻 …………………………………………………………… 14
　　2.3.2　冰雹 …………………………………………………………… 14

2.3.3　强风 ……………………………………………………… 15

2.3.4　过热 ……………………………………………………… 15

2.3.5　干旱 ……………………………………………………… 15

2.4　中气候和微气候 ………………………………………………… 15

2.4.1　水体 ……………………………………………………… 16

2.4.2　海拔 ……………………………………………………… 16

2.4.3　坡向 ……………………………………………………… 16

2.4.4　树木 ……………………………………………………… 16

2.5　度日的概念 ……………………………………………………… 16

2.6　气候的影响 ……………………………………………………… 17

2.7　天气 …………………………………………………………… 18

2.8　气候变化 ………………………………………………………… 18

第3章　土壤 …………………………………………………………… 20

3.1　葡萄植株对土壤的要求 ………………………………………… 20

3.1.1　排水性好 …………………………………………………… 21

3.1.2　肥力 ……………………………………………………… 21

3.1.3　养分和矿物质 ……………………………………………… 21

3.2　土壤对葡萄酒风格和质量的影响 ……………………………… 21

3.3　适于葡萄栽培的土壤类型 ……………………………………… 22

3.3.1　石灰岩土 …………………………………………………… 22

3.3.2　白垩土 …………………………………………………… 22

3.3.3　黏土 ……………………………………………………… 22

3.3.4　泥灰土 …………………………………………………… 22

3.3.5　花岗岩质土 ………………………………………………… 23

3.3.6　碎石土 …………………………………………………… 23

3.3.7　硬砂岩土 …………………………………………………… 23

3.3.8　砂土 ……………………………………………………… 23

3.3.9　片岩土 …………………………………………………… 23

3.3.10　板岩土 …………………………………………………… 23

3.3.11　玄武岩土和其他火山土 …………………………………… 24

3.4　土壤的相容性 …………………………………………………… 24

3.5　风土 …………………………………………………………… 24

第4章　葡萄园 ………………………………………………………… 25

4.1　葡萄园位置和地点的选择 ……………………………………… 25

4.2　种植密度 ………………………………………………………… 26

4.3　整形方式 ………………………………………………… 26
　　4.3.1　葡萄整形的主要类型 ………………………………… 27
　　4.3.2　其他整形方式 ………………………………………… 28
4.4　修剪方法和叶幕管理 ……………………………………… 28
　　4.4.1　修剪方法 ……………………………………………… 28
　　4.4.2　叶幕管理 ……………………………………………… 29
4.5　灌溉 ………………………………………………………… 29
4.6　葡萄园的周年管理 ………………………………………… 30
　　4.6.1　冬季 …………………………………………………… 30
　　4.6.2　春季 …………………………………………………… 30
　　4.6.3　夏季 …………………………………………………… 31
　　4.6.4　秋季 …………………………………………………… 31
4.7　葡萄浆果发育 ……………………………………………… 31

第5章　虫害和病害 ……………………………………………… 33
5.1　葡萄园重要虫害 …………………………………………… 33
　　5.1.1　虫、螨和嬾虫 ………………………………………… 33
　　5.1.2　动物和鸟 ……………………………………………… 35
5.2　病害 ………………………………………………………… 35
　　5.2.1　真菌病害 ……………………………………………… 36
　　5.2.2　细菌病害 ……………………………………………… 37
　　5.2.3　病毒病害 ……………………………………………… 38
5.3　预防和治疗 ………………………………………………… 38

第6章　环境友好型葡萄园的管理 …………………………… 40
6.1　常规葡萄栽培 ……………………………………………… 40
6.2　病虫害综合管理 …………………………………………… 41
6.3　有机葡萄栽培 ……………………………………………… 41
6.4　生物动力学葡萄栽培 ……………………………………… 43
　　6.4.1　鲁道夫·施泰纳（Rudolf Steiner） ………………… 43
　　6.4.2　生物动力学制剂 ……………………………………… 44
　　6.4.3　认证 …………………………………………………… 45
6.5　自然葡萄酒 ………………………………………………… 46

第7章　采收 ……………………………………………………… 47
7.1　葡萄成熟度和采收时间 …………………………………… 47
7.2　采收方法 …………………………………………………… 48
　　7.2.1　手工采收 ……………………………………………… 48

　　　　7.2.2　机械采收 ·· 49

　　7.3　风格和质量 ··· 49

第 8 章　葡萄酒酿造和葡萄酒厂设计 ··· 50

　　8.1　葡萄酒酿造的基本原理 ··· 50

　　8.2　葡萄酒厂的位置和设计 ··· 51

　　8.3　葡萄酒厂的设备 ··· 52

第 9 章　红葡萄酒酿造 ·· 53

　　9.1　分选、除梗和破碎 ··· 53

　　9.2　葡萄醪分析 ·· 53

　　9.3　葡萄醪的处理 ··· 54

　　　　9.3.1　二氧化硫 ·· 54

　　　　9.3.2　葡萄醪强化（加糖）··· 54

　　　　9.3.3　增酸 ·· 54

　　　　9.3.4　降酸 ·· 55

　　　　9.3.5　酵母 ·· 55

　　　　9.3.6　酵母所需养分 ·· 55

　　　　9.3.7　单宁 ·· 56

　　9.4　发酵、温度控制和浸提 ··· 56

　　　　9.4.1　发酵 ·· 56

　　　　9.4.2　温度控制 ·· 56

　　　　9.4.3　浸提 ·· 57

　　　　9.4.4　发酵监控 ·· 57

　　9.5　浸渍 ·· 57

　　9.6　倒罐 ·· 58

　　9.7　压榨 ·· 58

　　9.8　苹乳发酵 ·· 58

　　9.9　勾兑 ·· 59

　　9.10　成熟 ·· 59

第 10 章　干白葡萄酒酿造 ··· 60

　　10.1　破碎和压榨 ··· 60

　　　　10.1.1　破碎 ·· 60

　　　　10.1.2　压榨 ·· 60

　　10.2　葡萄醪的处理 ·· 61

　　10.3　发酵 ·· 61

　　10.4　苹乳发酵 ·· 62

10.5　　酒泥陈酿 ·· 62

10.6　　成熟 ·· 62

第 11 章　红葡萄酒和白葡萄酒酿造的详细过程 ··············· 63

11.1　　葡萄醪浓缩 ·· 63

　　11.1.1　　葡萄醪浓缩机和反渗透 ···························· 63

　　11.1.2　　冷冻榨汁 ······································· 64

11.2　　浸提方法 ·· 64

　　11.2.1　　冷浸渍（发酵前浸渍） ·························· 64

　　11.2.2　　泵送-淋汁 ······································ 64

　　11.2.3　　倒罐并回混 ····································· 65

　　11.2.4　　压帽-踩皮 ······································ 65

　　11.2.5　　旋转发酵罐 ····································· 65

　　11.2.6　　热浸渍酿造-热浸提 ···························· 65

　　11.2.7　　闪蒸 ··· 65

　　11.2.8　　不除梗发酵、二氧化碳浸渍和部分二氧化碳浸渍 ···· 66

　　11.2.9　　固定颜色 ····································· 66

　　11.2.10　发酵后的浸渍 ·································· 66

11.3　　过氧合、充分氧合和微氧合 ·································· 66

　　11.3.1　　过氧合 ······································· 67

　　11.3.2　　充分氧合 ····································· 67

　　11.3.3　　微氧合 ······································· 67

11.4　　去除过多的乙醇 ·· 67

11.5　　天然或人工培养酵母的选择 ·································· 68

11.6　　除梗 ·· 68

11.7　　发酵高密度葡萄醪直至完全发酵 ······························ 68

11.8　　葡萄酒压榨机和压榨 ·· 69

　　11.8.1　　连续压榨机 ····································· 69

　　11.8.2　　间歇式压榨机 ··································· 69

11.9　　高技术与回归传统 ·· 71

第 12 章　木桶陈酿和橡木处理 ································· 72

12.1　　木桶利用史 ·· 72

12.2　　橡木和用橡木处理 ·· 72

12.3　　木桶的影响 ·· 73

　　12.3.1　　木桶大小 ····································· 73

　　12.3.2　　橡木（或其他木材）的种类和来源 ··············· 74

12.3.3　木桶的制造工艺（包括烘烤） ································· 74

12.3.4　板材厚度 ··· 75

12.3.5　在木桶中陈酿的时间 ··· 75

12.3.6　木桶陈酿的场所 ·· 75

12.4　用橡木制品处理 ·· 75

第 13 章　装瓶前的处理 ·· 77

13.1　下胶 ·· 77

13.2　过滤 ·· 78

13.2.1　普遍使用的传统方法 ··· 78

13.2.2　薄板过滤（有时称作板框过滤） ······································ 79

13.2.3　膜过滤和其他达到生物学稳定的过滤方法 ······················· 79

13.3　稳定 ·· 80

13.4　调整二氧化硫水平 ·· 81

13.5　瓶塞的选择 ·· 82

第 14 章　其他类型静止葡萄酒的酿造 ··· 83

14.1　半甜型和甜型葡萄酒 ·· 83

14.1.1　半甜型葡萄酒 ·· 83

14.1.2　甜型葡萄酒 ··· 84

14.2　桃红葡萄酒 ·· 85

14.2.1　勾兑 ·· 86

14.2.2　浸皮 ·· 86

14.2.3　抽汁 ·· 86

14.3　加强（利口）葡萄酒 ·· 87

14.3.1　雪利酒的生产 ·· 87

14.3.2　波特酒的生产 ·· 89

14.3.3　其他著名加强葡萄酒 ··· 89

第 15 章　起泡葡萄酒 ··· 91

15.1　在密封罐中发酵 ·· 91

15.2　瓶内二次发酵 ··· 92

15.3　传统法 ·· 92

15.3.1　压榨 ·· 92

15.3.2　澄清 ·· 93

15.3.3　第一次发酵 ··· 93

15.3.4　调配 ·· 93

15.3.5　添加再发酵液 ·· 93

15.3.6　第二次发酵 ·· 94

15.3.7　成熟 ··· 94

15.3.8　转瓶 ··· 94

15.3.9　酒瓶倒置码垛 ·· 94

15.3.10　除渣 ··· 95

15.3.11　补液（补加基酒和糖的混合液）····························· 95

15.3.12　打塞、贴标和上箔纸 ·· 95

15.4　风格 ·· 95

第2部分　葡萄酒质量

第16章　葡萄酒品尝 ·· 101

16.1　葡萄酒品尝和实验室分析 ·· 102

16.2　是什么造就了一名好的品酒师? ······································ 102

16.3　品尝地点和时间——合适的条件 ····································· 104

16.4　合适的器材 ·· 105

16.4.1　品酒杯 ··· 105

16.4.2　水 ··· 106

16.4.3　吐酒器 ··· 107

16.4.4　品尝表 ··· 107

16.4.5　品尝软件的使用 ·· 107

16.4.6　品尝垫 ··· 107

16.5　品尝顺序 ·· 109

16.6　葡萄酒品尝的温度 ·· 109

16.7　特定目的品尝 ·· 110

16.8　结构化的品尝技术 ·· 110

16.8.1　外观 ··· 110

16.8.2　嗅觉 ··· 110

16.8.3　味觉 ··· 111

16.8.4　结论 ··· 112

16.9　记笔记的重要性 ·· 112

第17章　外观 ··· 113

17.1　透明度和亮度 ·· 113

17.2　强度 ·· 113

17.3　颜色 ·· 114

    17.3.1　白葡萄酒 ··· 114

    17.3.2　桃红葡萄酒 ··· 115

    17.3.3　红葡萄酒 ··· 115

    17.3.4　边缘/中心 ··· 115

  17.4　其他观察 ·· 116

    17.4.1　气泡 ··· 116

    17.4.2　酒柱 ··· 117

    17.4.3　沉淀 ··· 117

第 18 章　嗅觉 ··· 118

  18.1　状态 ·· 118

  18.2　强度 ·· 119

  18.3　成熟状态 ·· 119

    18.3.1　一类香气 ··· 119

    18.3.2　二类香气 ··· 119

    18.3.3　三类香气 ··· 120

  18.4　香味特征 ·· 121

第 19 章　味觉 ··· 123

  19.1　甜味/苦味/酸度/咸味/鲜味 ··· 123

  19.2　干/甜味 ··· 124

  19.3　酸度 ·· 125

  19.4　单宁 ·· 125

  19.5　乙醇 ·· 126

  19.6　酒体 ·· 127

  19.7　风味强度 ·· 128

  19.8　风味特征 ·· 128

  19.9　其他观察 ·· 130

  19.10　回味 ·· 131

第 20 章　品尝结论 ··· 132

  20.1　质量评价 ·· 132

    20.1.1　质量水平 ··· 132

    20.1.2　质量评价的根据 ··· 132

  20.2　适饮性/陈酿潜力评价 ··· 133

    20.2.1　适饮性/陈酿潜力等级 ··· 134

    20.2.2　评价的依据 ··· 134

  20.3　广义的葡萄酒 ··· 134

　　　20.3.1　原产地/品种/其他 ··· 134

　　　20.3.2　价格区间 ·· 134

　20.4　葡萄酒分级——评分 ·· 135

　　　20.4.1　20 分分级 ··· 135

　　　20.4.2　100 分分级 ··· 136

　20.5　盲品 ··· 137

　　　20.5.1　为什么要品尝盲品？ ··· 137

　　　20.5.2　使用盲品或非盲品？ ··· 138

　　　20.5.3　质量品尝 ·· 138

　　　20.5.4　实践 ·· 138

　　　20.5.5　品尝考试 ·· 138

第 21 章　葡萄酒的缺点和缺陷 ·· 140

　21.1　氯代苯甲醚和溴代苯甲醚 ··· 140

　21.2　瓶内发酵和细菌性腐败 ··· 142

　21.3　蛋白浑浊 ··· 142

　21.4　氧化 ··· 142

　21.5　挥发酸过多 ·· 143

　21.6　二氧化硫过多 ··· 143

　21.7　还原 ··· 144

　21.8　酒香酵母 ··· 145

　21.9　德克拉酵母 ·· 145

　21.10　香叶醇 ··· 146

　21.11　土腥素 ··· 146

　21.12　乙酸乙酯 ·· 146

　21.13　乙醛过多 ·· 146

　21.14　假丝酵母产生乙醛 ·· 147

　21.15　烟污染 ··· 147

第 22 章　质量保证和担保 ··· 148

　22.1　符合 PDO 和 PGI 法规可以作为质量保证吗？ ····························· 148

　　　22.1.1　欧盟和第三国 ·· 148

　　　22.1.2　PDO、PGI 和葡萄酒 ·· 149

　　　22.1.3　AOP（AC）的概念 ·· 150

　22.2　品酒比赛和评判分数可以作为质量评定吗？ ································· 152

　22.3　分级可以作为质量的官方评定吗？ ·· 153

　22.4　ISO 9001 认证可以作为质量保证吗？ ·· 154

22.5 成名品牌可以作为质量担保吗？ ································· 155
22.6 价格可以作为质量指示吗？ ······························· 157
第 23 章 自然因素和产地的含义 ································· 159
23.1 概念上的风格 ····································· 159
23.2 典型性和地域性 ··································· 159
23.3 气候对优质葡萄酒生产的影响 ························· 160
23.4 土壤的作用 ····································· 161
23.5 风土 ··· 162
23.6 年份因素 ······································· 165
第 24 章 优质葡萄酒生产的限制因素 ····························· 167
24.1 资金 ··· 167
24.1.1 种植者的资金限制 ························· 167
24.1.2 生产商的资金限制 ························· 169
24.2 技能和勤奋 ····································· 170
24.3 法律 ··· 171
24.4 环境 ··· 172
第 25 章 优质葡萄酒生产 ····································· 174
25.1 葡萄园产量 ····································· 174
25.2 种植密度 ······································· 175
25.3 葡萄树龄 ······································· 176
25.4 冬季修剪和树体平衡 ······························· 176
25.5 树体胁迫及树体平衡和养分平衡 ······················· 177
25.6 疏果 ··· 178
25.7 采收 ··· 178
25.7.1 机械采收 ····························· 179
25.7.2 手工采收 ····························· 179
25.8 果实运送 ······································· 180
25.9 挑选和分拣 ····································· 180
25.10 泵/重力的利用 ··································· 180
25.11 发酵控制和发酵容器的选择 ························· 181
25.12 气体的使用 ····································· 182
25.13 木桶 ··· 182
25.14 从罐或木桶中间挑选优质葡萄酒 ······················· 183
25.15 储存 ··· 183

第 26 章　葡萄酒的采购 ································· 185
　26.1　超市的统治地位 ····························· 186
　26.2　价格点/利润 ······························· 188
　26.3　为商店和顾客挑选葡萄酒 ····················· 189
　26.4　风格和个性 ······························· 189
　26.5　连续性 ·································· 190
　26.6　个别葡萄酒的替换范围 ······················· 191
　26.7　专营权 ·································· 191
　26.8　规格 ···································· 192
　26.9　技术分析 ································· 192
附录 Ⅰ　WSET®葡萄酒系统品尝法 ················· 195
附录 Ⅱ　WSET®葡萄酒词汇表 ··················· 197
术语 ·· 199
文献目录 ····································· 211
相关网站 ····································· 214
葡萄酒、葡萄园和葡萄酒厂设备展 ··················· 216
中英文名词（词组）对照 ························· 218
彩图

第1部分　葡萄酒生产

没有任何一种饮料像葡萄酒一样受到如此多的讨论、钟爱或批评。对少数人来说，它是一种需要精心挑选、放至最佳成熟度、在享用前精心准备、与兴趣相同的人一起按照程序化的方法进行品尝，然后以鉴定学家和文学评论家的方式进行剖析的饮品；对多数人来说，它是人们一时兴起或醉酒状态下从超市购买的一瓶酒，可能在购买当天就享用了；对生活在葡萄酒产区的人来说，它是从当地葡萄酒生产商合作社购买的饮品，用 5 L 或 10 L 的容器从饮料机中获取并带回家，以供每餐享用。

全世界生产的葡萄酒在风格和质量方面具有丰富的多样性，促进了葡萄酒爱好者之间的广泛讨论和争论。某一生产商、产区和国家的葡萄酒的流行程度，主要取决于消费者、报刊和电视媒体对葡萄酒风格、质量、时尚性和价值的感受或展现的风格。当消费者意识到他们的需要和需求在其他生产商/产区/国家的葡萄酒上能得到更好的满足时，他们就不会对惯常饮用的葡萄酒保持钟爱。如果我们回想 20 世纪 80 年代英国的葡萄酒市场就会发现，保加利亚的红葡萄酒最受欢迎，德国的白葡萄酒在白葡萄酒的销量中（按体积计）占第一位，而澳大利亚的葡萄酒几乎闻所未闻。到 2005 年，无论是销量（按体积计）还是销售额，澳大利亚葡萄酒在英国葡萄酒市场均占统治地位。到 2015 年，澳大利亚葡萄酒在英国仍占领先地位，虽然其在英国葡萄酒市场的销售情况在过去 10 年经历了衰退期，销量下降了 17%。

毋庸置疑，现今的葡萄酒生产标准远高于历史上任何时期的标准，生产商的知识水平和对葡萄酒生产过程的控制能力在 40 年前可能仅是梦想，但几年前《品醇客》杂志在编辑所有时期最好的葡萄酒名单时，将第一名授予"木桐酒庄 1945"（Château Mouton-Rothschild 1945），10 款顶级葡萄酒中的 6 款是在 40 多年前生产的。同时，过去几年的全球化和兼并浪潮对生产工艺角度上的好葡萄酒具有不利影响，因为所生产的葡萄酒的风格被标准化了。也就是说，我们所说的葡萄酒丰富的多样性正在受到威胁。

在本书的第 1 部分，我们将详细论述如何生产葡萄酒，该过程涉及从葡萄植株到葡萄酒装瓶。许多概念很容易理解，但也有一些概念要复杂一些。然而，此时需要强调的是，世界上不存在简单且无异议的葡萄酒生产方法，许多常用的生产工艺仍面临着挑战。的确，如果你同50个酿酒师谈论，很可能会听到100种不同的观点，且许多生产商正在不断地试验和改变工艺。

就葡萄酒生产而言，它包括两个不同的阶段：葡萄果实生长（葡萄栽培）和将葡萄果实变为葡萄酒（葡萄酒酿造）。在整个葡萄酒生产行业中，许多企业仅从事其中的一个阶段。有些种植者不生产葡萄酒，而是将葡萄果实出售给葡萄酒生产企业或葡萄酒生产合作社的成员。也有一些葡萄酒生产企业，本身并没有葡萄园，或葡萄园所产的果实量不能满足需要，因而需要购入或多或少的葡萄。所以，葡萄园和葡萄酒厂所做出的决定及采取的行动将影响成品葡萄酒的风格与质量。这些决定基于许多因素，包括地理、地质、历史、法规、财务和商业。资源及其可利用性、当地的劳动力成本对决定的形成和葡萄酒生产工艺的组织具有重要影响。种植者和酿酒师的目标是最大限度地控制产量、质量、风格和成本，当然，其目的是盈利。

葡萄果实含有酿造葡萄酒所必需的糖分和酵母，果肉富含糖分，酵母大量存在于果皮上。这些酵母能移居到葡萄酒厂，也可能启动富含糖分的葡萄醪的自然发酵。葡萄醪可被定义为发酵前的葡萄汁及其固体的混合物。然而，许多酿酒师选择抑制这些天然酵母，而采用人工培养酵母发酵。需要注意的是，不同于啤酒和许多烈酒的生产，水通常并不是葡萄酒酿造的配料。葡萄果实应该以新鲜状态集中到一起，最好在其生产地进行酿造。然而，这一建议并不总能得到贯彻，特别是廉价葡萄酒的酿造。发酵前将葡萄或葡萄醪从一个地区运输到另一个地区，甚至另一个国家的情况并不少见。

当然，葡萄酒是一种含醇饮料。葡萄酒中的醇主要是乙醇，虽然它是天然产物，但具有毒性，如果过量饮用，能对身体造成损害。葡萄酒中的乙醇来自于葡萄醪的发酵，也就是在酵母所产生的酶的作用下葡萄果实中的糖分转化为乙醇和二氧化碳。发酵是葡萄酒酿造的核心，但其他工艺也会影响成品葡萄酒。对廉价葡萄酒来说，整个生产过程可能只需要几周；而对一些高质量的葡萄酒来说，可能需要两年或两年以上；对某些强化葡萄酒来说，其生产过程可能需要超过10年。

本书的土地面积单位一般采用欧盟成员国采用的公顷（ha），而英国采用英亩（acre），1 ha = 2.47 acre = 10000 m²；液体量的单位以升（L）或百升（hL）表示；质量单位以克（g）、千克（kg）和吨（t）表示。

本书第1部分所介绍的方法和工艺，有一些已被具有超前意识的生产商所采用。葡萄酒行业的各个层面都在谋求不断改进，正如南非酿酒师 Beyers Truter 所言："如果你问我，'你酿造出了最好的葡萄酒或者你能酿造出最好的葡萄酒吗？'我回答'是的'，你一定会把我拉出去埋了。"

第1章 葡萄栽培

葡萄种植者的目标是在一个好的年份收获成熟、健康的优质葡萄果实，并达到葡萄酒酿造所要求的技术参数。种植者和酿酒师都明白，果实质量方面的任何缺陷不仅影响葡萄酒的质量，而且影响利润率。本章详细介绍葡萄植株及其果实，同时还要论述进行杂交育种和葡萄嫁接的原因，包括葡萄根瘤蚜的毁灭性危害。

1.1 葡 萄

众所周知，葡萄栽培始于距今约 8000 年前的近东地区。人们在格鲁吉亚发现了公元前 7000～前 6000 年人工栽培的葡萄种子的考古学证据；通过分析在伊朗发现的约公元前 5000 年的陶瓷碎片（陶器残片），发现其含有酒石酸盐和用作葡萄酒防腐剂的松香，酒石酸盐可能来自于葡萄汁；在土耳其东南部发现了公元前 3000～前 2000 年的葡萄酒压榨机。在随后的几千年，葡萄栽培遍布欧洲和亚洲的部分地区。在最近的 230～460 年，又扩展至新世界国家。

葡萄是一种攀援显花植物，属葡萄科（Vitaceae，曾称作 Ampelidaceae）。葡萄科由 15 个属构成，其中包括能结葡萄果实的葡萄属（Vitis）。葡萄属包含约 65 个种，其中包括欧亚种葡萄（Vitis vinifera）。值得注意的是，任何种的成员都具有基因交换能力并能形成种间杂种。欧亚种葡萄是欧洲和亚洲中部的葡萄种，世界上几乎所有的葡萄酒都是用这个种的果实酿造的。

1.2 葡 萄 品 种

目前人们认为，欧亚种葡萄约有 10000 个品种，如'霞多丽'和'赤霞珠'，每一个品种的外观和口味都不相同。一些品种成熟早，一些品种成熟晚；一些品种适合在温暖的气候条件下生长，另一些品种更喜欢冷凉的气候条件；一些品种喜欢某种土壤类型，而另一些品种不喜欢这种土壤类型；一些品种高产，而另一些品种结果非常少；一些品种可以酿造顶级葡萄酒，而另一些品种只能酿造普通葡萄酒。图 1.1（见文后彩图，下同）呈现的是在阿根廷种植的一些葡萄品种。

　　虽然上述特征都是种植者关注的因素，但任何一个葡萄园种植品种的实际选择，如欧盟地区，可能已由葡萄酒法规规定好了。例如，博讷红葡萄酒必须用'黑比诺'酿造。需要注意的是，虽然'雷司令'等一些品种可能是野生葡萄的后代，但我们熟悉的大部分品种是经过了几代种植者栽培和改良的。

　　酿造葡萄酒的葡萄品种或勾兑用葡萄品种，是决定葡萄酒类型、风格、香味和风味的关键因素。用单一品种酿造的葡萄酒通常称作单品种葡萄酒。葡萄品种名称可以在标签上标明，这一理念于 20 世纪 20 年代初被阿尔萨斯产区采用，70 年代被加利福尼亚州（以下简称加州）的葡萄酒生产企业发扬光大，现在已经非常常见。然而，许多用单一品种酿造的葡萄酒并没有在酒瓶的标签上标注品种名称。例如，夏布利葡萄酒的酒瓶上几乎不会告诉你其中的葡萄酒是用'霞多丽'酿造的。许多顶级葡萄酒是由两个或多个品种的葡萄酒勾兑而成的，每一个品种都有助于形成和谐而复杂的混合物，这可能类似于烹饪，每一种配料都增进了口味和平衡。著名的多品种勾兑葡萄酒包括大部分波尔多红葡萄酒，它们通常由 2～5 个不同的葡萄品种（'赤霞珠'、'品丽珠'、'美乐'、'马贝克'和'小味儿多'）勾兑而成，而教皇新堡红葡萄酒是由多达 13 个葡萄品种的葡萄酒勾兑而成的。

　　在多达 10000 个不同的葡萄品种中，常用于葡萄酒酿造的仅有 500 个左右，其中非常著名的品种有'长相思'。有些品种是真正的国际化品种，如'霞多丽'在世界各地均有种植；而另一些品种仅在某个国家种植，甚至仅在一个国家的一个地区种植，如西班牙西北部栽培的'门西亚'。许多品种在不同国家具有不同的名称，甚至在同一个国家的不同地区也有不同的名称。例如，葡萄牙南部品种'Fernão Pires'，到了北部的拜拉达，名称改为'Maria Gomes'；克罗地亚品种'Trbljan'在其国内具有 13 个名称。

　　有关单个葡萄品种特点的论述是一个复杂的题目，超出了本书的范围。若想了解更多信息，请读者查阅本书参考文献。

1.3　葡萄浆果的结构

　　虽然葡萄汁被认为是葡萄酒酿造过程中的基础原料，但葡萄果实的其他组成部分也具有多种重要作用，所以，下面将简要介绍这些组成部分，包括它们对所酿造的葡萄酒的影响。

　　图 1.2 是典型的成熟葡萄浆果纵切面示意图。

1.3.1　穗梗

葡萄果穗包括相当数量的穗梗。每个浆果的单个梗是果柄，它将浆果连接到穗轴或果穗的主轴上，而果穗通过总穗梗与葡萄植株相连。如果是手工采收果实，采收者通常在总穗梗处剪下果穗。穗梗含有单宁，赋予葡萄酒以苦味和涩感。在葡萄酒酿造过程的前期，原料是否带有穗梗，这是一个选项，取决于葡萄酒的风格要求。酿酒师可以选择在破碎前将穗梗全部去除，或保留穗梗，或仅保留小部分穗梗，以增加葡萄酒中的单宁，赋予其特别的结构感。此外，如果不去除穗梗，它们在压榨过程中能起到排液通道的作用，有助于防止产生果汁阱。

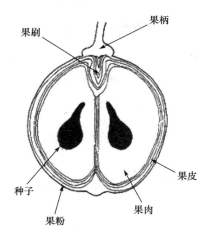

图 1.2　葡萄浆果纵切面示意图
（Christopher Willsmore 惠赠）

1.3.2　果皮

果皮含有色素、香味化合物、风味物质和单宁。果皮由若干层构成：外面白色的蜡质层称作果粉或果霜，其中含有酵母和真菌；蜡质层向里的几层含有多酚（类黄酮中的一类物质）等复杂物质。这些多酚可被分为两类。

（1）花色苷（红或黑色葡萄）和黄酮（白或绿色葡萄）赋予葡萄果实颜色，且形成酚类双黄酮化合物形式的抗氧化剂，有助于葡萄酒保藏，可能还具有有益于健康的功能。欧亚种葡萄果实中的花色苷主要是二甲花翠素-3,5-双葡萄糖苷（译者注：此处原著有误，欧亚种葡萄果实中的花色苷主要是二甲花翠素-3-葡萄糖苷）。

（2）单宁是苦味化合物，穗梗和种子中也含有单宁。如果果实未成熟或处理不当，单宁在口腔中会给人以干涩、生青或苦的口感。红葡萄酒中的单宁含量比白葡萄酒和桃红葡萄酒高，这是因为红葡萄酒酿造过程中利用果皮更充分，从果皮中浸出的单宁更多。单宁赋予葡萄酒以饱满的酒体，在口腔中具有"紧实感"和"坚固感"。某些品种的单宁含量高，如'赤霞珠'、'西拉'和'内比奥罗'；而另一些品种的单宁含量较低，如'佳美'。

1.3.3　酵母

酵母是单细胞微生物，属真菌界，常通过出芽方式繁殖。酵母大约有 1500

个种，但葡萄酒酿酒师仅关心其中的几个种。酵母中的酶是葡萄酒发酵过程中的必需品。酵母和真菌一起附着在葡萄果皮的果粉上。果皮上主要存在以下两类酵母。

（1）野生酵母：主要是克勒克酵母属（*Kloeckera*）和有孢汉逊酵母属（*Hanseniaspora*）。野生酵母只能进行有氧呼吸，一旦与葡萄果实的糖分接触，就能将这些糖分转化为乙醇，但酒精度（体积分数）只能达到约4%，达到这个浓度野生酵母就会死亡。

（2）葡萄酒酵母：属酵母属（*Saccharomyces*），能进行有氧呼吸和厌氧呼吸。在发酵期间，葡萄酒酵母能持续活动，直至果汁中的糖分耗尽或酒精度达到约15%，达到这个浓度就会自然死亡。

1.3.4　果肉

果肉中含有果汁。如果剥去绿色果皮葡萄或黑色果皮葡萄的果皮，其果肉颜色并无不同。葡萄汁实际上是无色的，仅有有限的几个品种例外，其果肉有色，如'Gamay Teinturier'和'紫大夫'。果肉中含有水分、糖、酸、蛋白质和矿质元素。

（1）水分：葡萄果肉中的水分占70%～80%。

（2）糖：葡萄未成熟时，果实含有高浓度的酸和低浓度的糖；随着果实成熟且达到完全成熟，平衡发生变化，糖浓度升高而酸浓度降低，光合作用是这一变化发生的主因。葡萄果实中的糖主要是果糖和葡萄糖，分别占成熟浆果质量的8%和12%。虽然叶片和韧皮部筛管中有蔗糖，但蔗糖在葡萄浆果中很少，这是因为运输到葡萄果实中的蔗糖被水解为果糖和葡萄糖。随着采收期的临近，生产商利用手持折光仪（图1.3）可以测量升高的含糖量。

（3）酸：酒石酸和苹果酸占葡萄浆果总酸的69%～92%，在未成熟的葡萄果实中主要是苹果酸。在成熟期间，苹果酸含量降低，而酒石酸变为主要的酸。实际上，酒石酸总量保持不变，但随着葡萄浆果膨大而被稀释。虽然香蕉、芒果和罗望子果含有酒石酸，但在起源于欧洲的任何其他栽培果树的果实中未发现含有大量酒石酸的果实。酸具有重要作用，赋予葡萄酒以清爽、垂涎的口感，使葡萄酒更稳定、寿命更长。葡萄果实中的其他有机酸含量较低，如乙酸、柠檬酸和琥珀酸。氨基酸的量也很少，主要是精氨酸和脯氨酸。

（4）矿质元素：钾是葡萄果肉中的主要矿质元素，浓度可达2500 mg/L，而含有的其他矿质元素的浓度均不超过200 mg/L，最重要的矿质元素是钙、镁和钠。

1.3.5　种子

葡萄的种子大小和形状各不相同,因葡萄品种而变化。与穗梗不同,葡萄酒厂在处理果穗时,没有办法将种子分离。如果种子被压碎,因种子油和单宁味苦,将影响葡萄酒的涩味。现代酿造工艺设计是为了尽量减少这种情况的发生,本书将在第 4 章葡萄浆果发育中对此进行论述。

1.4　杂交种、种间杂种、无性系选种和混合选种

1.4.1　杂交种

两个欧亚种葡萄品种可以杂交(用一个品种的花粉使另一个品种受精),产生的杂交种可能就是新品种。例如,'马瑟兰'是'赤霞珠'和'歌海娜'的一个杂交种,由法国国家农业研究院于 1961 年杂交育成,其育种目标是培育抗病品种,且同时具有'歌海娜'的耐热性和'赤霞珠'的典雅、细腻特性。需要注意的是,杂交种并不一定能继承其亲本品种的特点。

1.4.2　种间杂种

千万不要混淆"杂交种"和"种间杂种"这两个术语,种间杂种是两个葡萄种的"杂交"后代。20 世纪上半叶,种间杂种曾在法国大面积种植,但在 60~70 年代,大约 325000 ha 的种间杂种葡萄园被挖除。欧盟禁止利用种间杂种生产受原产地命名保护(PDO)类别的葡萄酒。理论上,POD 葡萄酒的质量水平最高。

1.4.3　无性系选种和混合选种

育种者可以从任何一个品种优选单一的无性系。无性系选种是主要的无性育种方法,来自于单一亲本,目的是获得具有产量高、风味好、株形优、早熟、抗病等特征的无性系,每一个植株在 DNA 和"个性"方面相同。在 20 世纪 70~90 年代,利用某一个品种的单一无性系建立葡萄园已经很普遍。然而,尽管过去 40 年,无性系选种取得了巨大进步,但许多种植者认为,老的葡萄树能生产质量最好的葡萄汁。混合选种是从一个葡萄园中的优良植株或老的植株上采集枝条并繁殖接穗,这种选种方法现在又开始流行起来。葡萄的遗传修饰研究也正在进行,但目前还没有用遗传修饰植株果实酿造的葡萄酒。

1.5　嫁　　接

尽管世界上几乎所有的葡萄酒都是用欧亚种葡萄不同品种的果实酿造的，但欧亚种葡萄是生长在其他种葡萄或其他种葡萄的种间杂种的根上，原因何在？*V. vinifera* 之所以被称作欧亚种葡萄，是因为其起源。现存的其他种葡萄的起源在其他地方，尤其是美洲，如沙地葡萄（*V. rupestris*）。虽然这些葡萄种也能结果，但其果实酿造的葡萄酒具有非常不愉快的味道，所以世界上几乎所有的葡萄酒都是用欧亚种葡萄酿造的。

新世界国家被殖民时，其中许多国家的部分区域也能生产葡萄酒。为了生产口感怡人的葡萄酒，人们需要将欧亚种葡萄从欧洲引入新世界国家，但欧亚种葡萄对新世界国家已有的许多病虫害没有抗性。不幸的是，在 19 世纪后期，这些病虫借助于植物标本和植物材料形成了从美国到欧洲的传播路径。欧洲的葡萄园最初遭受霉病的危害（第 5 章将详细论述），然后是最致命的害虫葡萄根瘤蚜（*Phylloxera vastatrix*），它进入欧亚种葡萄的根中蚀食，从而导致葡萄植株死亡。

1.6　葡萄根瘤蚜

在侵袭欧洲葡萄园超过百年的所有灾害中，葡萄根瘤蚜（最近重新分类，被定名为 *Daktulosphaira vitifoliae*，见第 5 章）的入侵是迄今最具毁灭性的灾害。葡萄根瘤蚜于 1863 年在伦敦 Hammersmith 的一间温室中首次被发现；1868 年被定名为 *Phylloxera*，同年在法国罗纳河谷的葡萄园中被发现；波尔多在 1869 年有该虫的记载；1877 年葡萄根瘤蚜传入澳大利亚维多利亚州的吉朗；1885 年在新西兰被发现。

葡萄根瘤蚜在北美洲落基山脉东部存活了数千年，美洲的葡萄种对其已经具有天然抗性，根也具有受侵染后的愈合能力。当葡萄根瘤蚜在法国所有葡萄园肆虐，并于 19 世纪末传入西班牙和其他国家时，许多人都试图找到治愈的方法。土壤中施入药物和葡萄园淹水是两个理想的方案，但目前看起来太过极端。很多种植者就是简单地弃之不管，许多地区的葡萄园面积大幅减少。在勃艮第的夏布利地区，在葡萄根瘤蚜入侵之前大约有 40000 ha 的葡萄园，因这种害虫的入侵（以及因晚霜造成的减产），在第二次世界大战结束时，葡萄园面积锐减至 550 ha。

葡萄根瘤蚜是一种蚜虫，在其生命周期中具有多种不同形式，能进行无性和有性繁殖，生活在根中的葡萄根瘤蚜如图 1.4 所示。
当进行无性繁殖时，其卵附着在葡萄根上，然后孵
化成爬行物，这些爬行物或发育为无翅成虫或发育
为有翅成虫。葡萄根瘤蚜仅以欧亚种葡萄的根为食，
当葡萄植株尚在幼龄时，吸收根形成结节-弯钩形虫
瘿，而较老的粗的贮藏根形成瘤状结节，形成层和
韧皮部被破坏，阻断了树液循环和叶片合成物质向
下输送，根尖可能因溃疡引起的窒息而死亡。必须
要强调的是，葡萄根瘤蚜影响葡萄植株的各种生命
活动，而不仅仅是葡萄果实和葡萄酒的质量。

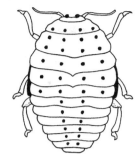

图 1.4　葡萄根瘤蚜
（Christopher Willsmore 惠赠）

　　众所周知，美洲种葡萄果实所酿造的葡萄酒风
味令人不悦。但是，如果将欧亚种葡萄嫁接到美洲种葡萄（或者两个美洲种葡萄
的种间杂种）砧木上，则根对葡萄根瘤蚜的侵染就具有抗性，而嫁接植株所产的
优质果实非常适合酿造葡萄酒。根的主要功能是固定葡萄植株、吸收水分和养分，
包括有助于提升葡萄酒风味的微量元素。因此，世界上几乎所有的葡萄生产者
都开始采用嫁接苗。用嫁接法防控葡萄根瘤蚜的经济成本巨大，从苗圃购买葡
萄嫁接苗的成本可能是自根苗的 4 倍。

　　目前世界上绝大多数葡萄是嫁接的，但仍有一定面积的葡萄园是自根葡萄，
包括智利、阿根廷的一些区域、德国摩泽尔的大部分区域。葡萄根瘤蚜在某些类
型的土壤中不能生存，如沙和板岩。西澳大利亚州（西澳）、南澳大利亚州（南澳）
和塔斯马尼亚州无葡萄根瘤蚜。葡萄根瘤蚜的传播通常是借助于植物材料、葡萄
果实、覆盖物、工具、盛果容器或运输工具。除非被运输，否则葡萄根瘤蚜的传
播距离仅限于几百米或仅在一个季节传播。所以，智利和澳大利亚等国家的无葡
萄根瘤蚜区域（被认为是葡萄根瘤蚜禁区），都有严格的检疫程序，以排除葡萄根
瘤蚜的侵入，因为其侵入葡萄园会带来经济上的巨大损失。为了预防葡萄根瘤蚜
借助设备传播的任何风险，必须对其进行彻底消毒或热处理。例如，可以将拖拉
机开入密闭的室内，加热至 45℃持续 2 h；盛果容器加热到 70℃持续 5 min；新的
葡萄种植材料也要加热处理，50℃持续 5 min 就很有效。

1.7　砧　　木

　　美洲葡萄有许多不同的种，但仅有几个种适合做砧木，应用最广泛的三个种
是冬葡萄（*V. berlandieri*）、河岸葡萄（*V. riparia*）和沙地葡萄（*V. rupestris*）。选
择哪个种的葡萄做砧木，不仅取决于葡萄砧木，还取决于气候和土壤类型。商业

化应用最广泛的砧木是两个美洲种葡萄的种间杂种，表 1.1 所列的是几个常用的砧木。在一些地区，葡萄嫁接仍在葡萄园中进行，但种植者通常是从专业的苗圃购买新葡萄苗，而专业苗圃是在室内嫁接。如果想要建立新葡萄园或改换现有葡萄品种，在与合适的砧木种或种间杂种砧木嫁接之前，种植者可以从苗圃订购具有某种特性的某一欧亚种葡萄品种的无性系。目前最常用的嫁接方法是机械 Ω 切口嫁接，如图 1.5 所示。

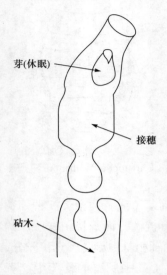

芽(休眠)

接穗

砧木

图 1.5　机械 Ω 切口嫁接
（Christopher Willsmore 惠赠）

某些曾被认为是抗葡萄根瘤蚜的砧木（如 A×R#1），后来（20 世纪末）发现并不抗葡萄根瘤蚜，加州许多葡萄种植者获得了昂贵的经验教训。也有人认为，最近几十年葡萄根瘤蚜已进化出新的、更具危害的生物型。在结束讨论砧木这一主题之前，应该注意到，根除了上述主要功能之外，也能产生激素，包括细胞分裂素和赤霉素，它们能刺激和调节生长，并调控植物体的其他功能。

表 1.1　一些常用砧木的特性

名称	亲本种	特性
110R	*V. berlandieri, V. rupestris*	生长势极强，适合土层浅的土壤，抗 17% 的活性石灰，耐旱性中等
140R	*V. berlandieri, V. rupestris*	生长势强，喜贫瘠土壤，抗 30% 的活性石灰，非常耐旱
1103P	*V. berlandieri, V. rupestris*	生长势很强，相当抗盐，抗 17% 的活性石灰，耐旱性中等
SO4	*V. berlandieri, V. riparia*	生长势中等，适合排水不良的土壤，抗线虫，抗 20% 的活性石灰
101-14	*V. riparia, V. rupestris*	生长势中等，适合冲积土，抗活性石灰能力差

1.8　葡萄植株的生命

　　葡萄植株可以生存 100 年以上，其寿命取决于许多因素，包括栽植地所在国家/地区的气候、土壤类型和栽培方法。栽植后的头几年（3～5 年），因为葡萄植株要形成根系，产量自然较低。尽管如此，幼树低的产量有时也能赋予葡萄酒以浓郁的风味和品种的典型特征。

　　随着葡萄植株的生长，其根系变得强大，伸入到土壤的深处吸收水分和养分。

人们普遍认为，较老的葡萄植株能结出质量特别好的果实，因而能酿造出风味非常浓郁的葡萄酒。因此，一些种植者有自己的重植周期，以保证产量不下降。例如，当葡萄植株的树龄达到某一年龄时，如 30～40 年或更多，种植者可能才决定重植葡萄园。在有病毒问题的地区，虽然葡萄植株树龄仅有 20 年，也可能被挖掉。在最好的葡萄园，种植者通常以个体为单位重植已染病或死亡的植株，以保持较大的平均树龄。自根葡萄植株的寿命可能最长，世界上有树龄长达 120 年或更长的葡萄植株仍在存活，但面积很小，如德国摩泽尔露森酒庄的特级葡萄园。

第 2 章　气　候

气候和天气对所生产的葡萄酒的质量及风格具有重要影响。本章论述在适宜葡萄栽培的气候条件下所要考虑的关键因素、气候挑战及其对不同气候条件下所生产的葡萄酒风格的影响，同时还将探讨气候变化问题。

世界上绝大多数的葡萄酒产区是在南北半球纬度 30°～50°之间，在这个"温度区"，葡萄果实一般能够充分成熟，但其中的气候变化多种多样。通过简单的比较，欧洲北部冷凉潮湿的气候条件与欧洲南部和北非极度炎热的气候条件形成了反差，在后者所在的区域，葡萄果实可能在炎热和干燥的气候条件下挣扎。任何一个葡萄园区域的总体气候都可称作大气候，然而，正如我们将要看到的，任何一个区域的小区域内，气候也有变化，甚至是小的气候变化对葡萄果实产量、风格和质量也有重要影响。

2.1　世界气候分类

Köppen 的气候分类系统已建立了 100 多年，但仍然是应用最广泛的世界气候分类方法。根据该系统，气候分为 5 个带，每一个带进一步分为亚带。5 个大的气候带（和我们感兴趣的亚带）列举如下。

（1）热带湿润气候：全年所有月份的平均温度高于 18℃。

（2）干燥气候：全年大部分时间缺少降水，这个气候带又分为干旱气候（Bw）和半干旱气候（Bs）。

（3）湿润的中纬度气候：冬季温和，这个气候带又分为湿润的亚热带气候（Cfa）、海洋气候（Cfb）和地中海气候（Cs）。

（4）湿润的中纬度气候：冬季寒冷。

（5）极地气候：一年四季非常寒冷。

正如我们将在下面看到的，通常 Bs、Cfa、Cfb 和 Cs 的区域适合葡萄栽培。

2.2 葡萄对气候的要求

2.2.1 日照

理想情况下，葡萄需要至少 1400 h/a 的日照，且在生长季（北半球 4～10 月，南半球的 10 月至次年 4 月）需要至少 6～7 h/d 的日照。日照时数和热量过多的地区，所生产的葡萄酒趋向酒体粗糙、酒精度高、酸度低；而日照时数过少则导致葡萄果实不成熟，从而使葡萄酒酸度高、酒精度低，且酒体薄，常有生青味。葡萄植株通过生物学过程和光合作用等生化过程产生糖，光合作用是利用光能、水和二氧化碳产生碳水化合物的过程。然而，对正在成熟的葡萄果实来说，葡萄植株需要更多的是日照带来的热量，而不是光。

2.2.2 温度

温度高于 10℃时，葡萄植株开始生长，而夏初葡萄开花需要的温度为 15℃。从开花到采收的天数平均为 100 d，但可能短至 80 d 或长至 150 d。在此期间，白葡萄成熟需要的最低平均温度为 18℃，红葡萄需要 20℃。夏季的日平均温度远高于 23℃可能对葡萄果实风味产生不良影响，但取决于品种，尽管许多优质葡萄酒产区在盛夏温度高于这个值。例如，在加州纳帕的部分区域，平均温度为 26.2℃；加州 Pasa Robles 的部分区域，平均温度为 30.3℃。

2.2.3 冬季寒冷

葡萄植株需要在冬季休眠，如果没有冬季休眠，就可以一年两收，但其生命周期可能缩短。冬季寒冷可能有利于增强枝干的耐寒性，也可能杀死病原真菌和害虫。然而，巴西的葡萄园可以两年五收，这里全年气候炎热，利用灌溉系统的开闭模拟生长季。采用这种方式栽培的葡萄植株衰弱很快，需要重植。

2.2.4 降水

葡萄植株的生长需要水分。年降水量在 500～850 mm 可能是最理想的，否则需要通过灌溉来改善，但葡萄植株的生长主要取决于土壤类型和其他气候条件。冬季的降水增加地下水储备，此时植株处于休眠状态。在生长季，其至少需要 300 mm 的降雨（或等量的灌溉）。早春的降雨有助于葡萄植株生长，而夏季和秋初的降雨有利于果实膨大。在欧洲，自然界通常能提供足够的降水，而新世界国家普遍使用灌溉。例如，在智利利马里谷一个相对较新的葡萄酒产区，从学术角度看这里是沙漠，其中的部分区域年降水量不足 100 mm，是干旱区（Kőppen 系统的 Bw），但通过灌溉，葡萄植株长势旺盛。然而，在新世界国家的一些半干旱区，旱地葡萄酒农业也很普遍，但葡萄植株的根必须伸入到土壤深处。在临近采收前，如果能够预防果实腐烂，少量降雨有助于提高产量，但降雨过后需要有温暖的阳光和干燥的微风。而大雨常使果实裂开，从而引起果实损伤严重和果汁稀释。

2.3　对葡萄植株有害的气象事件

2.3.1　霜冻

　　冬季霜冻可以损伤葡萄植株。−16℃以下的低温因树液结冰而引起根开裂，可能使葡萄植株死亡。1956 年 2 月曾在波尔多发生过此类事件，最终导致大面积的葡萄园必须重植。植株萌芽时，霜冻能损伤幼芽和新梢，有时造成年产量的大幅度降低。例如，1991 年 4 月 21 日夜间发生在波尔多的毁灭性霜冻，造成圣埃美隆产区和波美侯产区减产高达 80%。2015 年 4 月 30 日，土耳其的许多葡萄园遭受霜冻，特别是马尼萨地区，当年几乎绝收。虽然某些顶级葡萄酒产区，如夏布利的部分产区，能够生产质量足以抵消霜冻可能带来的损失的葡萄酒，但在已知的霜冻区（成霜洼地），特别是在空气循环差的地块，最好不要建立新葡萄园。

　　虽然目前有一些防霜冻的方法，但都需要付出劳动力和设备成本。冬季，葡萄植株主干的基部可以通过覆土来预防嫁接苗受冻。有多种方法可以用来减轻春霜冻的影响。传统做法是，萌芽时在葡萄园广泛使用燃油器来循环空气，但目前认为该法太原始。鼓风机（图 2.1）效果很好。2001 年以来，新西兰的霜冻问题增多，常用直升机来循环空气。在位于新西兰南岛北部的马尔堡地区上空，有超过 100 架直升机出现的情况并不少见。许多种植者选择使用洒水系统来预防冻害，这种方法就是安装一套喷水系统，它在气温降至 0℃以下之前开始向芽喷水。其原理很简单：水含有热量，当水结为冰时，大部分热量将进入芽中，从而将芽保护在冰丸状的冰屋中。然而，没有任何一种防霜冻系统是完全有效的。

2.3.2　冰雹

　　冰雹通常发生于相对较小的局部地带，能给葡萄植株和果实造成严重的物理伤害，其伤害范围可能是从叶片破碎、嫩梢的擦伤或折断（其影响可能持续到下一个生长季）到浆果破裂。许多传统产区可能会遭受冰雹造成的伤害。2014 年 5 月 19 日，冰雹袭击了波尔多地区奥得比斯酒庄的葡萄园，毁坏了叶片和新梢，造成年产量减少 30%。2014 年 7 月 25 日，冰雹袭击了波尔多地区更南边的圣索沃尔，导致靓茨伯酒庄的葡萄产量大幅降低。如果在临近采收时遭遇冰雹，破裂或破碎的浆果容易腐烂或可能在葡萄植株上开始发酵，导致整个果穗不能利用。各种形式的防雹措施包括将细网水平置于叶幕上方或垂直置于叶幕两侧，图 2.2 所示为阿根廷门多萨安装防雹网后的篱架葡萄植株。向云层发射携带硝酸银的炮弹能使冰雹以雨的形式降落，但这种方法争议较多。对受到雹灾影响区域的种植者来说，保险是一个昂贵的选择。

2.3.3　强风

强风通过损毁枝条、折断新梢和吹掉叶片而对葡萄植株造成极大破坏，特别是春季的强风，能够损毁幼梢和叶片，或者所有幼龄植株。强风如果在葡萄开花时普遍发生，可以导致授粉不良和减产。强风可能造成落花，或因花朵闭合而不能授粉，从而使葡萄果穗的浆果数量减少，如图 2.3 所示。

强风的有害影响可能是山谷葡萄园的一个突出问题，因为山谷起到汇集作用。例如，在法国北部罗纳河谷陡峭的梯田山坡上，葡萄植株必须单独固定于支柱上，而在罗纳河南部的平坦地，则种植几行针叶树以化解密斯特拉风的破坏力。

2.3.4　过热

热胁迫可能对葡萄植株有害。光照过强且温度高于 40℃，能中断葡萄植株的生理活动，葡萄果实在烈日暴晒下有可能发生日灼或灼伤，所以种植者可能会选择在葡萄植株的西侧多留叶片。天气过热可能使葡萄酒带有"煮熟"味，酒体不平衡，酒精度高。

2.3.5　干旱

干旱也可能导致减产，2003 年曾经在欧洲发生过（法国更严重）。即使是具备灌溉系统的地方和新世界国家，同样可能遭受干旱，如 2007 年在澳大利亚因没有降雨而造成灌溉用水受限的地区，以及 2014 年加州的部分区域，特别是中央海岸区。

2.4　中气候和微气候

人们常常混淆这两个术语。中气候是指一个特定的葡萄园或葡萄园的一部分内部的局部气候，而微气候是指环绕葡萄植株叶幕内部的气候。有以下几个因素影响葡萄园任何区域的中气候。

2.4.1　水体

靠近水体（无论是河流、湖泊、海洋，还是水库），有时能给葡萄植株提供有益处的反射热。水体可被看作是热源，夜间释放日间储存的热量，具有缓和温度与减小霜冻风险的双重好处。水体也有利于雾的形成，高湿能导致葡萄果实发霉（总是不受欢迎）和腐烂（偶尔受欢迎，取决于是否以生产甜白葡萄酒为目标）。

2.4.2　海拔

海拔每升高 100 m，平均气温降低约 0.6℃。因此，在高海拔区域种植者可以选择更喜欢冷凉气候的葡萄品种，如'长相思'和'雷司令'。正如第 23 章所论述的，较高的海拔能导致更大的日温差。

2.4.3　坡向

当葡萄园位于斜坡上，斜坡的朝向、坡度和高度很重要，且斜坡可以保护葡萄植株免受盛行风的影响。因为霜冻趋向顺坡而下，所以斜坡上不太可能发生萌芽时的霜冻。斜坡对辅助果实成熟也有益处。这也许值得我们去思考一些植物学和生物化学的基础知识：葡萄植株从环境中吸收二氧化碳，并将二氧化碳和从土壤中吸收的水分转化为碳水化合物（$C_6H_{12}O_6$），以葡萄果实糖分的形式储存，这个过程称作同化作用，其所产生的氧气散发到环境中。在北半球，葡萄园离赤道越远，太阳高度角越小，所以面朝东南的斜坡具有更多优势。葡萄植株更喜欢早晨的太阳，此时环境中的二氧化碳处于最高水平，所以制造的糖分更多。图 2.4 所示为德国摩泽尔河谷的陡坡葡萄园。

2.4.4　树木

成片的树木能保护葡萄植株免受强风的影响，但会产生有助于高湿的不利影响。树木能降低日温差，并使气温降低。

2.5　度日的概念

1944 年，加州大学戴维斯分校葡萄栽培学院的 Amerine 和 Winkler，根据他们关于葡萄与气候相匹配的研究结果，制定了基于度日（有效积温）的一个气候分类系统（Winkler 系统）。根据所在的半球，度日基于 7 个月的年生长季进行计算。

（1）北半球：理论生长季 =4 月 1 日至 10 月 31 日。

（2）南半球：理论生长季 = 10 月（译者注：英文原著为 11 月）1 日至次年 4 月 30 日。

温度低于 10℃，葡萄植株不能生长。统计生长季日平均温度高于 10℃ 的日数，平均温度高于 10℃ 的每 1℃ 相当于 1 度日，举例如下。

（1）5 月 1 日的平均温度为 14℃，所以 5 月 1 日有 4 度日。

（2）7 月 31 日的平均温度为 24℃，所以 7 月 31 日有 14 度日。

度日既可以用华氏度度量，也可以用摄氏度度量，但在比较不同区域时，摄氏度与摄氏度相对应、华氏度与华氏度相对应，然后计算度日的总和。例如，美国最冷凉气候区（1 区）的总度日小于 1390（℃），而最热区（5 区）的总度日大于 2220（℃）。基于这个气候分类系统，挑选出的适宜品种就能与某一地区的气候相匹配。但是，一些葡萄栽培者质疑度日这个概念，认为用它来衡量气候太过简单或不恰当。

2.6　气候的影响

气候对任何一个地区所生产的葡萄酒的风格都具有重要影响。我们可以对比来自于冷凉气候区（如德国摩泽尔）和来自于南澳克莱尔谷的葡萄酒（原料均为‘雷司令’），前者的酒精度在 7.5%～10%（体积分数）之间，而后者的酒精度至少为 12.5%。一般而言，在浆果成熟过程中，糖分水平升高而酸度下降。因此，德国的‘雷司令’葡萄酒与澳大利亚的相比，可能具有较高的酸度。但必须指出的是，如果认为可取，澳大利亚允许生产者在葡萄酒酿造过程中加酸；而在欧盟，除非给予减损，如 2003 年发生的特别干旱年份，否则欧洲的冷凉产区不允许加酸。黑色葡萄比白色葡萄需要更多的阳光和热量，以保证果皮中的单宁达到生理成熟。由此可见，冷凉地区主要生产白葡萄，如法国的阿尔萨斯和卢瓦尔河谷、德国和英国。表 2.1 比较了一些优质产区的年均日照时数和温度，这些产区所生产的葡萄酒具有迥然不同的风格。

表 2.1　优质葡萄酒产区的年均日照时数和温度

葡萄酒产区	年均日照时数/h	年平均温度/℃
摩泽尔（德国）	1400	10
香槟产区（法国）	1650	10.2
波尔多（法国）	2000	12.7

葡萄酒产区	年均日照时数/h	年平均温度/℃
教皇新堡（法国）	2800	13.5
索诺玛（美国加州）	3000	14.8
玛格丽特河（澳大利亚）	3000	16.4
图尔巴赫（南非）	3300	17.3

葡萄植株在休眠期约为 5 个月、生长和果实成熟期约为 7 个月的地方表现最好。从本质上来说，供给足够的热量和水分，葡萄植株才能生长并产出成熟的果实。但是，在葡萄植株的年生长周期中，这些条件要在正确的时间出现，这一点很重要。

2.7　天　　气

鉴于气候是由地理位置所决定，并且是用长期的平均值来度量，所以天气是这些平均值日际变化的结果。天气是葡萄植株生长季和葡萄生产中的主要变量，而几乎其他每一个主要影响因素在一定程度上是固定的，且事先知道。因此，最终是由每年的天气条件决定年份的好坏。天气不仅影响任何一年所生产葡萄酒的质量和风格，而且可能导致产量的大幅度变化。

2.8　气候变化

在葡萄酒界引起激烈争论的所有主题中，最重要的主题大概就是气候变化的影响及其潜在影响。生产的葡萄果实的产量、风格和质量，是若干自然因素之间复杂的相互作用的结果，其中包括气候。不同葡萄品种有不同的气候要求，尤其是平均温度，因为果实充分成熟需要一定的平均温度。但是，如果这些平均值过高或过低，将对果实质量产生不利影响，特别是影响浆果成分的平衡和复杂性。换言之，对某一品种来说，用于酿酒用的最优质葡萄果实，要生长在靠近其葡萄栽培气候的边缘区。

创世以来，气候就开始变化，但许多人认为，过去 30 年左右的变化远远快于前几代动植物所经历的变化。公元 950～1200 年，欧洲出现"中世纪温暖期"，这也许是英国葡萄栽培的第一个"鼎盛时期"，尽管许多英国种植者认为第二个鼎盛时期才刚刚开始。然而，从世界葡萄酒产区来看，近年来气候变化的速度在加快，有时发生在相对较小或相邻的产区。最近 35 年，波尔多产区从 4 月 1 日到 10 月

31 日的生长季，平均温度升高了 2.64℃；加州的纳帕在同样的时间段内，平均温度仅升高了 0.94℃，而在相邻的索诺玛，平均温度没有变化。应该注意的是，有些时期的温度与最近 10 年的温度相似，如波尔多产区从 20 世纪 40 年代末期到50 年代初期。当然，生长季较高温度的影响之一是使一些重要的物候期提前，如葡萄的开花期和转色期，转色期是指黑色葡萄的颜色从绿色变为红色；采收时间也会提前，在秋雨来临之前采收可能会更好。从 1971 年到 2000 年这 30 年间，波尔多产区的盛花期、转色中期和开始采收的平均日期都在逐渐前移。然而，从 2001年开始，不包括较早的 1997 年、2003 年和 2011 年，平均日期保持不变。表 2.2列出的是品种'美乐'在波尔多 5 个一流酒庄生长季主要物候期的平均日期。应该注意的是，从 1985 年到 2010 年，为了尝试达到酚类物质成熟的目的，种植者在逐渐延长果实留在植株上的时间，所以表 2.2 中所列的采收日期可能低估了气候变化对其产生的影响。

表 2.2　'美乐'在波尔多 5 个一流酒庄 1971～2014 年生长季主要物候期的平均日期

年份	盛花期	转色终期	开始采收日期
1971～1980	6 月 17 日	8 月 27 日	10 月 1 日
1981～1990	6 月 13 日	8 月 17 日	9 月 28 日
1991～2000	6 月 3 日	8 月 9 日	9 月 21 日
2001～2010	6 月 2 日	8 月 9 日	9 月 21 日
2011～2014	6 月 2 日	8 月 8 日	9 月 20 日

当然，除了光和热之外，气候变化还表现在其他方面：改变降水模式；因春季温度较高刺激生长，可能发生重霜冻；冬季或春季的最低温度较高或较低。例如，近 30 年南澳巴罗萨山谷的平均最低温度下降了 2.9℃。冬季温度较高和冬季较短可能缩短葡萄植株的生产寿命，因为休眠有助于长寿。

气候变化也可能导致世界上一些顶级葡萄酒产区在接下来的 30 年左右失去其优势。到 2050 年，波尔多地区的气候可能再也不适合生产顶级的'赤霞珠'葡萄果实。目前某些品种难以成熟的国家和地区，可能变为世界顶级葡萄酒的家乡，如英国。然而，大自然具有逆转环境条件的习性，且"专家"提出的预测也可能被证明是错误的。谈及波尔多地区 2011～2014 年生长季，Denis Dubourdieu 教授说："目前的状况改变了我们对气候的看法。自 2001 年以来，我们已习惯于我们正处于全球变暖期这样一个思维，采收可能会越来越晚，果实成熟度将会提高，我们将无须进行葡萄病虫害防控。但事实并非如此，我们又回到了古老而熟悉的波尔多气候，偶尔还会遇到倾盆大雨。"

第 3 章　土　　壤

　　土壤是葡萄生产的一个重要因素，其组成影响土壤的性质和质量。本章论述葡萄栽培的土壤适宜性方面所要考虑的关键因素，以及不同土壤类型对所产葡萄酒风格的影响。

　　关于土壤对葡萄酒质量的影响仍存在一些争议。传统的旧世界（特别是在某些地区）的观点认为，只有在土壤贫瘠、吸收养分困难的情形下，葡萄植株才能产出高质量的果实。而许多新世界生产者对此持怀疑态度，相信葡萄植株的生长势可控，较肥沃的土壤能产出质量好的果实。关于土壤对葡萄酒质量的影响，本章仅进行非常简单的讨论，第 23 章将进一步论述这个主题。然而，毋庸置疑，德国摩泽尔的板岩土（图 3.1）所产葡萄酒的风格非常不同于波尔多左岸的碎石土（图 3.2）或葡萄牙杜罗河谷的片岩土（图 3.3）。

3.1　葡萄植株对土壤的要求

　　如果进行正确的准备，许多类型的土壤都适合葡萄植株生长。从本质上来说，土壤的功能是固定葡萄植株，为其提供水分、养分和排水。葡萄植株可以在最荒凉的土壤和不适于其他植物生长的地方茁壮生长。在考虑土壤结构时，表土和底土都具有重要作用，表土供养绝大部分根系，包括主要的吸收网络，在一些地区表土非常薄，如香槟地区，需要定期补充养分；底土影响排水，最好能使根伸入到深处吸收养分和水分。

　　在种植新葡萄园之前，一定要进行全面的土壤分分析，以检查其化学和生物学组成及其平衡。适于葡萄栽培的土壤 pH 在 5.0 到绝对最大值 8.5 之间，最理想的范围是 5.5～7.0。土壤 pH 影响养分的有效性，因而影响所产葡萄酒的风格和质量。在所有其他因素相同的情况下，生长在高酸（低 pH）土壤中的葡萄植株与生长在低酸（高 pH）土壤中的葡萄植株相比，前者的果实酸度更低。当葡萄园已完成建园，可能需要给土壤定期补充和调整养分。例如，在南非给酸性土壤施入石灰是很常见的。必需养分一定要能被葡萄植株利用，且最好避免盐渍土，因为氯化钠即使在量很小的情况下也能降低钾的有效性。

　　不同土壤类型最重要的物理特性是其控制水分供应、水分保留和排水的能力。简而言之，优质葡萄酒不可能产自排水不良的葡萄园。土壤质地取决于碎石、沙粒、粉粒和黏粒所占的比例，它们将影响土壤排水及葡萄植株吸收水分、养分和矿物质的能力。土壤质地很难修正。土壤结构是由团聚体（土壤颗粒的集合）类型和团聚体之间的空间构成，可以通过定植前的土壤改良和葡萄园管理技术改变，如施入石膏（$CaSO_4 \cdot 2H_2O$）。

下面详述定植和葡萄园地块准备时需要考虑的主要因素。

3.1.1　排水性好

与其他植物一样，葡萄植株也需要水分，并且伸入到土壤深处找水，所以，最好的土壤应具有优良的自然排水性，且无妨碍根的障碍物。有一种观点认为，如果土壤排水不良，葡萄果实品质可能低劣，这可能是因为植株吸收的是近期的自然降水或灌溉的表层水，而不是富含矿物质的深层水。在建立葡萄园时，如果自然排水差，一定要敷设排水系统。

3.1.2　肥力

虽然人们通常认为葡萄植株在贫瘠的土壤中也能茁壮生长，但葡萄植株还是需要足够的营养，为此可能需要每年施入腐殖质和有机质。如果土壤肥力很高，则需要细致的葡萄园管理技术，来限制葡萄树体生长势和保持营养生长与生殖生长之间的平衡。当然，其目的是将葡萄植株的生殖趋势引导到生产一流品质的果实上来。

3.1.3　养分和矿物质

氮是重要的养分需求，是葡萄植株绿色物质产生的基础。再次强调，养分平衡很重要，要限制葡萄植株徒长。葡萄植株需要的主要矿物质包括钾、钙和磷。这些物质的含量一定要在合理的范围内，缺乏和过剩都能产生影响葡萄植株健康、葡萄果实和葡萄酒的质量等问题。除了上述矿物质外，镁、硫、铁、锰、锌和硼等矿质元素也有益处。葡萄的根能够找到矿物质最丰富的区域，这个过程称作正趋化性。

3.2　土壤对葡萄酒风格和质量的影响

葡萄酒的风格和质量受所有自然因素复杂的相互作用影响，这些因素包括气候、土壤、葡萄园和葡萄酒厂所做的决定和作业，甚至是土壤颜色也能影响葡萄果实的成熟度，暗色土壤比白色土壤热量更多。关于不同土壤对成品葡萄酒的影响已有大量研究，本书将在第 23 章和第 25 章做进一步论述。

3.3 适于葡萄栽培的土壤类型

以下简要介绍在不同葡萄酒产区发现的土壤类型。

3.3.1 石灰岩土

石灰岩是一种主要由碳酸钙（$CaCO_3$）构成的沉积岩。在石灰岩土壤中，葡萄的根必须伸入到深处的裂缝中寻找水分和养分。这种土壤类型在冷凉葡萄产区是很宝贵的。例如，产自勃艮第的顶级葡萄酒，就是因为侏罗纪的石灰岩土赋予葡萄酒以细腻感。

3.3.2 白垩土

白垩是一种多孔石灰岩，它同时具有良好的排水性和足够的保水性。最著名的白垩土葡萄园在法国北部的香槟地区，这里有两种稍微不同的白垩土，即 *Belemnita quadrata* 和 *Micraster*，这里大部分葡萄园都是白垩土。这种土壤来自于白垩纪晚期的地质时期，形成于约 7000 万年以前，所以要比勃艮第的石灰岩土"年轻"得多。在西班牙南部的赫雷思地区，白垩土因白垩含量高而很宝贵。在炎热、半干旱气候条件下，土壤在整个冬季吸收和储存水分的能力极其重要，因为在夏季的几个月里，这里降雨非常少。

3.3.3 黏土

黏土因排水不良而著名，但保水性好。在一些区域，如波尔多地区的波美侯和圣埃美隆，黏土作为葡萄园底土也很宝贵。但是，冬季过后黏土升温慢，因而使葡萄生长季开始推后，并且非常容易被压实。葡萄园中的土壤压实一般是由拖拉机和其他机械的行走造成的，一定要避免，因为压实的土壤会缺氧，而氧是根呼吸和钾吸收所必需的，因而根的生长能力将被限制。

3.3.4 泥灰土

泥灰土是黏土和石灰岩土的混合物。在勃艮第的黄金之丘，也就是世界上最好的'黑比诺'葡萄酒和'霞多丽'葡萄酒的产地，这里有许多种复杂的土层，包括石灰岩土、黏土和泥灰土。'内比奥罗'这个品种也喜欢泥灰土，这已被意大利皮埃蒙特大区 Alba 周围丘陵上生产的优质巴罗洛葡萄酒所证实。

3.3.5　花岗岩质土

花岗岩是一种坚硬的结晶岩，富含矿物质，升温快且保温好。花岗岩质土排水性好、肥力低。博若莱优质红葡萄酒的独特风格即来自于花岗岩质土变异的影响。'佳美'的单品种酒本身酸度较高，而酸性的花岗岩质土有助于抵消酸度，因而能生产出酒体平衡的葡萄酒。'西拉'是另一个能在花岗岩质土中表现优异的品种，如罗蒂谷的顶级葡萄酒。

3.3.6　碎石土

石块阻止水分聚集，因而保证葡萄植株具有好的排水性。波尔多左岸（梅多克和格拉芙）以深厚的砾石堆闻名，能使葡萄根伸入到几米的深处。白天，碎石吸收太阳的热量，而夜晚则把热量散发至葡萄植株。

3.3.7　硬砂岩土

在新西兰的大部分地区，包括马尔堡、坎特伯雷和中奥塔哥，最著名的岩土可能就是硬砂岩土。南非的一些区域（如弗兰谷）、加州的索诺玛、摩泽尔的少部分区域和西班牙的拉曼查也有这种土壤。这种灰色的沉积岩排水性好，并且含有石英。此外，硬砂岩土被广泛用于混凝土制作的集料、公路和铁路轨道的道床。

3.3.8　砂土

砂由石英颗粒组成，来自于硅质岩分解。这是一种疏松的土壤类型，非常难于储存水分和养分，不易耕作。砂土的有利品质是葡萄根瘤蚜不能滋生。位于里斯本北部海岸的克拉雷斯，就是以砂土而闻名。

3.3.9　片岩土

片岩是一种粗粒结晶岩，很容易分裂为薄片。片岩土保温性好，是生产酒体饱满、强劲葡萄酒的理想土壤，所产葡萄酒有葡萄牙杜罗河谷的波特酒。片岩土含有高水平的贵重矿物、钾和镁。

3.3.10　板岩土

板岩是一种坚硬、暗色的板状岩石，是由黏土、页岩和其他成分组成。板岩土持水能力强，升温快，保温好，夜晚将热量散发至葡萄植株。德国摩泽尔地区的大部分岩土为蓝色的 Deven 板岩土，它赋予葡萄酒以活泼的口感。

3.3.11　玄武岩土和其他火山土

这类土壤富含钾，通常很肥沃。匈牙利的托卡伊、德国巴登省的凯泽斯图尔、西西里的埃特纳、坎帕尼亚的维苏威（基督之泪法定产区）和马德拉岛的葡萄园，全部都是火山土。

3.4　土壤的相容性

在考虑种植葡萄的土壤的几个质量属性时，重要的是要考虑所种植的葡萄品种、无性系，特别是砧木，与土壤（和气候）的相容性。例如，虽然白垩土能提供非常好的排水性，但肥力可能较低，导致葡萄植株生长势弱。当定植的葡萄园土壤中活性石灰含量高时（如位于勃艮第和香槟地区的大部分葡萄园），要选择耐石灰的砧木；否则，葡萄植株可能患缺绿症。这是一种缺铁病，产生的叶绿素量不足，使叶片变黄，因而不能为葡萄果实生产充足的糖。图 3.4 所示为圣埃美隆受缺绿症影响的葡萄植株。

3.5　风　　土

单独一个生长地点对葡萄酒风格和质量的影响可以用一个法国术语"风土"来概括。从本质上来说，风土是葡萄园的土壤及其各种质量属性、地形（海拔、坡度、坡向）、中气候和微气候的组合。这些因素中的任何一个发生改变，同一个葡萄园中仅几米范围内的葡萄植株都可能经历不同的生长条件。风土的概念将在第 23 章进行更深入的论述。

第4章 葡 萄 园

　　本章论述商业化葡萄园的地点选择、种植密度、整形方式、修剪方法，以及如何管理叶幕，还要论述可能的灌溉方法和时间，考虑葡萄园的年周期工作，并详细描述葡萄浆果的发育时期。

　　葡萄栽培的各种观点有时会有冲突，因为什么是最好的理论和实践并不总是被普遍接受，这种异议有助于不同地区和国家生产的葡萄酒形成不同的风格。例如，受到新世界生产者挑战的旧世界的观念之一就是，为了达到优质，必须严格限制每公顷土地所生产的葡萄果实的产量。

4.1　葡萄园位置和地点的选择

　　世界顶级葡萄园历史状况形成的原因很复杂。著名产区的生产者总是谈论其极品地块的卓越风土（坡向、土壤、中气候等），如勃艮第黄金之丘的特级葡萄园。正如我们所见到的，许多顶级葡萄园靠近河流，而河流影响葡萄园的气候。例如，虽然德国摩泽尔和莱茵河岸的顶级葡萄园被热反射加热，但艾米达吉产区得益于罗纳河（和密斯特拉风）的冷却作用。但需要注意的是，历史上河流的另一个巨大优势是，河流是通向市场的运输工具。因为大市场位于原产地或原产国以外，好葡萄酒会以更高的价格出售，而高价意味着在葡萄园上的投入更多，且出口市场促进了高品质及供应商和消费者之间想法的相互交流，而这种交流是提高标准所必需的。

　　如今，在决定新葡萄园的位置时，与市场的沟通可能不再那么重要，但仍然需要合适的沟通渠道。此外，某些国家可能需要将采收后的葡萄果实运输到几百英里外的葡萄酒厂，如澳大利亚。因此，在考察新葡萄园的潜在地点时，考虑的因素多且复杂。区域/地点的气候无疑是首先要考虑的。如前所述，葡萄果实需要至少 1400 h/a 的日照才能充分成熟，但除此之外，研究者还需要考虑地形、坡向、方位、中气候、土壤组成、目标品种的适宜性和降水。水分有效性可能也很关键，其不仅用于灌溉（需要和允许灌溉的地方），而且在冷凉气候条件下还要用于防霜冻的喷水系统。劳动力资源、葡萄酒法律的限制、欧洲的"法定产区"及栽植地的安全性，也必须考虑在内。

4.2 种植密度

每公顷种植的葡萄植株数量取决于几个因素，包括历史因素、法律因素和生产实践因素。在法国勃艮第的大部分区域和波尔多的一部分区域，包括梅多克的大部分区域，葡萄植株的种植密度为 10000 株/ha，行距和株距均为 1 m。机械作业是通过使用跨式拖拉机进行的，这种拖拉机借助于位于葡萄行两侧的车轮将拖拉机骑在葡萄植株上。种植者可能认为，在这种密度情况下，葡萄植株的生长势受到限制且有轻微胁迫，它必须为获得水分而竞争，因而能将根伸入到土壤深处获取矿物质和微量元素。大部分有效水进入了植物体的结构部分，进入葡萄果实的量很少，因此果汁更浓，风味更好。伴随密植可能出现的问题之一就是土壤压实，这是因跨式拖拉机在每次作业时，其车轮均沿着同样的路径行走。在波尔多其他一些区域，种植密度较低，每公顷种植约 4000 株葡萄。例如，在加伦河和多尔多涅河的"两海之间"，这里的土壤较黏重，过去是用两头动物拉犁，因而行距较大。所以，历史影响的延续仅仅是因其实用性，但也有许多种植者不愿意改变传统做法。然而，波尔多左岸的葡萄园在葡萄根瘤蚜侵入之前，葡萄种植密度高达 20000 株/ha，有的甚至高达 40000 株/ha，因为没有机械化作业，并且是手工除草，所以这些葡萄植株也不成行。目前，一些种植者又回归到高密度栽培，如 20000 株/ha 的私家葡萄园，而骑士酒庄的葡萄园种植密度高达 33000 株/ha。

在法国的其他地区，种植密度要小得多，如教皇新堡的种植密度为 3000 株/ha。在许多新世界国家，种植密度可能低至 2000 株/ha，这样大型农业机械就能通过；在将土地变为葡萄园之前，种植者也可能使用这类大型农业机械。宽的行距和株距可使太阳光进入葡萄植株，空地也有助于保持充足的空气流通和降低湿度，这就有利于预防葡萄植株的各种霉菌和其他真菌病害。但是，在新世界国家也有种植密度像法国或德国一样密的葡萄园，如智利阿空加瓜谷和空加瓜谷的部分区域。

4.3 整形方式

整形和修剪这两个术语有时会混淆。实际上，整形是将支撑系统的设计和结构与植物体的外形相结合，而修剪是根据整形的要求通过剪除枝蔓来管理植物体的外形，同时也是控制产量和保持结果的一个方法。

使用何种整形方式可能取决于许多因素，包括历史因素、法律因素、气候因素和生产实践因素。古罗马人将葡萄植株沿树木向上修整，下面种植其他作物；而希腊人在专门的葡萄园更喜欢采用低矮的整形方式。目前，整形方式分类的方法有几种，可根据葡萄植株的高度（高/低）、修剪方式（长枝/短枝）、所用的支撑系统类型（格子架/棚架/无支撑物的灌木）而定。

4.3.1　葡萄整形的主要类型

4.3.1.1　灌木整形

采用灌木整形的葡萄植株，或者无支撑物，或者用一支或多支架桩支撑。历史上这种整形方式在法国应用最为广泛。但灌木整形的葡萄园不适宜现代机械作业，如去顶和机械采收。这种整形方式的树体结构紧凑、植株强健，特别适合炎热而干燥的气候条件。植株的臂采用短枝修剪，也就是将前一年的枝条剪留为1~2个芽的短枝。如果保持灌木形葡萄植株靠近地表，其将得益于反射热，使果实的成熟度进一步提高。如果叶片遮住了果实，产出的葡萄可能带有明显的生青味或青草味，这种风味可能是期望的，也可能是不期望的。采用灌木整形的葡萄园有博若莱和罗纳河谷的一部分葡萄园。图 4.1 所示为西班牙瓦伦西亚修剪后不久的灌木葡萄。

4.3.1.2　替换长枝整形

葡萄植株是利用铁丝格架支撑结构来进行整形的，根据所使用的特定结构，一支或多支长枝沿着架线延伸。长枝整形常见的方法是古约特整形，也就是将一支长枝（单古约特）或两支长枝（双古约特）绑在铁丝格架最下面的架线上。在顶级葡萄园中，古约特整形在波尔多（包括梅多克）和勃艮第的黄金之丘应用最多。图 4.2 所示为葡萄双古约特整形示意图，图 4.3 所示为早春未修剪的古约特葡萄植株，图 4.4 所示为修剪后不久的古约特整形葡萄，图 4.5 所示为修剪后将长枝绑在底部架线上的古约特整形葡萄。

4.3.1.3　龙干整形

这种整形方式有多种变化，但所有变化都遵循一个原则，也就是葡萄植株的龙干沿架线水平延伸。延伸的干（龙干）可能靠近或远离地面。龙干整形特别适合机械化作业，包括机械修剪和采收，也适合在易受强风损害的葡萄园使用，因为强风能吹断替换长枝整形（如古约特整形）葡萄的长枝。

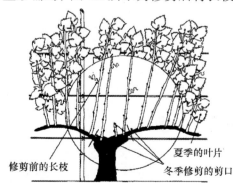

修剪前的长枝　　　夏季的叶片

冬季修剪的剪口

图 4.2　显示剪口位置的葡萄双古约特整形示意图（Christopher Willsmore 惠赠）

4.3.1.4　新梢垂直定位

新梢垂直定位（VSP）要求在格架上有 4 对架线。如同其名称，葡萄植株的新梢垂直整形。这种整形方式有多种变化，包括替换长枝整形、龙干整形和短枝修剪。龙干整形和短枝修剪广泛应用于许多新世界国家，包括澳大利亚和智利。两条龙干沿最下面的架线（距地面大约 1 m）向相反方向延伸，每一条龙干大概有 10～12 支单芽或两芽短枝，"结果区"位于地表以上 0.9～1.2 m 处。如果是新西兰广泛应用的替换长枝整形，则有 4 支长枝，每一个方向两支，一支长枝绑至最下面的架线上，另一支长枝绑至第二条架线上，第二条架线距最下面的架线15～20 cm。

VSP 整形的优点之一是降低真菌病害的风险，这是因为葡萄植株不靠近地面和叶幕不密，从而使叶幕内部的湿度降低。果实被控制在一个紧凑的区域，大部分叶片和梢尖位于叶幕上部，因此，机械采收等机械化作业容易进行。图 4.6 所示为冬季修剪后的 VSP 整形葡萄，图 4.7 所示为夏季的 VSP 整形葡萄。

4.3.2　其他整形方式

还有许多其他整形方式，其中有一些从古代就开始使用，如棚架，而且这种整形方式在许多区域仍在使用。棚架可以由全部顶部叶幕构成，或者由部分顶部叶幕构成。图 4.8 所示为意大利东北部威尼托的棚架葡萄。其他整形方式是最近研发或改良的，包括双篱架七弦琴整形（图 4.9）和垂直分裂叶幕整形，如吉尼瓦双帘（GDC）、斯科特-亨利整形（SH）和蒂考瓦塔双层整形（TK2T）。在葡萄栽培研究机构有关于整形方式的持续研究。

4.4　修剪方法和叶幕管理

无论采用何种整形方式，葡萄植株都需要修剪以保持其外形、管理生长势和控制产量。葡萄的叶幕由植株的地上部分构成，包括干、茎、叶片、花和果实。好的叶幕管理很重要，是因为它影响生长势和产量，并有助于减少葡萄植株的病害，因果实遮阴造成的成熟不均一和霜冻损伤等问题也能被控制。

4.4.1　修剪方法

当葡萄植株处于休眠态时进行修剪。北半球的许多种植者直至仲冬到冬末才进行修剪，也就是从 1 月到 3 月初。虽然早修剪能使葡萄植株恢复生长更早，但种植者担心在发生霜冻的情况下植株会死亡。此次修剪主要是剪去前一个生长季长出的枝条。在替换长枝整形的情况下，仅保留 4～8 个芽的一支或两支长枝。在欧洲，对法定产区的葡萄酒来说，规定了最大留芽数量。灌木整形和龙干整形的葡萄植株，则剪留为若干个单芽或两芽短枝。长枝或短枝是前一个生长季发育的木质枝条，新梢来自于这些木质枝条，而果实是由新梢上生长的花朵发育而来的。

如前所述，产量控制是葡萄园工作的一个关键部分。收获的果实产量取决于许多因素，包括修剪、年份条件、当地的葡萄酒法规和酿酒师的偏好。如果修剪过重，则所生产的果实量减少，传统观点认为这会提升果实质量。在法国，越是著名和精细的产区，其法定产量就越受到限制。例如，对许多勃艮第的特级葡萄园（以及其他一些葡萄园）来说，大体上允许的产量低至 35 hL/ha。许多种植者，特别是在新世界国家，面临这一传统观念的挑战，并且宣称，产量高也能生产出质量好的葡萄酒。在澳大利亚部分产区，因大量灌溉，其葡萄汁产量达 200 hL/ha 或更高，生产的果汁在某种程度上还很受欢迎，成为廉价品牌。

4.4.2 叶幕管理

好的叶幕管理，即控制葡萄植株的叶片，是使大量阳光进入葡萄株体内部的关键，而阳光能提高果实的成熟度和质量。叶幕管理始于冬季修剪，但贯穿于整个生长季，包括疏除新梢、去副梢、新梢定位、夏季修剪和除叶。稀疏的叶幕最有助于预防真菌病害的发生，第 5 章将论述真菌病害。

4.5 灌 溉

新世界国家的葡萄生产广泛采用灌溉，而许多产区则不允许灌溉，但可将灌溉作为提高产量的一个方法。漫灌，即水漫过整个葡萄园的地表，被许多人认为是低效的，但支持者认为，漫灌有利于大根系的形成，并且有助于控制某些土壤害虫。沟灌是使水分沿着葡萄行流动，优点是用水较少。微喷灌溉是利用安装在葡萄架上类似小型花园喷头的微型旋转喷嘴进行灌溉。但是，大部分种植者更倾向于滴灌，滴灌是将塑料管材安装在格架最下面的架线上，将少量的水直接分配至每一株葡萄的基部。图 4.10 所示为阿根廷的沟灌照片，图 4.11 所示为新西兰的滴灌照片。

亏缺灌溉可以作为控制生长势的一个方法。有一种观点认为，葡萄像人一样，当面临轻微的压力时，工作更出色。临近采收前几周内不要灌溉。但在允许灌溉的产区，采收后的灌溉很常见，它能刺激生长和能量物质回流。

直至目前，欧盟一般不允许灌溉，除非是幼龄葡萄园和试验葡萄园。但许多产区，如葡萄牙南部的阿连特茹，灌溉很常见。虽然法国在 2006 年 12 月 6 日颁布法令首次正式批准葡萄园灌溉，但在大多数顶级产区，法定产区葡萄酒仍不允许灌溉，除非当地的法律特许，任何灌溉必须在 8 月 15 日前停止。需要指出的是，一般情况下不需要灌溉，但在干旱年份，如 2003 年，无灌溉系统和灌溉水造成了产量的大幅度减少。

4.6　葡萄园的周年管理

无论世界上的葡萄园位于何处，全年必须进行的日常工作大体相似。本书以北半球冷凉气候条件下的生长季举例说明。

4.6.1　冬季

冬季修剪是葡萄园最费劳动力的工作之一，而且修剪者的技术水平影响葡萄植株整个生长季的发育。1 月或 2 月份修剪后，如果是格架整形，则要将植株绑缚。即使是机械修剪，还是有一些后续的手工清理工作需要进行。如果是古约特整形，要将长枝固定到格架最下面的架线上，许多种植者将这项工作延至 3 月份，那时树液开始上升，枝条更柔韧。行间翻耕或隔行翻耕也可以在此时进行。

4.6.2　春季

定植新植株通常在早春进行，此时土壤开始升温。温度高于 10℃葡萄开始生长。葡萄通常在 4 月份萌芽，此时的霜冻可能是灾难性的，能毁掉大部分的年产量。如同讨论气候时所提到的，可以尝试使用燃油器、鼓风机或喷水技术来预防霜冻造成的损害。在许多产区，喷水目前已成为一项首选防霜冻技术。

4 月末或 5 月初，大概在萌芽后两周，必须开始喷布防霉菌制剂。一些种植者按照惯例喷施，还有一些种植者是根据早期预警系统（如气象站）的预测进行喷施。5 月份，新梢快速生长，需要将新梢置于架线之间，这项工作将持续至接下来的几个月。随着天气逐渐变热，新的生长活跃，可能需要进行一定程度的叶幕修剪。

一些种植者喜欢葡萄园没有杂草，而另一些种植者更喜欢保留某些杂草的生长，或者在行间种植大麦或豆科植物等覆盖作物，从而有助于保持土壤平衡。不能让杂草或覆盖作物长得太高，至多约 60 cm，否则将消耗土壤养分，且形成的高湿环境有利于霉菌蔓延。同样原因，葡萄植株之间的杂草一定要清除，或者机械除草，或者通过喷施除草剂。根据耕作计划，行间区域既可以刈草，也可以中耕。

4.6.3 夏季

在 5 月末或 6 月，平静温暖的天气有利于开花。虽然葡萄的花并非最美艳（图 4.12），但葡萄植株能将其花香保留，直至果实变为杯中的葡萄酒。如果开花时天气寒冷、刮风或下雨，葡萄植株可能遭受气候性落花，即由于花朵未开放或虽然开放但授粉不成功而造成的花未能发育为浆果，这样的天气条件也能导致小果粒，也就是人们所熟知的弹丸果或母鸡果和小鸡果，果穗上一些浆果保持微小状态，而另一些浆果正常发育。

6 月末或 7 月初之前，葡萄已经坐果，浆果开始膨大。从 6 月末到 8 月初，少量降水有益处，因为胁迫过重的葡萄植株会产生过熟果实。夏季，葡萄植株的顶部可能需要修剪，为了使葡萄植株的效益最大化，需要疏除叶片和整支新梢。因为副梢消耗葡萄植株的能量，所以副梢必须要疏除。但是，疏除叶片过多会使果实不能成熟，因为叶片是葡萄植株能量物质生产的工厂。叶幕管理专家 Richard Smart 博士给出了果实成熟度达到给定质量要求所需的叶面积的计算公式，每克成熟鲜果所需的叶面积为 7～14 cm^2（取决于光照和气候条件）。夏季，也可能需要进行疏果，目的是通过降低产量将葡萄植株的能量转向果实成熟。随着果实开始成熟，如 4.7 节所述，种植者可能需要疏除果穗周围的叶片，以使果实接受更多的阳光。午后的光线强度比上午的强，所以，仅疏除葡萄植株东侧的叶片是一种好的做法，它降低了日灼的风险。

4.6.4 秋季

随着果实成熟，需要进行浆果的定期分析，以决定采收时间。在冷凉的气候条件下，直至 10 月份果实可能还未成熟，许多质量意识强的种植者会推迟采收，希望葡萄成熟度提高一些，但是，如果秋季降雨来临，可能会后悔这一决定。采用手工采收还是机械采收，取决于许多因素，包括欧盟的葡萄酒法规；法规规定，对某些葡萄酒来说，包括博若莱红葡萄酒、教皇新堡红葡萄酒、苏特恩白葡萄酒和香槟酒，必须用手工采收葡萄果实。采收方法和时间、种植者做出的其他栽培方面的决定，将会影响葡萄酒的风格和质量。每一种方法都有其优缺点，并且每一种方法都有自己的特点，这些将在第 7 章论述。当葡萄植株落叶后，进行葡萄园的维护，如一般的清理、更换架柱和架线等。秋末，可以进行葡萄园施肥和土壤结构调整，如施入石膏（硫酸钙）。

4.7　葡萄浆果发育

从坐果到采收，葡萄浆果的生长和发育可被分为三个阶段。

（1）第一阶段。开花后，浆果形成，包括种子的形成。其后是浆果快速生长阶段，主要是通过细胞分裂实现的。果实中积累酒石酸和苹果酸，种子和果皮中积累单宁，通常红色品种的含量要高得多。在这个阶段，叶绿素含量高，浆果为绿色，并且较硬，可能持续 55～60 d。

（2）第二阶段。这一阶段通常称作"停滞阶段"，可能持续 5～10 d。在这个阶段，果实生长量非常小，果实中几乎没有糖分。对种植者来说，此时便于估测最后的产量，除非发生天气或其他灾害，最终的浆果质量大约是停滞阶段浆果质量的 2 倍。

（3）第三阶段。该阶段开始于浆果转色。浆果转色意味着开始成熟，在北半球，大概发生在 8 月份。糖分以蔗糖的形式被转运至浆果，然后被水解为果糖和葡萄糖。此时的浆果生长主要是因为细胞膨大，而不是细胞分裂。白色品种因合成黄酮而呈现黄色或半透明，黑色品种因合成花色苷而呈现花色苷的颜色。浆果中苹果酸含量大幅下降，特别是在较炎热的气候条件下；单宁（尤其是种子中的单宁）含量也在下降。在这个阶段的后期，浆果开始合成香味、风味化合物和其他化合物的前体，这些前体物在酿造过程中转化为挥发性香味物质，开始合成的时间大约在转色后 30 d。

第 5 章　虫害和病害

与其他植物一样，葡萄植株对多种病虫害都较敏感。本章涵盖了最主要的病虫害。我们将思考如何预防和控制这些病虫害，及其对葡萄植株、果实产量和所酿造的葡萄酒质量可能产生的影响。

寄生虫等一些害虫能够从寄主获取食物而不会对寄主造成太大伤害，其他一些害虫可能是毁灭性的。病害通常是在生长季侵染，如果不控制，可能对果实的质量和产量、葡萄植株的健康具有很大影响。因此，种植者需要保持警惕，因为面对的将是一场持续斗争。大部分葡萄病害的发生需要满足一定的温度或湿度，或两者兼具，这取决于季节性天气条件，可能需要定期喷施预防性或治疗性制剂。但是，环保意识强的生产者会采用病虫害综合管理方案，而不是常规的预防性喷施。第 6 章将论述病虫害综合管理、有机和生物动力学生产方式。

5.1　葡萄园重要虫害

下面所列出的葡萄园虫害虽不全面，但包括了许多危害性很强的害虫，一些虫害仅在某些国家的少数地区造成危害，而另一些虫害则在世界各地的所有葡萄栽培区发生。

5.1.1　虫、螨和蠕虫

5.1.1.1　葡萄根瘤蚜

葡萄根瘤蚜也称作 *Phylloxera vitifoliae*，因为重新分类，目前称作 *Daktulospharia vitifoliae* 或 *Viteus vitifoliae*。

葡萄根瘤蚜是所有害虫中危害性最强的一种害虫，极具毁灭性，能很快使葡萄植株死亡（见第 1 章）。使用葡萄嫁接苗栽培是唯一可靠的解决办法，嫁接苗就是将所需要的欧亚种葡萄品种嫁接到美洲种葡萄砧木上或美洲种葡萄种间杂交砧木上。

5.1.1.2　葡萄珠蚧

葡萄珠蚧（*Margarrodes vitis*）是珠蚧属（*Margarodes*）几个种中最重要的一

个种，它遍布于南美洲的大部分地区，是智利主要的葡萄害虫，在南非也有，首次确认是在 30 年前。与葡萄根瘤蚜类似（可能会混淆），珠蚧也是取食葡萄的根，并造成植株生长萎缩、叶片褪色和干枯、产量低或无产量。随着时间推移，葡萄植株的死亡是不可避免的。但是，如果能使葡萄的根伸入土壤深达 3～4 m，则在这个深度珠蚧就不能存活，而葡萄植株能够继续存活，但生长不良。大雨或漫灌能减少害虫数量。目前，一些生产者试图通过嫁接来对抗这种害虫，但美洲种葡萄砧木可能并不像抗葡萄根瘤蚜那样抗葡萄珠蚧。珠蚧对限制葡萄植株生长势可能具有积极作用。

5.1.1.3　葡萄蛾

主要有葡萄长须卷蛾（*Sparganothis pilleriana*）、女贞细卷蛾（*Eupoecilia ambiguella*）、葡萄花翅小卷蛾（*Lobesia botrana*）和苹果淡褐卷蛾（*Epiphyas postvittana*）。这些昆虫的毛虫在春季和夏初取食葡萄的芽与花序，再危害果实，继而引起病害的发生。利用"性困惑"的方法可能会阻止这类害虫的繁殖（详见第 6 章）。

5.1.1.4　果蝇属

斑翅果蝇（*Drosophila suzukii*）和黑腹果蝇（*Drosophila melanogaster*）可能是酸腐病发生的原因，而酸腐病能使葡萄果实带有明显的醋味。

5.1.1.5　线虫

小蠕虫可以取食根，使葡萄植株产生各种各样的问题，包括水分胁迫和养分缺乏。线虫有超过 50 万个种。蠕虫能在整个葡萄园传播病毒病。如果是在新开垦的土地种植，定植前一定要仔细检查土壤中是否有蠕虫。最好避免在前作物为土豆或胡萝卜的地块种植葡萄，因为这类作物是根结线虫的寄主。在有可能遭受线虫危害的区域，种植者一定要选择抗线虫砧木。

5.1.1.6　叶螨

叶螨属于叶螨科（Tetranychidae），是螨，而不是真正的蜘蛛，无单独的胸腔和腹部，有红叶螨、黄叶螨等种。叶螨取食叶片，限制植株生长。

5.1.1.7　葡萄瘿螨

葡萄瘿螨也称作葡萄叶疱螨（*Colomerus vitis*）。在芽中越冬，夏季在叶片的背面生活和取食，产生毛瘿和凸起的水疱，影响幼龄葡萄植株的生长，但除此之外，通常不会对果实质量和经济产生大的影响。

5.1.1.8　葡萄锈螨

葡萄锈螨（*Calepitrimerus vitis*）与葡萄瘿螨一样，属于相同的种类，但一般生活在叶片的正面。葡萄锈螨危害能造成减产。有意思的是，在 20 世纪 50 年代之前，人们并不是很了解葡萄园中的螨虫危害，直至某些杀虫剂的使用破坏了原来的生物学平衡。喷施硫制剂能有效治疗螨虫的危害。

5.1.1.9　欧洲黄蜂

欧洲黄蜂（*Vespa crabro*）体型大，颜色为黄色和褐色，喜欢所有的果汁，完全成熟葡萄的果肉是果汁很方便的来源。在塞浦路斯、以色列和黎巴嫩等国家，欧洲黄蜂能造成非常大的问题，除非进行防控，否则减产可能高达 40%。找到并摧毁蜂巢是预防其危害唯一有效的方法。

5.1.1.10　葡萄象鼻虫

成虫在枝条上钻洞并在洞中产卵，然后无腿的幼虫沿着枝条继续钻洞，能严重减弱葡萄植株的机械强度。

5.1.2　动物和鸟

5.1.2.1　动物

动物包括家兔、野兔、鹿、野猪、狒狒和袋鼠，它们具有挖掘、打洞或啃咬等习性，能造成非常严重的破坏。家兔和野兔能咬掉树皮和叶片，而大型动物更偏爱葡萄果实。

5.1.2.2　鸟

在果实成熟过程中，鸟可能造成严重问题，因为鸟能啄坏葡萄果实，特别是孤岛式葡萄园。鸟啄葡萄果实是有选择的，果实一旦开始成熟，鸟就开始破坏。一些种植者选择给葡萄植株挂网或使用声频惊鸟器的办法来防鸟。

5.1.2.3　腹足类

腹足类主要是在早春造成危害，尤其是在潮湿的条件下。腹足类以芽和叶片为食，而且还吸引鸟类，但此时一些鸟类可能是有益的，因为许多鸟类以腹足类昆虫为食，鸭和珍珠鸡可以用来防治腹足类。

5.2　病　　害

葡萄植株及其果实可能被许多病害摧残，最主要的病害如下所述。

5.2.1　真菌病害

5.2.1.1　灰葡萄孢菌

灰葡萄孢菌（*Botrytis cinerea*）也称作富克葡萄孢盘菌（*Botryotinia fuckeliana*）。该真菌的感染可能受欢迎，也可能不受欢迎，取决于境况。灰葡萄孢菌属于子囊菌纲的核盘菌科（核盘菌科有超过 1600 个属、64000 个种，包括酵母、松露菌和青霉菌）。

灰葡萄孢菌以灰霉病的形式表现是最不受欢迎的，它在潮湿条件下旺长的葡萄植株上发病快，能够影响芽和幼梢，使之变为褐色；然后在叶片上形成灰霉斑，并侵染花序；此后可能处于休眠态，直至果实发育。受侵染后，白色葡萄变为褐色，黑色葡萄可能变为红色。果实可能附着灰色或灰褐色的霉，浆果可能破裂。灰霉病能导致葡萄酒产生异味，主要是由于果实中的化学成分被修饰。但是，其对黑色葡萄的影响比对白色葡萄的影响要大，这是因为它能造成颜色、单宁和风味的损失。采收时灰霉病暴发（通常是由降雨引起的）能摧毁一年的收成，这是因为灰霉病能造成产量的大幅降低，并且对质量有严重影响。图 5.1 所示为受灰葡萄孢菌侵染的葡萄果实。

灰葡萄孢菌在某种气象条件时出现，如在某些白葡萄品种上以"贵腐病"形式出现则受到欢迎，理想的气候条件是潮湿、早秋有晨雾、午后天气温暖而晴朗。世界上一些顶级甜白葡萄酒就是用受贵腐病侵染的果实酿造的。第 14 章详细论述以"贵腐病"形式表现的灰葡萄孢菌。

5.2.1.2　葡萄白粉病

葡萄白粉病（*Uncinula necator*，也称作 *Oidium tuckeri*）于 1845～1854 年从北美传到欧洲的葡萄园。它在葡萄叶片上长出无光泽、浅灰色的孢子，可以在芽的内部越冬。该病最终导致果实开裂和皱缩，在侵染严重的情况下可能导致绝收。葡萄白粉病在温和多云的条件下发病快，特别是在稠密遮阴的叶幕中。可以在葡萄植株上喷施硫黄粉来防治该病，这种接触性防治法既可以起到预防作用，也可以起到根除作用。另外，也可以进行系统性防治。

5.2.1.3　葡萄霜霉病

葡萄霜霉病（*Plasmopara viticola*，也称作 *Peronospera viticola*）也是一种从北美传到欧洲的真菌病害，于 1878 年在波尔多地区的葡萄上首次被观察到。该病可能是通过进口抗葡萄根瘤蚜的嫁接苗带入的，在温暖、潮湿的天气条件下发病快，这样的天气条件在欧洲北部的许多葡萄酒产区很常见。其暴发的必要条件是在 24 h 内有超过 10 mm 的降雨，症状为幼叶的背面有密的白色生长物，可能造成叶片皱缩和脱落。当其侵染果实时，使浆果皱缩，变得坚韧。受侵染的果实表现为灰色腐烂或褐色腐烂。可以采用接触性防治法或系统性防治法进行防治，常用的接触性防治法就是给葡萄植株喷施"波尔多液"，即硫酸铜、石灰和水的混合液体。喷施波尔多液后的葡萄园常呈现蓝色色调，甚至地表的卵石或砾石上也有蓝色色调。但葡萄霜霉病的某些菌株已经进化为对某些系统性防治法具有抗性。

5.2.1.4　葡萄黑腐病

葡萄黑腐病（*Guignardia bidwellii*）是一种从美国传入欧洲的真菌病害，1885年在法国埃罗省首次被观察到。受侵染的葡萄浆果皱缩、变干，颜色变为蓝黑色。波尔多液对该病有效。

5.2.1.5　葡萄黑斑病

葡萄黑斑病也称作葡萄黑痘病（*Elsinoe ampelina*），它是一种孢子传播的真菌病害，起源于欧洲。其发病需要温暖、潮湿的条件，能够侵染幼叶，在葡萄浆果上表现为小黑点。用铜制剂防治有效。

5.2.1.6　葡萄顶枯病

葡萄顶枯病（*Eutypa lata*）通常侵染老的葡萄植株，通过剪口侵入，导致龙干死亡。防治方法是一旦发现该病，尽快将感病部位剪除。

5.2.1.7　埃斯卡病

埃斯卡病也称作黑麻疹病，目前可能是葡萄酒产区最具威胁的病害。被侵染的葡萄植株最初表现为落叶，然后生长萎缩，葡萄植株能很快死亡。已知的病原真菌包括 *Phaeomoniella chlamydospora*、*Phaeoacremonium aleophilum*、*Phaeoacremonium inflatipes*、*Phaeoacremonium chlamydosorum*，通常是通过剪口侵染葡萄植株。据报道，2014 年法国受该病感染的葡萄植株达 13%。虽然该病可以用亚砷酸钠治疗，但在欧盟和其他国家亚砷酸钠被禁用，因为它是致癌物。

5.2.1.8　葡萄蔓枯病

葡萄蔓枯病（*Phomopsis viticola*）在新西兰特别突出，但在其他冷凉产区也有。该病在潮湿的春天蔓延，叶片上呈现黄色环环绕的黑色斑点，新梢基部出现黑色裂缝，然后可能裂开。通过开张叶幕使葡萄植株保持良好的空气环流，可能是最好的预防措施。

5.2.2　细菌病害

5.2.2.1　皮尔斯病

该细菌病害是由苛养木杆菌（*Xylella fastidiosa*）引起的，在加州流行，借助于小的有翅昆虫（叶蝉）从一片叶传播到另一片叶，在葡萄植株上刺入组织内部取食。除了葡萄，该病还侵染粮食作物，如苜蓿，通常与芦苇和其他水生植物有关。目前还没有办法治疗受该菌侵染的葡萄植株，所以最关键的是减少昆虫数量。玻璃翅叶蝉（*Homalodisca vitripennis*，也称作 *H. coagulate*）传播的侵染速度非常快，甚至在植株冬季休眠时也能在葡萄植株上取食。被侵染的葡萄植株表现为萌芽延迟或不萌芽、叶片褪色、果穗干缩，植株可能在侵染后几年之内死亡。

5.2.2.2　葡萄细菌性疫病

葡萄细菌性疫病（*Xylophilus ampelinus*）造成新梢萎蔫、干枯，有时能导致减产。目前尚无办法消灭这种病害，但对修剪工具进行消毒和对修剪后的葡萄植株喷施波尔多液能有助于防止该病的传播。

5.2.3　病毒病害

秋天，在许多葡萄园看到的叶片明显变红，可能就是受到病毒侵染的标志。加州大学戴维斯分校已经鉴定了超过 55 个葡萄病毒病和类病毒病。病毒病的传播有几个途径，包括取食韧皮部的昆虫，如叶蝉（导致严重黄化），但主要是通过从带毒植株上采集插条造成的。一旦需要嫁接砧木以对抗 19 世纪末传入的葡萄根瘤蚜，一定要检查所用的砧木和接穗是否带有病毒。嫁接使感染病毒的概率加倍，因为嫁接是将两个不同的植物体结合在一起。最常见的病毒有扇叶病毒、黄化叶病毒、金黄化病毒、斑点病毒、卷叶病毒和栓皮病毒。图 5.2 所示为南非感染卷叶病毒的葡萄植株。病毒病通常不会使植株死亡，但会使生长势变弱和产量降低。因为目前还没有治疗病毒病的方法，所以预防是唯一的方法。苗圃提供给种植者的必须保证是无病毒繁殖材料。保证无病毒的一个方法是，利用热处理法处理原始母本园的繁殖材料。为了保证葡萄园没有病毒，种植者一定要购买有合格证的苗木。

5.3　预防和治疗

不管从哪方面来说，对病虫害进行预防显然要优于治疗。预防可以从栽植地点的选择开始，例如，避免选择附近有已知害虫的区域或高湿区域；只能从被认可和受管辖的苗圃购买合格的无病毒葡萄嫁接苗；保证所有的工具、装备和机械清洁、无害虫，特别是从一个葡萄园移动到另一个葡萄园时；在周年管理过程中，修剪时要确保所有的剪口清洁；避免过密的叶幕是使真菌病害危害最小化的关键。

生长季要在合适的时间进行药剂喷施，来预防或治疗病害和控制杂草，一般使用喷药机械；但如果地势过陡，则要用手工喷施；也可以选择小型飞机或直升机喷施，但两者都会涉及喷施药剂的飘移。在撰写本书时，在葡萄园中使用无人机仅限于采集数据。在波尔多，首次使用无人机监测葡萄植株的健康状况是在2013 年春季的圣爱斯泰夫产区；加州进行了无人机喷施药剂适宜性的测试。喷施药剂是一项费钱的工作。喷施药剂可以大致分为接触性治疗和系统性治疗，前者是指药剂保留在叶片或其他部位的表面，后者是指药剂进入植物体的内部，并在组织内部自由移动。第一次喷施的制剂大概是石灰-硫黄（接触性防治），喷施时间是在芽膨大变软时，整个生长季可能要进行常规的预防性喷施。然而，正如将要在第 6 章所论述的，近年来，已经研发出了关于病虫害防控和葡萄生产其他方面对环境有积极影响的方法。

第6章 环境友好型葡萄园的管理

本章论述采用环境可持续的葡萄园管理技术，着重论述病虫害综合管理（IPM）、有机生产和被许多种植者快速推进的生物动力学生产。

葡萄种植者被农用化学品销售商牵着鼻子走的日子大概永远也不会出现了。越来越多的种植者自豪地谈论其有机证书，剩下的大部分生产者自称正在实践"合理斗争"、"病虫害综合管理"、"可持续葡萄栽培"或任何一个他们选用的标题。在20世纪60～80年代，似乎找不到任何一个不采用常规预防性药剂喷施的葡萄园，或未使用化学品"增产"的葡萄园。目前，覆盖作物生机盎然，人们听到的声音主要是"有益"昆虫轻柔的鸣声。但是，对于那些奉行可持续发展的种植者来说，葡萄园的卫生标准可能比以往任何时候都要高。

6.1 常规葡萄栽培

所谓的常规葡萄栽培可能用词并不恰当，因为所使用的方法是随着葡萄园机械和氮磷钾肥料可利用性的发展才变得很常见，特别是随着合成药剂的引入和在第二次世界大战后几年的大规模市场化。

通常来说，常规葡萄栽培有单一栽培的意思，行间的土地用犁翻耕，并使用除草剂保持无杂草；定期向土壤中施入氮肥，用叶面喷施的方法给葡萄植株喷施化学营养物和微量营养物；杀虫剂和抗真菌制剂的常规预防性喷施是常态，在某些产区每年多达20次。然而，当必须喷施药剂时，不使用大型喷药机，可以使用精密喷药机或带有收集器的喷药机，以回收多余的药剂，因而减少了用药量和药物在土壤中的化学残留。

反对者认为，常规葡萄栽培所包括的使用药剂喷施，能杀灭对葡萄植株有害的任何东西，但这样也杀灭了葡萄害虫的天敌。毫无疑问，许多治疗剂也能杀死根区周围有助于葡萄植株从土壤中固定养分的微生物。经常使用除草剂和杀虫剂能使害虫产生抗性，这就需要使用更高浓度或新的药剂，而葡萄植株也变得对这类药剂具有依赖性，所以只是简单地不使用药剂就会导致一系列问题。因此，转变为环境更友好的方法需要咨询、借鉴和详细的规划。

6.2　病虫害综合管理

葡萄园的病虫害综合管理也称作"合理的葡萄栽培"或"合理斗争"。

1991 年，葡萄与葡萄酒行业技术中心（ITV）出版了 *Protection Raisonnée du Vignoble*。多年来，对成千上万需要与葡萄病虫害斗争的种植者来说，无论是孢子传播病害，还是细菌和支原体或病毒病害，这本书既是权威书籍，也是实用指南。IPM 方案可能无法消除全部病虫害问题，但目的是将其控制在无经济损害或对质量无不利影响的程度。

转变为 IPM 很简单，种植者需要思考虫害、病害、葡萄植株、环境之间的相互作用，以及可用的控制方法；找出可能存在的问题，思考各种预防性防控方法，对正在发生的问题的风险进行评估（这是成功的关键）；只有在必要时才进行防控，并注意其更广泛的影响；一定要进行详细记录。

许多产区已经建立了气象站网络，每天向订购的种植者发布气象报告，预告气象条件是否达到某一种病害可能暴发的要求。也可以简单地通过疏叶或开张叶幕达到预防目的，但是，如果必须要喷施药剂，一定要及时，这样才会更有效。为了预防孢子传播病害的初次侵染，种植者要密切关注 10：10：24 这样的条件，意思是在 24 h 内、温度高于 10℃，有至少 10 mm 的降雨；除非太阳可使叶片上的水分蒸发掉，否则必须立即喷施药剂。

某些虫害问题，特别是葡萄蛾，可以通过在架线上每隔 2 m 悬挂一个含有性诱剂的小胶囊来减轻危害，如图 6.1 所示。性诱剂可以造成雄性的"性困惑"，因而能阻止繁殖，但对有益昆虫没有影响。

因为没有强制性检查过程或对采用 IPM 生产者的认证，所以很难区分那些致力于环保的人，一些人的环境工作更多是口头上而非行动上的。

6.3　有机葡萄栽培

很显然，所有的农业曾经都是"有机的"，但这个名称直至 1946 年才由 J. I. Rodale 提出，他在宾夕法尼亚创建了一个示范性农场，是 Rodale 出版社的创始人。但在 30 年前，用于有机葡萄酒生产的优质葡萄的种植者却很少。如今，致力于有机生产的种植者已经证明，采用有机生产方式种植的葡萄果实能够达到真正的高质量，生产成本有时甚至低于常规种植。

当然，有机农业避免使用杀虫剂、除草剂、杀真菌剂和合成肥料；主要考虑使用覆盖作物，覆盖作物是在葡萄行间种植的第二种作物，种植它有很多目的，包括随着有机质的腐烂而改良土壤结构、增加养分水平，以及增加微生物和有益蠕虫的数量。例如，燕麦或大麦等谷类作物能提供优质绿肥，蚕豆、豌豆、野豌豆和羽扇豆等豆科植物有助于固定大气中的氮，其中的开花植物是专门用于吸引葡萄害虫的天敌。图 6.2 所示为意大利特伦蒂诺种植在葡萄园中的覆盖作物。

有机葡萄园可能具有别具特色的田园风格，有鹅、鸭、火鸡，甚至还有羊驼，所有这些都是为了一个目的。家禽和羊驼能吃掉表面的害虫，并能控制覆盖作物的生长；羊驼的蹄子很柔软，所以减少了土壤压实。从生物多样性计划的实现来看，可能需要 4～5 年的时间才能显现出积极效果。目前，许多有机和生物动力学种植者降低了对拖拉机的依赖，并重新利用畜力（马和牛）进行田间作业，一个世纪以前很普通的场景又回来了。

有机葡萄栽培在夏季温暖干旱地区所面临的挑战要小于潮湿冷凉区，但总是存在能够造成特殊问题的害虫。过去用化学品与病虫害斗争，现在可以利用精巧的大自然来处理这些问题。本书将举例说明某些特殊问题，以及智利一些有机生产者的解决方案。

Burrito（意为“小毛驴”）是一种令人讨厌的螨虫。一旦有机会，它就会穿行于叶片内部取食，使植株营养不良，发育迟缓。有机的防御方法就是将带有黏性表面的塑料材料环绕绑缚在距地表约 50 cm 的葡萄树干上，当这种螨虫试图向上爬行取食叶片时，它会被粘住或调转方向返回地上。一些生产者利用鹅群来取食这种螨虫或其他害虫，当鹅群在葡萄园行走时，能将其喙伸入到土壤中，从而滋养葡萄植株。红螨虫（红蜘蛛）通过引入较大的白蜘蛛[加州钝绥螨（*Neoseiulus californicus*），对葡萄植株无害]来防控，因为白蜘蛛以红蜘蛛为食；而葡萄行间种植的草给白蜘蛛提供食物，因而实现了对害虫的管理。良好的葡萄园卫生在有机生产中特别必要。蠹虫是生活在葡萄枝条中的一种害虫，如果确保运走所有修剪下来的枝蔓并粉碎，蠹虫问题就能减少。悬挂用过的开口软饮料塑料瓶可以对抗黄蜂，因为含糖残留物能吸引黄蜂，然后将其诱捕。转色前每隔 10 d 喷一次硫制剂（允许硫作为接触性药剂）可以对抗白粉病，而喷施液化葡萄柚能减轻灰霉病的危害，如图 6.3 所示。

这也许是一个值得注意的问题：在 2012 年 8 月 1 日之前，欧盟规定不允许使用“有机葡萄酒”这个术语，尽管允许使用“用有机葡萄酿造的葡萄酒”这一表述。但 EC No. 834/2007，以及随后的 EU No. 203/2012，均详细规定了“有机葡萄酒”术语的使用，前提是生产者要满足所有的标准。

6.4　生物动力学葡萄栽培

在葡萄栽培领域，几乎没有像生物动力学农业的主题那样，能引起如争议、怀疑、敌意或充满激情的宣传。许多科学家，包括一些葡萄栽培专家，认为生物动力学是"不符合科学原理的胡言乱语"，甚至是"巫术"。但是，一些世界上顶级葡萄酒的生产商正在践行"生物动力学"。例如，波尔多有庞特卡奈酒庄（波亚克）、拉图酒庄（波亚克）的一部分（47 ha 葡萄园中的约 24 ha）和克里蒙酒庄（苏特恩）；勃艮第有以罗曼尼康帝酒庄（沃恩-罗曼尼）、勒桦酒庄（位于莫索特）和勒弗莱酒庄（普里尼-蒙哈榭）为首的杰出生物动力学生产商；在法国的其他地方，一流的生物动力学生产商包括阿尔萨斯的波特盖伊酒庄、鸿布列什酒庄和苔丝美人酒庄，罗纳河谷的莎普蒂尔酒庄，卢瓦尔河谷的予厄酒庄和库勒赛航酒庄；香槟生产商 Louis Roederer 所拥有的 240 ha 土地中有 65 ha 是采用生物动力学方法种植的；德国优秀的生物动力学酒庄有布克宁·沃夫博士酒庄（法尔兹）；在西澳的玛格丽特河产区，库伦庄园全部采用生物动力学；在新西兰的中奥塔哥，飞腾酒庄和克瑞福酒庄是顶级的生物动力学生产商；美国俄勒冈州最著名的生物动力学生产商是 Beaux Frères，他是世界上最具影响力的葡萄酒评论家，Robert Parker Jr.是他的合伙人。几乎没有人会质疑来自上述生产商和许多其他生物动力学种植者的葡萄酒拥有最好的质量，但疑问依然存在：其质量好是因为采用生物动力学方法生产的？还是因为生产商完全了解自己葡萄园的风土和葡萄植株，并关注和细心照顾每一个细节？

6.4.1　鲁道夫·施泰纳（Rudolf Steiner）

生物动力学农业诞生于 1924 年 7 月鲁道夫·施泰纳博士的 8 次系列课程，课程题目为"农业复兴的精神基础"，授课对象为农民。一年后，鲁道夫·施泰纳博士去世，但生物动力学（意思是"生命的力量"）这个术语直至他逝后才被创造出来。生物动力学主义是一个整体方法，它认为不仅是土壤为植物提供了能量，空气、陆生循环及太阳、月亮、行星和恒星也为植物提供了能量。当然，不能使用合成的肥料、除草剂和杀虫剂。需要注意的是，在合成碳基杀虫剂发明之前，鲁道夫·施泰纳博士已经形成了他的理念。

生物动力学生产者通过在自然循环的合适时间使用特殊的制剂来改善土壤和增强葡萄植株。在指定的某一天的"正确"时间来补充混合制剂，根据月亮的运行轨道，分为"叶片日"、"根日"、"花日"和"果实日"。

6.4.2　生物动力学制剂

目前有 9 种生物动力学制剂，编号为 500～508。下面详细介绍 500 和 501 两种主要制剂，及其基于生物动力学原则的使用理由。同时列出 502～508 制剂，其详细信息读者可以参考文献。

6.4.2.1　500 制剂——牛角肥

500 制剂可能是生物动力学农业的关键制剂。粪便来自于秋季产奶母牛的新鲜粪便，将粪便填满奶牛角，开口端向下埋入深达 40～46 cm 的坑中过冬，5 或 6 个月之后，在春分日挖出牛角，将牛角中的物质与雨水混合，常用浓度是将 60 g 牛角肥放入 30 L 或 40 L 的水中。混合物的活化首先是沿一个方向搅拌 1 h，直至形成的漩涡到达容器的底部，然后向相反方向搅拌，这样就形成了混沌状态，并使空气和生命力返回到水中。从一支牛角中得到的制剂量（60～120 g）足够用于 1 ha 土地的喷施，每年喷施 2～4 次，可以改善土壤结构、增强微生物的活力，赋予葡萄植株以大地的力量。

6.4.2.2　501 制剂——牛角硅

501 制剂是将硅粉装入奶牛角，并在夏季将奶牛角埋入深坑中。挖出牛角后，取几克制剂加到雨水中，按照上述方法活化 1 h。在凌晨将混合物喷施到葡萄植株上，每个生长季喷施 2～4 次，可以增加光照的力量，改善光合作用，有助于提高植株抗病性和促进葡萄成熟。

6.4.2.3　502 制剂——蓍草

502 制剂是由蓍草的全花构成，过冬后装入雄性马鹿的膀胱中，然后整个夏季悬挂在外面，在冬季之前将膀胱埋入地面以下 30 cm 处，春季将其挖出，取少量 [5 mL/（10～15）t] 与其他生物动力学制剂一起添加到堆肥中，有助于土壤中的微量元素更容易被植物利用。

6.4.2.4　503 制剂——甘菊

将甘菊花装入奶牛的肠中，置于土壤中越冬。该制剂像 502 制剂一样混入堆肥，使用量很小，能使葡萄植株更有活力，并且能防止旺长。

6.4.2.5　504 制剂——刺荨麻

收割刺荨麻并埋入地下一整年，使其受四季变换的影响。504 制剂能调控土壤中的铁，并吸引镁和硫。

6.4.2.6　505 制剂——橡树皮

将粉碎的橡树皮装入山羊、绵羊、猪或马的头骨，埋入潮湿的土壤中越冬，然后在玻璃罐中干燥。将该制剂添加到堆肥中，可以增加土壤中的"活性"钙，有助于增加葡萄植株对真菌病害的抗性。

6.4.2.7　506 制剂——蒲公英花

将蒲公英花装入奶牛的肠系膜，埋入地下越冬。取少量加入到堆肥中，它能带来宇宙的生命力量。

6.4.2.8　507 制剂——缬草花

在夏季的早晨采集缬草花，捣碎并加入少量水，压榨成像茶水一样的液体。它的用途是将磷聚集在土壤中。

6.4.2.9　508 制剂——木贼汤剂

木贼是硅浓度最高的植物。将干燥的木贼放入水中，温火慢煮 1 h，然后稀释用于喷施，能使真菌孢子留在土壤中而不是在植物体上。

图 6.4 所示为制作生物动力学制剂的成排的坑。尽管有些生产者已经成功地用牛奶或乳清代替葡萄园用硫来对抗白粉病，但也允许有机生产者和生物动力学生产者在葡萄园使用硫酸铜和硫黄（以及在葡萄酒厂使用二氧化硫，尽管在法律上的限制比通常的允许量要低）。铜和硫被认为是生命必需品，但铜有毒性，连续使用会增加土壤中铜的含量，这就为那些有关于某些被允许的有机和生物动力学实践对环境影响的质疑提供了证据。

6.4.3　认证

目前，有一些针对有机生产商的认证机构，因此，有机生产商可以选择他们认可的认证机构进行认证。英国土壤协会是一个既在英国本土，也在英国本土之外运营的机构，业务范围涉及各种有机农业认证计划的制定和对生产商进行审核，核实是否符合认证计划。作为有机农业的一种形式，生物动力学农产品的质量是由德米特国际（Demeter-International e.V.）标准作为保障的，德米特国际成立于 1928 年，它是生物动力学农业的主要认证机构。在撰写本书时，除了非洲撒哈拉以南地区和澳大利亚外，德米特国际在世界上大部分国家都有认证机构，这个机构为各种各样的生物动力学农业制定认证计划。1995 年成立的国际生物动力学葡萄栽培协会（Biodyvin），虽然对上述机构来说是一个竞争对手，但 Biodyvin 的业务范围仅限于露地葡萄栽培，现在它拥有 100 多个成员，几乎所有的成员都在法国。

6.5　自然葡萄酒

近年来，所谓的"自然葡萄酒"运动方兴未艾，这样的表述并不是法定定义。与认证的有机或生物动力学情形不同，目前还没有对其生产商的额外监管或认证。但葡萄酒大师 Isabelle Legeron 给出了一个不太精确的定义：自然葡萄酒必须是用有机或生物动力学方法栽培的葡萄果实酿造，手工采摘果实，在葡萄酒生产过程中不添加或除去任何物质，避免采用高科技技术。支持者认为，自然葡萄酒回到了其本源，但消费者有时可能需要调整其味觉，因为消费者已经习惯品尝含有添加剂和加工助剂的葡萄酒。

第7章 采　收

采收是将葡萄果实摘下并运至葡萄酒厂，它是葡萄酒酿造周期中的一个重要时期。种植者/生产者/酿酒师必须做出关于葡萄成熟度、卫生状况和采收时间的重要决定。本章论述采收时间和各种采收方法，包括每一种方法的优缺点。

在北半球，采收可能从8月末持续至10月末或11月份，取决于中气候和当年的天气状况；在南半球，采收从1月末开始直至3月。

7.1　葡萄成熟度和采收时间

质量意识强的种植者的目标是果实达到生理成熟，也就是单宁和风味化合物的成熟，糖分、酸度和pH也很重要。很多指标可以通过品尝果实、检查种子来确定。在检查黑色葡萄品种时，完全成熟的果实，其种子应该完全变为褐色。在采收前的几周或几天，定期检查葡萄果实的含糖量，通常是用折光仪在葡萄园中测定。种植者和酿酒师特别依赖自己在葡萄园品尝果实的味觉。当然，也要对果实进行成分分析。决定采收时间是种植者在一年当中做出的最重要的决定之一。这一决定通常是由种植者和酿酒师共同做出的，除非两者是同一个人。

在冷凉气候区，为了使成熟度进一步提高，特别是多酚（即黄酮类、花色苷和单宁）的成熟度，种植者可能会冒险推迟采摘。采收日期的决定还需要特别注意天气预报，可能到来的秋雨会使采收时间提前，因为秋雨可能造成果实腐烂。如果葡萄果实中存在任何真菌病害，即使果实还未完全成熟，也可以做出提前采摘的决定。

在中气候和风土方面不同的同一个葡萄园中，果实的成熟时间可能不同，当然，不同品种的成熟速度也不同。例如，'美乐'比'赤霞珠'成熟早，在波尔多产区一般早8～14 d。在较炎热气候区，葡萄成熟速度可能非常快，造成酸度急剧下降，为了获得平衡性好的葡萄酒，必须进行快速采摘。在炎热气候区，通常是在晚上（机械采收）或清晨进行采摘，以使果实在冷凉状态到达葡萄酒厂。同时，必须要考虑到采摘工人在葡萄园的具体采果时段，因为在正午采收对葡萄果实和采摘工人均无益处。

7.2　采　收　方　法

采收方法有两种，即手工采收和机械采收。在欧洲某些产区，葡萄酒法规仅允许手工采收。葡萄果实从采摘下来的那一刻就开始变质，所以采收方法影响所酿葡萄酒的风格和质量。从本质上来说，两种方法的不同在于手工采收速度慢但有选择性，而机械采收的速度快。每种方法都有优缺点，所以采收方法的选择可能取决于若干因素。有一种观点认为，葡萄果实有一个成熟度最佳的短暂窗口期，因此，机械采收的快速是有利的。如果在最佳成熟度时不进行采收，浆果可能很快被日灼，且某些品种很容易发生浆果皱缩，如'西拉'。图7.1所示为圣埃美隆的拉赛格酒庄正在进行手工采收，图 7.2 所示为工作中的机械采收机（罗马尼亚）。

7.2.1　手工采收

该方法可以用在任何整形方式或地形的葡萄园，无论陡峭或崎岖。在世界上许多葡萄酒产区，廉价劳动力已很难找到，劳动力成本可能很高，需要给采收团队提供住房和伙食。采收日期不可能总是能准确地预测到，所以当需要时，是否有熟练劳动力有时可能是个问题。

手工采收基本上是将果穗的一部分或全部剪下来。采用特殊酿造技术酿造的某些类型的葡萄酒需要用整个果穗，例如，香槟地区一直都是采用整穗压榨，也就是没有预先破碎，目的是限制果皮中所含的带苦味的酚类物质进入葡萄汁。当然，穗梗通常是与葡萄浆果一起采收，但也可能是严格的选择性采收，即除掉果穗中受到伤害的部分或单个的腐烂浆果。在生产果实用于酿造高质量甜型葡萄酒（如波尔多的苏特恩）的葡萄园，可能要精心挑选被贵腐病侵染的单个浆果，很显然，这样采收非常费时，且劳动力成本昂贵。

轻缓的手工采收对果实的损伤最小。目前，许多生产者使用小的塑料板条箱（带把手的箱子），这种箱子能盛放 12～20 kg 葡萄，上下垛在一起不会压碎葡萄，这样就能使葡萄在良好的条件下运至葡萄酒厂。快速将果实运至葡萄酒厂很重要。在非常炎热的地区，如西班牙的卢埃达，将清晨手工采收的葡萄直接放入塑料内衬的容器中，容器中盛有干冰，将果实用干冰覆盖，以防与空气接触，葡萄到达酒厂后即被冷却。但在许多产区，能盛放 50 kg 或 100 kg 的板条箱仍很常见。对质量考虑较少时，果实可能就会被简单地直接倒入运料车或拖车，然后运至葡萄酒厂。为了去除质量次的葡萄和叶片、软体动物等其他非葡萄果实物质，质量意识强的生产商会在位于葡萄园的分选台或葡萄酒厂收果台安排人员进行这项工

作。自从使用了手工分选台，分选台已经有了很大的技术进步，在第 11 章和第
25 章将会看到这些进步。

7.2.2 机械采收

在过去几十年，许多国家已广泛采用机械采收。机械化技术已经研发出了可
以在模块化基础上作业的机械，并被用于喷施、修剪和采收。但仍有许多生产者
认为，即使是最先进的机械，采收葡萄也很粗糙，因而拒绝使用机械采收。机械
的资金成本很大，一方面是机械本身的成本，另一方面是葡萄园的整地和适合机
械化作业架式的配置。一些种植者依靠租用采收机，但在需要时采收机可能并不
总是可行，特别是生长季的天气条件反常时。

目前，设计的机械采收机仅能在平地或稍微倾斜的坡地作业，通常是通过震
动葡萄植株采收浆果并集中到接收料斗中。震动龙干可能使葡萄植株受到伤害，
甚至是架材系统的毁坏。将结果带严格控制在架材上对机械采收很重要。机械采
收比手工采收用时少，在采收时间有限的情况下这一优势很重要，如预报将有坏
天气。同时，机械采收机可以一天 24 h 作业，具有能在夜间作业的优势，这一点
在较炎热的地区很重要，因为能保证在冷凉的温度下采收并发送至葡萄酒厂。机
械采收的不足之处是采收过程没有选择性，最常用的采收机不能区分成熟和未成
熟果实或健康和染病果实，但能将"弹丸果"（未充分发育的浆果）留在葡萄植株
上。质量意识强的生产者会在采收机作业前通过摘除染病或受伤的浆果或果穗来
达到去除"劣质"果实的目的。大部分采收机的作业是将浆果采摘下来，而不是
采收整个果穗，所以，能在葡萄酒酿造早期发挥排汁通道作用或将给葡萄酒增加
结构性单宁的穗梗被排除在外。机械采收机的主要缺点是会采收非葡萄果实物质，
这类物质可能包括瓢虫（会严重污染葡萄酒）、腹足类动物、叶片和葡萄园杂物。

7.3 风格和质量

葡萄的采收和处理方法、采收时间、果实运输条件和到达葡萄酒厂的速度最
终会影响成品葡萄酒的风格与质量。如果葡萄果实有破损，则开始氧化，并发生
不需要的果皮和果汁接触，特别是白葡萄酒酿造，这些能导致葡萄酒中酚类物质
过多和香味物质减少。为了保护果实，可以将偏重亚硫酸钾（$K_2S_2O_5$）形式的二
氧化硫添加到盛果容器中（图 7.3）。第 9 章和第 10 章将论述这个问题。不管怎样，
从质量角度来看，采收方法、快速将果实运至葡萄酒厂并对其进行快速处理是最
关键的。

第8章　葡萄酒酿造和葡萄酒厂设计

本章论述葡萄酒酿造，也就是将葡萄果实变为葡萄酒的过程。这个过程在最近 60 年得到了快速发展，在科学上很复杂。但是，本章的目的并不是仔细探索葡萄酒酿造或葡萄酒酿造与复杂的科学或技术的结合，而是将读者吸引到了解基本概念的主题上来，同时简单介绍葡萄酒厂设计和葡萄酒酿造所使用的设备。

8.1　葡萄酒酿造的基本原理

从本质上来说，葡萄酒是用葡萄果实酿造而成。生产 1 瓶 750 mL 装的葡萄酒，至少需要 1.1 kg 的葡萄果实。众所周知，在采收季节，葡萄酒厂是工业活动的聚集地。一旦葡萄运抵葡萄酒厂，应立即进行加工处理，这一点很重要。

成熟葡萄果肉中所含的糖分为果糖和葡萄糖，它们所占的比例大体相等。在发酵过程中，酵母的酶将糖这种碳水化合物转化为比例大致相等的乙醇和二氧化碳，并散发出热量：

$$C_6H_{12}O_6 \longrightarrow 2CH_3CH_2OH + 2CO_2 + 热量$$

注意：乙醇的化学式常缩写为 C_2H_5OH 或 C_2H_6O。此外，在发酵过程中也形成少量的其他物质，包括甘油、琥珀酸、丁二醇、乙酸、乳酸和其他醇类。

利用比重计可以测定葡萄醪中的糖分含量和正在发酵的葡萄酒中的还原糖（果糖和葡萄糖）含量。可以利用各种不同的比重计测量密度，利用合适的公式可以将密度直接换算为糖分含量，或者直接利用现成的换算表换算。不同国家使用不同的比重计。应用最广泛的是波美（Baumé）比重计和 Brix 比重计（以发明者的名字命名），某些国家使用巴林（Balling）比重计、奥斯勒（Oechsle）比重计和克洛斯特新堡（KMW）比重计，1°Baumé = 1.8°Brix。比重计上的刻度已被校准，以给出特定温度下的准确读数，温度通常是 20℃。如果液体密度是在其他温度下测量的，一定要对读数进行校正。在酿造白葡萄酒时，发酵完成后，葡萄汁中每 17 g/L 糖会产生约 1% 的酒精度；对红葡萄酒来说，则大约需要 19 g/L 的糖，这是因为红葡萄酒是在较高的温度条件下发酵，所产生的乙醇有一些会在葡萄酒生产过程中蒸发。

酿酒师必须控制发酵过程，目的是使葡萄酒风味更丰富、酒体更平衡，并且符合所要求的风格。葡萄酒酿造过程充满各种潜在的问题，包括发酵中止（虽然葡萄酒中仍含有未发酵的糖，但发酵过早停止）、乙酸腐败或氧化。在整个酿造过程中，保持准确的记录非常重要，包括温度读数和密度读数。

　　酿造红葡萄酒、白葡萄酒和桃红葡萄酒的过程有一些关键差异。葡萄汁几乎没有颜色，对红葡萄酒来说，必须要从果皮中浸提色素，这一要求通常是通过在相对较高的温度条件下发酵带果皮的果汁来实现的。对白葡萄酒来说，通常要在生产过程中去除果皮，但某些酿酒师会在发酵前选择果汁和果皮有限接触的方法，因为这能赋予葡萄酒以一定的复杂度。当然，用黑色葡萄也能酿造白葡萄酒，这常见于香槟地区。桃红葡萄酒通常是用黑色葡萄酿造的，也就是在有限的时间内使黑色葡萄的果汁与果皮接触，如 4～16 h，在这个过程中，部分色素被浸提到果汁中，然后除去果皮。桃红葡萄酒的酿造将在第 14 章论述。

8.2　葡萄酒厂的位置和设计

　　葡萄酒厂各不相同。从外表上看，既有古老的石头建筑，也有现代实用建筑，这也许是根据专业葡萄酒厂设计师的设计而建造的。因传统的古老酒庄天花板矮、门窄、潮湿，酿酒师可能会为那些刚有建厂想法的生产商提供建议；相反，当生产商面对自己新建葡萄酒厂的无菌厂房时，可能会羡慕邻居古老的酒庄，尤其是在葡萄酒旅游和品鉴店销售已经成为许多企业利润主要贡献的年代。对大型生产商来说，他们通常以效率和经济性为原则，在过去的 30 年间，建造了许多无墙壁的大型发酵和储存设施（有时在罐上无屋顶）。图 8.1 所示为智利的无墙壁工业化葡萄酒厂。

　　在规划新葡萄酒厂时，要以实用性为原则。首先要考虑保持建筑阴凉。在炎热气候区，建筑应该位于南-北轴向上，墙壁较矮、内收，在正午时太阳照不到。西侧无窗户也有好处，因为西侧窗正对着下午的阳光。墙壁要有好的隔热性，建筑物内部环境温度不超过 20℃ 是最理想的。应尽量减小葡萄醪或葡萄酒的泵送距离。一些葡萄酒厂设计师以重力流为目标：葡萄运至最高处或提升至最高处破碎，葡萄醪或葡萄酒仅借助于重力转移到酿造过程的下一个阶段。一些葡萄酒厂建在山坡上，以便于利用重力流原理和降低环境温度。

　　葡萄酒厂用水量大，特别是在清洗时。虽然水不是葡萄酒酿造的原料，但一般来说，每生产 1 L 葡萄酒，葡萄酒厂要用掉 10 L 水。整个葡萄酒厂都需要良好的排水，特别是在安放罐的车间和清洗设备的区域。通风尤其重要，每升葡萄汁在发酵过程中能产生约 40 L 的二氧化碳。发酵气体会使人窒息，因而在葡萄酒厂会发生因发酵气体窒息造成的不幸死亡事件。

8.3　葡萄酒厂的设备

装备或重新装备一个葡萄酒厂需要大量资金，其中的一些设备一年之内仅使用几天。葡萄酒厂所使用的设备包括：分选台，除梗机，破碎机，发酵罐和储酒罐，压榨机，泵，固定和可移动管线、软管，过滤机，制冷设备和罐冷却系统，木桶（如果使用），灌装线（如果葡萄酒是以装瓶的形式体现其属性），实验室设备，清洗设备。

虽然有时使用木桶发酵。葡萄酒通常是在罐中发酵，特别是白葡萄酒。历史上，葡萄酒是在名为"lagars"的浅的石头容器中酿造（容器中的葡萄通过踩踏而得到温和的破碎）或是在木质开口罐中酿造。在 20 世纪早期到中期，用混凝土或水泥制成的立方体罐逐渐在葡萄酒生产商中流行起来，利用葡萄酒厂一切可以利用的空间，可以靠墙修建一排或两排。直到最近，混凝土或水泥罐必须有内衬被认为是最佳做法，这样可以防止葡萄醪和葡萄酒中的酸腐蚀制罐材料，且容易清洗。常用釉面砖作内衬，但釉面砖很容易损坏，损坏处会给酒带来严重的卫生问题，更好的内衬材料是环氧树脂。近年来，混凝土罐又重新流行起来，生产商主要推崇其隔热保温性能。目前，混凝土罐有多种外形，如鸡蛋形和双耳细颈形，通常无内衬，而是喷一薄层酒石酸氢钾。图 8.2 所示为夏布利吉恩-马克布罗卡德酒庄的鸡蛋形混凝土罐。

目前，不锈钢罐非常常见。需要指出的是，直至 20 世纪 70 年代末，不锈钢罐才得到普遍接受。20 世纪 60 年代，波尔多的拉图酒庄安装了不锈钢罐，当地人指责英国人（当时拥有这个酒庄的所有权）把这座著名的葡萄酒庄变成了一个奶牛场。20 世纪 70 年代初，仅有三个波尔多的酒庄使用不锈钢罐，但不锈钢罐在葡萄酒酿造中的使用已经有 30 年的历史。这种材料的最大优点就是容易清洗，且具有安装制冷系统的能力。用于生产发酵罐的钢有两个等级，304 级最适合红葡萄酒发酵，然后就是含钼的 316 级。316 级更硬、更耐腐蚀，因为白葡萄酒具有较高的酸度，所以 316 级对红葡萄酒和白葡萄酒都很理想。不锈钢罐可以是顶端开口的，也可以是封闭的，带有密封的舱口盖和发酵锁。图 8.3 所示为波尔多产区波亚克碧尚女爵酒庄新发酵车间中的不锈钢罐。

也可以使用可变容量的罐，特别是当仅有罐的一部分装满原料时特别有用。这种罐有一个浮动的金属盖，用一个充气塑料轮箍固定在罐内壁四周。玻璃纤维罐偶尔也被用作不锈钢罐的廉价替代品。

20 世纪末，虽然许多生产商用不锈钢罐替代木质（和混凝土）罐，但近年来，木材作为制作罐的材料，在一些葡萄酒厂重新流行起来。木桶维护和消毒的困难永远存在，但葡萄酒受还原影响的风险更小。第 21 章将论述这个问题。图 8.4 所示为波尔多产区波亚克庞特卡奈酒庄的木质罐。除了罐以外，葡萄酒厂所使用的其他设备将在随后的章节论述。

第 9 章　红葡萄酒酿造

本章将描述葡萄加工成红葡萄酒的过程。根据所酿葡萄酒的风格、质量和数量，红葡萄酒生产可以采用各种方法。本章主要论述除梗和破碎工艺、葡萄醪的处理、发酵和浸提、压榨、苹乳发酵、勾兑和成熟。但必须牢记，此处论述的事项既不是规定性的，也不是面面俱到的。

9.1　分选、除梗和破碎

葡萄在到达葡萄酒厂后可以进行分选（见第 7 章、第 11 章和第 25 章）。通常要去除葡萄的穗梗，以防止果汁变苦。之后，果实进行轻微破碎。这些工作可以由相同的机械完成，也就是除梗-破碎机，或分别由除梗机和破碎机完成。在除梗过程中，葡萄果穗通过料斗进入一个有沟槽的圆筒中，圆筒中间有一个旋转的杆，杆上安装了"螺旋桨似的叶片"。随着除梗机旋转，浆果通过沟槽，而将穗梗留下，然后穗梗从除梗机排出，穗梗可以作为葡萄园的肥料。破碎前可以对除梗后的葡萄进行分选，以除去腐烂或未成熟的果实。图 9.1 所示为安装在分选台上的除梗机。在破碎过程中，葡萄浆果通过一组滚轮，为了释放出果汁，滚轮可以调整以产生选定的压力。然后将果汁和果皮（葡萄醪）转移到发酵罐，这一步通常是通过泵送的方式。每吨葡萄果实所得到的葡萄醪量不同，主要取决于葡萄品种、浆果大小和成熟度。这个值通常是在 650～730 L 之间，但对质量意识强的酿酒师来说，加工小粒浆果，这个值可能低至 550 L。

对某些葡萄酒来说，必须用整个果穗发酵，葡萄不需要除梗或破碎，如博若莱红葡萄酒。一些红葡萄酒酿酒师有一种日益增长的酿造趋势，即在发酵过程中至少要包含一定比例的整粒葡萄，包括那些用于指定生产酒体饱满的经典葡萄酒的葡萄。

9.2　葡萄醪分析

为了决定是否有必要调整葡萄醪，并对葡萄酒酿造的精确路径做出决定，酿酒师需要知道葡萄醪的成分。温度、葡萄醪的密度、pH、总酸、游离二氧化硫和总二氧化硫（见 9.3.1）分析被认为是最基本的分析，其中总酸最好包括酒石酸和苹果酸。

9.3　葡萄醪的处理

由葡萄的果汁、种子、果皮和果肉组成的葡萄醪现在必须要为发酵做准备，这时候可能需要对葡萄醪进行调整和添加各种辅料。

9.3.1　二氧化硫

二氧化硫是酿酒师常用的抗氧化剂和消毒剂，可以用在葡萄酒酿造的任何阶段，可以使用二氧化硫气体，也可以使用偏重亚硫酸钾。但是，葡萄酒中仅有一定比例的二氧化硫能起到保护作用，也就是"游离态"二氧化硫，而其余部分的二氧化硫则变为不活跃的"结合态"。为了防止过早开始发酵，可以在破碎时和/或在准备葡萄醪时加入二氧化硫，来抑制野生酵母和真菌的活动。这些微生物自然存在于葡萄果皮上，其生长需要氧气。野生酵母活动能产生异味，当酒精度达到 4% 就会死亡，许多酿酒师会设法抑制这类发酵。酵母属中的天然葡萄酒酵母存在于葡萄园和葡萄酒厂，不需要氧气就能活动。因此，即使葡萄醪用二氧化硫处理，这类酵母也能活动。目前，在世界上大部分葡萄酒产区，为了能更好地控制发酵、提高发酵的可靠性和获得特殊风味，酿酒师更愿意使用优选的人工培养酵母。需要指出的是，生产商经常讲的野生酵母发酵，指的是利用随葡萄果实进入葡萄酒厂的天然酵母或存在于葡萄酒厂表面的天然酵母进行发酵。

9.3.2　葡萄醪强化（加糖）

在冷凉气候区，葡萄果实中的糖分常常不足以生产酒体平衡的葡萄酒。这个问题可以在发酵早期通过向葡萄醪中添加蔗糖来解决，这一方法称作加糖。法国农业部部长 Jean-Antoine Chaptal 于 1801 年首次批准了这种方法，当时是作为处理糖产量过剩的一个方法。重要的是，仅需添加最小的必需量，否则会使不平衡进一步加重。许多气候炎热的国家不允许进行葡萄醪强化。欧盟的葡萄产区根据大致的气候条件被分为不同区域，即便加糖，允许的添加量随区域不同而不同。在一些国家和地区，使用精馏的浓缩葡萄醪来代替糖。

9.3.3　增酸

如果葡萄醪的 pH 过高，也就是酸度过低，必须要进行增酸。对红葡萄醪来说，pH 为 3.8 可能被视为最高，但随产区和所要求的葡萄酒风格的不同而不同。常用的增酸方法是添加酒石酸。虽然在阿根廷和其他一些新世界国家添加苹果酸并不少见，但在欧盟内部则不允许添加苹果酸。欧盟的较冷凉产区（被列为 A 产区和 B 产区）一般不允许增酸，但酸有可能用于减损。例如，在 2003 年，（EC）No. 1687/2003 规定允许在异常（炎热）天气条件下增酸。数据表明，在葡萄酒酿造过程中，酒石酸的全球平均添加量为 1.6 g/L，但考虑到许多国家和地区并不添加酒石酸，所以平均添加量要远大于这个值。

9.3.4　降酸

如果葡萄醪的 pH 过低，可能低于 3.2，必须要进行降酸。是否降酸同样取决于产区和所要求的葡萄酒风格。欧盟的较温暖区不允许降酸。可以使用多种物质降酸，包括碳酸钙（$CaCO_3$）、碳酸氢钾（$KHCO_3$）和碳酸钾（K_2CO_3）；也可以使用其他制剂，如 Acidex®。Acidex® 是一种双盐碳酸钙，旨在降低葡萄醪 pH 或葡萄酒中的酒石酸和苹果酸含量。该产品是在德国研发的，因为这里的冷凉气候使葡萄的酸度高。注意，碳酸钙仅降低酒石酸含量。

9.3.5　酵母

酿酒师既可以添加人工培养酵母，也可以简单地利用葡萄果皮上或葡萄酒厂的天然酵母。使用人工培养酵母的一个原因是保证完全发酵，特别是发酵高密度葡萄醪。另外，每种酵母菌株都具有自己的风味，特别是在产量高的葡萄酒厂。酿酒师更需要菌种具有可靠性和便于控制，人工培养酵母更容易实现这样的效果。相反，另一些生产商则将天然酵母视为"风土"的延伸。

9.3.6　酵母所需养分

作为一种活的生物体，酵母也需要养分。可以将下列物质添加到葡萄醪中。

9.3.6.1　磷酸氢二铵[$(NH_4)_2HPO_4$]

磷酸氢二铵常称作 DAP，一般的添加量为 200 mg/L 葡萄醪，以保证将所有的糖分全部发酵完，并阻止硫化氢（H_2S）的形成（硫化氢是最不受欢迎的产物）。添加 DAP 在新世界国家很常见，特别是在葡萄醪缺氮时，缺氮可能导致硫化氢的产生。

9.3.6.2　硫胺素（维生素 B_1）

硫胺素可以在发酵早期添加，有时是与其他 B 族维生素一起添加，以帮助增加酵母数量和延长酵母生命周期。酒香酵母（*Brettanomyces*）的生长需要硫胺素，而这类酵母被大多数人认为是葡萄酒生产中的腐败酵母，因而不受欢迎，所以添加硫胺素要谨慎。

9.3.7　单宁

当酿酒师希望酒体具有额外的单宁风味时，可以添加单宁粉。单宁也有助于"固定"红葡萄酒的颜色。

9.4　发酵、温度控制和浸提

9.4.1　发酵

红葡萄酒的发酵是在有葡萄果实固体部分的情况下进行的，目的是从果皮中浸提色素、单宁和风味物质。初期，发酵可能非常旺盛，所以在装罐时必须预留顶部空间，随着大部分糖分被发酵，发酵速度就慢了下来。在大多数情况下，发酵一直持续到葡萄醪变为干型或微甜型葡萄酒，同时也取决于葡萄醪的密度，最终的酒精度一般为11%～14%（体积分数）。

9.4.2　温度控制

发酵是一个紊动过程，自然产生热量。在红葡萄酒酿造过程中，大约20℃开始发酵，温度可能升高至30～32℃；如果温度高于约35℃，酵母就停止活动。在糖分被全部发酵完之前，为了防止这种情况的发生，必须采取某种形式的控温，以使香味和风味物质尽量增加。只是在过去几十年，酿酒师才拥有了能有效控制发酵温度的设备和能力。

当发酵彻底时，含糖量为100 g/L葡萄汁，理论上能使葡萄汁温度升高13℃。如果糖度为11.1°Baumé [相当于潜在酒精度11.1%（体积分数）]的葡萄醪在15℃时开始发酵，理论上能使温度升高至41℃。如果糖度为14.5°Baumé [相当于潜在酒精度14.3%（体积分数）]的葡萄醪在20℃时开始发酵，理论上能使温度升高至54℃。当然，这些热量中的一部分会在发酵过程中通过罐壁散失，以及随着二氧化碳气体通过果汁升高至表面散失。罐容越大，其表面积所占的比例越低，散失的热量越少。

单宁浸提需要相对较高的发酵温度，但低温发酵有助于酵母菌的生长，并且在发酵后产生较高的酒精度，酒更干，低温发酵还有助于香味物质的形成。发酵温度越高，发酵持续的时间越短。因此，管理发酵温度可能是一项非常复杂的工作。酿酒师可能决定在较低的温度下开始发酵，如20℃，并允许温度自然升高至约30℃，以促进浸提。然后，可以将发酵罐冷却至约25℃，以保证完全发酵为干型酒。在类似勃艮第产区的低温地下酒窖，小罐或木桶的温度可以自动调节，较大的罐可能需要冷却设备。可以通过热交换器泵送葡萄酒来降低（或升高）温度。目前，不锈钢罐通常用水或乙二醇为冷媒的冷却夹套包裹。混凝土罐或木桶可以使用金属的冷却旋管或板，而最新的混凝土罐是在罐壁中加装冷却系统。

9.4.3　浸提

对红葡萄酒来说，葡萄汁通常是在立式罐中完成发酵，或者是顶端开口罐，或者是封闭罐。发酵期间，葡萄的固体部分和果皮会随着二氧化碳上升至表面，并形成如图 9.2 所示的浮帽。浮帽不利于葡萄酒酿造，因为为了更好地浸提色素和单宁，果皮需要与果汁接触。同时，醋酸菌在这种温暖、潮湿的环境条件中生长旺盛，果汁有腐败的风险。因此，在这个过程中，要将果汁从靠近罐底的阀门放出，然后向上泵送并喷洒至浮帽上，以浸泡浮帽，这个过程称作泵送或淋汁。泵送或淋汁对葡萄醪通气有额外的益处，这是因为通气有助于增加酵母数量。一天之内可以进行几次淋汁，特别是在发酵初期。图 9.3 所示为淋汁俯视图。一些品种也可以采用其他踩皮技术，也就是简单地将酒帽向下压。传统上，'黑比诺'需要非常温和的浸提工艺，这种浸提工艺目前在红葡萄酒酿造上越来越流行。目前，虽然发酵罐可以安装机械压帽设备，但许多葡萄酒厂是通过手持木铲、木棍使浮帽浸没，甚至是酒厂员工吊在发酵罐的上方用脚浸没浮帽。

9.4.4　发酵监控

酿酒师需要定期监控发酵，分析葡萄汁成分并记录结果，每天都要检查密度和温度，在发酵初期甚至一天几次。设备好的葡萄酒厂可能有程序化的计算机控制系统来调整和保持发酵温度在希望的参数范围之内，也可以在实验室进行果汁成分分析。过程传感器技术是最新引进的辅助手段，它可以对果汁进行连续分析并采集数据。

9.5　浸　　渍

浸渍取决于所要求的风格。酒精发酵结束后，葡萄酒可以保持在浸泡果皮状态，直至风味物质和单宁达到充分浸提，浸渍时间变化范围为 2～28 d。如果需要生产"早饮型"红葡萄酒，则在发酵期间的某些时间点沥出果汁。带果皮发酵 4 d后，几乎所有的色素都能被浸提出来。或者，如果酿酒师认为发酵后的浸渍没有益处（高浓度的酒精可能浸提出不需要的苦味单宁），则将发酵罐立即排干，也就是在酒精发酵后、葡萄酒冷却前立即排干。

9.6　倒　　罐

倒灌是将葡萄汁或葡萄酒从一个容器转移到另一个容器的过程，而将所有沉淀物留下。发酵和浸渍后，发酵罐中的液体部分流到另一个罐中，这部分汁液称作自流汁，而果皮和其他固体留在发酵罐中，将这些剩余物转移到压榨机压榨，以获得更多的汁液。在葡萄酒酿造/浸渍过程的不同时段也可以进行倒灌，以将葡萄酒与残渣和沉淀物分开，并使葡萄酒变得清澈。在倒灌过程中也可进行通气，如果需要，还可以添加二氧化硫。

9.7　压　　榨

通过压榨释放出的汁液，其单宁和色素含量自然要高一些。总汁液的 10%～15%来自于压榨过程。一些生产商仅选用自流汁来生产他们的葡萄酒或顶级葡萄酒。剩余物有可能进行不止一次压榨，但每进行一次压榨，压榨出的葡萄酒会变得更粗糙。在不同阶段，控制压榨机施加不同水平的压力。一般来说，开始时轻压，然后逐渐加压。目前有各种类型的压榨机，包括筐式压榨机、水平板框压榨机和气囊压榨机。第 11 章将论述这些压榨机的特点。

9.8　苹乳发酵

苹乳发酵（MLF）通常是在酒精发酵之后，因此，有时也称作后发酵。苹乳发酵没有酵母参与。实际上，它是由乳酸菌属（*Lactobacillus*）、明串珠菌属（*Leuconostoc*）和小球菌属（*Pediococcus*）细菌菌株活动引起的转化。刺激的苹果酸（也存在于苹果中）被转化为口味柔和的乳酸（也存在于牛奶中）。对红葡萄酒来说，一般都要进行苹乳发酵。1 g 苹果酸产生 0.67 g 的乳酸和 0.33 g 的二氧化碳。加热发酵罐或接种乳酸菌菌株可以诱发苹乳发酵。进行苹乳发酵的理想条件是：温度约为 20℃，二氧化硫浓度接近 0。相反，用二氧化硫处理葡萄酒和/或保持葡萄酒冷凉可以阻止苹乳发酵，这种处理通常仅发生在白葡萄酒酿造过程中。目前，越来越多的酿酒师在酒精发酵的同时进行苹乳发酵，这样有助于避免微生物的改变，并在发酵完成后能使葡萄酒立即处于所添加二氧化硫的保护之下。

9.9　勾　　兑

　　勾兑是葡萄酒生产中的一项重要工作。一旦发酵结束，会有几个装有葡萄酒的罐或木桶，其中的酒来自不同葡萄园、同一葡萄园不同小区和不同树龄的葡萄。根据成熟度采摘的单一品种的葡萄将单独发酵。为了使葡萄酒达到期望的最终风格和品质，需要将这些罐中的葡萄酒进行勾兑。勾兑的主要原因是为了获得一款品质高于其构成部分之和的产品，或为了削弱其构成部分品质的不一致，也可能是为了保持一种品牌风格。这个优选过程可能涉及大量参与勾兑的葡萄酒。当不同葡萄品种的葡萄酒一起勾兑时，酿酒师需要考虑勾兑酒中所包含的每一个品种所占的比例，因为某些品种或葡萄园小区在某一特定年份可能表现更好。当生产商将高质量视为最重要时，有一些罐中的葡萄酒很可能不能用于勾兑，而是作为低质量葡萄酒或整批销售。

9.10　成　　熟

　　在发酵结束后立即品尝，葡萄酒的口感可能粗糙且非常令人不悦，所以通常都需要一个时期的成熟。在成熟期间将发生一些化学变化，包括单宁的软化和酸度的协调。但是，某些准备早饮的葡萄酒在酿造时单宁浸提极少，如廉价葡萄酒或品牌化葡萄酒，仅进行轻微的熟化。熟化容器的选择和成熟时间取决于所生产的葡萄酒的风格、质量及成本因素。有多种类型的熟化容器，包括不锈钢罐、混凝土罐和木桶。显然，不锈钢不透气，如氧气，但不锈钢罐非常适合控温；当需要长期、无氧条件储存时，可以使用不锈钢罐，如廉价葡萄酒在"瓶装订购"之前的储存。

　　绝大多数高质量红葡萄酒都要经历一个时期的木桶陈酿，通常为9～22个月。在木桶陈酿期间，葡萄酒要经历受控氧化和吸收一些橡木成分，如橡木单宁和香草醛。木桶装满葡萄酒后，用木槌轻轻敲打以排出气泡，气泡上升到葡萄酒表面后，就能将氧气排除。在木桶陈酿期间，可能需要对葡萄酒进行几次倒桶，以帮助葡萄酒澄清。例如，波尔多红葡萄酒在第一年陈酿期间传统上是进行四次倒桶，第二年可能进行一次或两次倒桶。然而，许多生产商，特别是在葡萄酒酿造顾问的建议下，已经减少了倒桶次数，最大限度地降低对葡萄酒的处理。要定期用同类葡萄酒加满木桶，以补充葡萄酒的蒸发损失，虽然也有观点认为，如果木桶是安全密封的，则木桶顶部的缺量是部分真空，补足可能并无益处。第12章将进一步论述木桶陈酿，第13章详细论述葡萄酒装瓶前的准备过程。

第 10 章　干白葡萄酒酿造

本章论述白葡萄酒酿造技术与红葡萄酒酿造技术在一些关键环节上的不同之处，还将介绍有关白葡萄酒生产的概念，如酒泥陈酿。白葡萄酒生产的工艺流程如下所述。

10.1　破碎和压榨

10.1.1　破碎

白葡萄到达葡萄酒厂后，应立即进行处理，以免变质和过早开始发酵。在炎热气候区，可以将干冰（即固体二氧化碳）置于盛果容器中，释放出的二氧化碳气体有助于保护葡萄免于细菌性腐败和防止破损果实的氧化。如果果实到达葡萄酒厂时温度很高，破碎之前应该冷却，冷却可以在快速冷却间进行。在大多数情况下，压榨之前葡萄要进行除梗和轻微的破碎。并且压榨之前允许果皮与果汁在低温下接触几个小时甚至几天，这种做法越来越受到酿酒师的欢迎，这可能有利于香味化合物的浸提并增加风味，但一定要小心，以免浸提出味苦的酚类物质。

在用黑色葡萄酿造白葡萄酒时，不要进行破碎，而是将整穗葡萄直接压榨，否则色素会浸入果汁。许多酿酒师在处理白色葡萄时也是选择将整穗葡萄直接压榨，他们认为这样处理能得到更纯净的果汁。

10.1.2　压榨

不同于红葡萄酒酿造，白葡萄酒酿造是在发酵进行前将果汁与果皮分开。可以加入有助于果汁浸出的酶，使用果胶酶可以防止发酵过程中起泡过多，但酶可能使成品葡萄酒浑浊。当然，轻压榨或将破碎后的葡萄放在垂直的排水器中沥流，也能获得高质量的果汁。为了避免苦味物质释放出来，保持种子的完整很重要。发酵过程中不需要白葡萄的果皮参与。

10.2　葡萄醪的处理

果汁从压榨机或排水器沥入澄清罐后，如果葡萄醪因含固体物而不清澈，有可能产生异味。可以进行 12～24 h 的简单澄清，这个过程在法国称作 débourbage。然后将葡萄醪导入另一个罐进行发酵。使用离心机（加速澄清过程）或过滤也能达到澄清的目的。用皂土处理葡萄醪可以除去蛋白质，皂土是黏土的一种形式，可以起到絮凝剂的作用，吸引和结合微小的颗粒，然后从悬浮液中沉淀出来。但是，皂土也能去除所需要的香味和风味物质。重要的是要进行小型试验来确定所需要的皂土量，可能少至 6 g/hL，多至 180 g/hL。如果葡萄醪澄清过度，发酵可能进行得很慢，葡萄酒可能不能完全发酵。附着在果汁中固体物质上的酵母养分，是酵母生长所需的，除去这些固体物质对酵母生长具有不利影响。葡萄醪也可以通过热交换器来降温，这不仅能防止过早开始发酵，而且能保持其新鲜度和风味。二氧化硫用于处理葡萄醪以防止需氧酵母和腐败细菌的活动。如果有必要且合法，可以进行葡萄醪强化（加糖）。

10.3　发　　酵

发酵时将葡萄醪直接泵入发酵罐或木桶。对设计周全的葡萄酒厂来说，这个过程可以简单地通过重力作用实现，因为泵送本身是一个刚性过程。虽然所谓的"野生酵母"，也就是葡萄果皮上和葡萄酒厂中的天然酵母，可以用来增强特定的品质，但也可以加入优选的人工培养酵母。为了保留果实的原始风味，白葡萄酒的发酵温度通常要比红葡萄酒低，为 10～20℃。当然，低温发酵需要的时间长，但保留的香味化合物更多，而不是散失到空气中。每一个罐均要处于控温状态下，通常每一个罐都有自己的冷却系统。虽然低温发酵值得追求，但对芳香型白葡萄酒来说，当想要获得酒体饱满的品质时，就要采用次低温发酵。为了赋予葡萄酒独特的品质和协调的橡木风味，一些白葡萄酒也可以在木桶中发酵，木桶也能正常供应酵母所需的氧气。选择特定产地的新橡木桶或使用过的橡木桶，也可能是不同批次的葡萄醪在新橡木桶、2 次橡木桶和 3 次橡木桶（橡木影响很有限）中发酵。后期，将这些桶中的葡萄酒一起勾兑，或者与非橡木桶发酵的葡萄酒一起勾兑。

10.4　苹乳发酵

紧随酒精发酵的苹乳发酵，可以软化酸度，形成更"圆润的"酒体结构。一些白葡萄品种特别适合进行苹乳发酵，如'霞多丽'。苹乳发酵赋予葡萄酒以淡淡的奶油香、一定程度的复杂性和奶油般丝滑的结构。其他品种以其清爽的酸度而得到人们青睐，如'雷司令'，一般不进行苹乳发酵。同样，在某些国家，葡萄酒的清爽感是一个理想特点，因而也不进行苹乳发酵。例如，在法国卢瓦尔河谷用'长相思'品种酿造的桑塞尔白葡萄酒，活泼的酸度是其特征的本质部分。苹乳发酵结束后，将葡萄酒分离到干净的罐中，并添加二氧化硫。

10.5　酒泥陈酿

发酵结束后，葡萄酒可以保留在酒泥上，可能要不时搅动酒泥，这种搅拌工序称作搅动，能赋予葡萄酒以酵母香和奶油香。注意，该工序不适用于红葡萄酒。当酵母细胞破裂后，会释放出与单宁结合的蛋白质，这有助于赋予白葡萄酒以更柔和的口感，但会减弱红葡萄酒的结构感和陈酿潜力。酒泥还可以清除氧气，因此葡萄酒陈酿需要添加的硫较少。转动木桶可以作为搅动酒泥的一个替代方法，当木桶被排放在装有滚轴的架子上时，如 Oxoline 系统，这道工序就简单了。

用罐成熟的葡萄酒也可以保留在酒泥上。当考虑使用酒泥陈酿时，一定要区分粗酒泥和细酒泥。前者是指来自于发酵、倒灌前的大残渣，后者是指葡萄酒第一次倒灌后沉淀下来的残渣。酒泥陈酿既可以在粗酒泥上进行，也可以在细酒泥上进行，这取决于葡萄酒结构上的追求，但一定要注意避免减弱酒体结构，因为酒泥会排除氧气。也可以在罐中进行酒泥搅动，可以将一种螺旋桨式的装置穿过罐体侧面的出酒阀插入罐内来搅动沉积下来的沉淀物。需要注意的是，一些品种能从酒泥搅动中获得益处，如'霞多丽'；而对另一些品种来说，如果搅动酒泥，其品质会受到损害，如'雷司令'。

10.6　成　　熟

许多白葡萄酒储存在不锈钢罐或混凝土罐中，直至准备装瓶。排除氧气很重要，并且要使罐处于完全装满酒的状态，或者用氮气或二氧化碳气体封盖。木桶发酵的白葡萄酒也可以进行随后的木桶熟化，大容器发酵的葡萄酒也可以在木桶中储存几个月。木桶熟化和其他形式的橡木熟化将在第 12 章论述。

第 11 章　红葡萄酒和白葡萄酒酿造的详细过程

到目前为止，我们学习了红葡萄酒和白葡萄酒酿造的基础知识。本章将详细论述要做的一些决策和可能采用的工艺，包括可能使用的不同方法和设备。本章将聚焦葡萄醪浓缩方法、色素和风味物质的浸提、酵母的选择、除梗和破碎的决策、压榨机的选择和压榨方法等。澄清将在第 13 章论述，包括下胶、过滤和稳定。

11.1　葡萄醪浓缩

可以使用以下几种方法浸提色素、浓缩风味化合物和达到单宁平衡。

11.1.1　葡萄醪浓缩机和反渗透

收到的葡萄可能因雨水而湿漉漉的，或者未达到完全成熟。破碎时果实带有雨水会稀释果汁和其他成分（糖和其他组分）；在破碎未成熟的果实时，糖分水平可能低于酿造酒精度和平衡性符合优质葡萄酒要求的水平。在这两种情形下，解决的办法可能是除去水分。

葡萄醪浓缩机利用真空蒸发除去水分，因而能提高葡萄醪中糖分、色素、风味物质和单宁所占的比例。图 11.1 所示为 REDA 生产的葡萄醪浓缩机。还有一项除水技术是使用反渗透（RO）。反渗透是一个膜分离过程，在此过程中，微孔膜起到分子筛的作用，允许水分子通过，而阻止大分子物质（糖分等）的通过。一般来说，只有部分葡萄醪进行除水，然后将浓缩后的葡萄醪与未处理的葡萄醪混合。反渗透处理所得到的葡萄醪可以酿造酒体饱满、风味复杂的高品质葡萄酒。但需要注意的是，利用这些方法，所有保留下来的组分均被浓缩，其中的一些物质（如未成熟的单宁）可能无益于葡萄酒品质。因为总酸、酒石酸和苹果酸也会增多，所以酿酒师必须注意保持其在葡萄醪和所酿葡萄酒中的平衡。欧盟从 1999 年才开始允许利用反渗透浓缩的葡萄醪生产葡萄酒，与此相关的欧盟立法是（EC）No. 1493/1999 理事会规定（EU, 1999），后来被 No. 479/2008 理事会规定（EU, 2008）、（EC）No. 491/2009 理事会规定（EU, 2009a）和 No. 606/2009 委员会规定（EU, 2009b）取代。欧盟的规定和国际葡萄与葡萄酒组织在《国际酿酒惯例准则》（OIV，2015a，2015b）中为反渗透浓缩葡萄醪设定的最大值是：葡萄醪体积最多减少 20%，潜在酒精度最多升高 2%。

反渗透也可以用于降低超浓缩发酵葡萄酒中的乙醇水平。

11.1.2 冷冻榨汁

冷冻榨汁是葡萄醪浓缩的一个替代方法，但很少使用，除了加拿大酿造的"冰葡萄酒"。将葡萄置于-10～-5℃的温度条件下冷冻，然后破碎和压榨，葡萄中的水变成冰，而剩下的糖分和其他组分被浓缩。

11.2 浸 提 方 法

对红葡萄酒的风格和质量而言，从葡萄果皮中浸提色素和赋予风味的化合物非常重要。在此进一步论述前面提到的一些浸提方法。

11.2.1 冷浸渍（发酵前浸渍）

一些生产商将葡萄醪置于低温条件下并进行发酵前的带果皮浸渍，这种方法是由 Guy Accad 引入法国勃艮第产区的。Accad 是一位酿酒学家，从 20 世纪 70 年代末至 90 年代，许多顶级葡萄酒庄的葡萄酒酿造受他的影响很大。Accad 的研究结果表明，与果皮浸泡在发酵后的（乙醇）液体中相比，果皮浸泡在发酵前的果汁中，能生产出更新鲜、更干净、更细腻的葡萄酒。冷浸渍的温度可以在 4～14℃范围内变化，浸渍时间可以短至 24 h，长至 8 d。冷浸渍会有某些微生物风险，如果果实有破损或染病，则不适于冷浸渍，许多酿酒师宁愿在破碎后立即开始酒精发酵。

11.2.2 泵送-淋汁

泵送（淋汁）广泛应用于生产实践，其最简单的方式就是将正在发酵的果汁从近罐底处放出，然后泵送至罐的顶部，喷洒在因二氧化碳气体上升而顶出发酵液表面由果皮组成的酒帽上。这一操作可以手工完成，包括手工移动软管喷洒和浸泡所有果皮。而封闭罐可以安装时控自动系统，该系统可将果汁向上泵送至安装在罐体侧面的固定管道中，果汁随后流入旋转扩散器中，通过扩散器喷洒酒帽，强度更温和。如果需要额外通气，则在果汁从罐中流出时，使之泼洒到一个较大的容器，然后从这里将葡萄酒向上泵送，如图 11.2 所示。循环的次数、时间和方法会影响成品酒的风格和质量。许多生产商认为泵送是发酵过程中最好的浸提方法。例如，它是波尔多列级名庄庞特卡奈酒庄使用的唯一方法。

11.2.3　倒罐并回混

目前广泛采用的一个方法是倒灌并回混，也称作 délestage。泵送的问题之一是可能会有一个导流作用：罐内向下移动的果汁在上升至正在发酵的葡萄酒顶部的酒帽中形成通道，并穿过这个通道向下流，这样苦味单宁就从临近的果皮中被抽提出来。倒灌并回混技术是将罐中的果汁部分抽到另一个罐中，留下由葡萄果皮构成的酒帽，酒帽松弛并落至罐底。因为紧挨着酒帽的果汁中多酚物质含量高，这样这些多酚物质就被稀释了。因通气有助于扩大酵母菌群和降低香味物质及聚合长链单宁减少的风险，在泵入新罐之前，可以先将抽出的果汁泼洒到一个容器中。为了降低苦味被浸出的风险，此时可以除去种子或部分种子。然后将正在发酵的果汁泵回到原来的罐中，酒帽重新上升到顶部，在上升过程中浸出大量色素。需要注意的是，采用倒灌并回混浸提的总单宁可能高于泵送（淋汁），其优点是浸出的单宁苦味小。大部分酿酒师认为，倒灌并回混不应该在发酵过程的后期进行，因为会导致涩味更重。

11.2.4　压帽-踩皮

压帽可能是所有浸提法中最古老的一种方法，被认为是一种比泵送更柔和的方法。在进行手工压帽时，操作者非常辛苦。最好是将酒帽压入容器底部，每天进行两次。最近，引入了机械踩皮机，它可以根据需要在罐上移动。踩皮对果皮的伤害程度弱于利用泵送压帽，后者发生的情况同淋汁和倒灌并回混过程。

11.2.5　旋转发酵罐

旋转发酵罐是大容积的水平圆柱形容器，在发酵过程中可以转动，因而使葡萄翻滚，促进果皮和果汁的接触，不需要压帽和泵送，浸渍更快。在酿造酒体中等的轻柔易饮型红葡萄酒时，特别适合使用这种发酵罐。

11.2.6　热浸渍酿造-热浸提

热浸渍酿造通常是指通过加热破碎葡萄来浸提色素的过程，温度加热至 60～82℃，持续 20 min 或 30 min。在此期间，含有花色苷和单宁的果皮细胞的液泡破裂，很快将色素释放至果汁中。压榨的果汁降温后，与白葡萄酒发酵一样，进行去除果皮发酵。利用这种方法酿造的葡萄酒通常为鲜艳的紫色，品尝时有时可能具有相当强的蒸煮味，透明度较差，所以不能用于优质葡萄酒的酿造。

11.2.7　闪蒸

闪蒸是使果皮中的色素和单宁浸提最大化、不需要的成分浸提最小化的一种方法，这些不需要的成分包括赋予葡萄酒生青味的吡嗪类，特别是甲氧基吡嗪，和葡萄被侵染后产生霉味或腐烂味的物质。闪蒸设备昂贵，因而最常见于来料加工型"定制压榨"葡萄酒厂。葡萄果实被快速加热至80℃以上，然后转移到真空室快速降温。真空使葡萄果实强度变弱，果皮细胞从内部爆裂，花色苷与柔和单宁被浸提在发酵前（淡）的果汁中。释放出的一些蒸汽中携带有吡嗪和不需要的挥发性成分，留下稍微被浓缩的果汁。如果需要，可以将一定比例的冷凝蒸汽回添到葡萄醪中。所酿的葡萄酒不能用于陈酿，闪蒸系统不能用于优质葡萄酒的酿造。

11.2.8　不除梗发酵、二氧化碳浸渍和部分二氧化碳浸渍

大部分博若莱红葡萄酒和其他许多酒体轻的红葡萄酒是采用独特方法酿造的，也就是用整粒葡萄发酵。将整个果穗倒入充满二氧化碳的罐中，位于罐底的葡萄在一定程度上受到其上葡萄的重压。在保持完整的浆果内部，分泌出的酶在没有酵母活动的情况下引起发酵，发酵产生的酒精度可达3%，能赋予葡萄酒以果酱风格。其后，酵母的酶负责完成发酵。正在发酵的葡萄酒可以在葡萄果实上浸渍或浸泡4~10 d，这取决于所要求的葡萄酒的风格。在罐的不同高度上所进行的反应非常复杂。

11.2.9　固定颜色

可以采取一些措施来确保红葡萄酒能保持其颜色，达到该目标的一个方法是在葡萄酒罐中使用木条，木材释放的单宁可将色素结合到葡萄酒中。新世界国家常使用这种工艺，图11.3所示为混凝土罐中的内置木条。

11.2.10　发酵后的浸渍

过去，从发酵结束到自流汁流出和压榨果皮前，红葡萄酒通常要带果皮浸渍很长时间。在此期间，单宁会被吸收，被吸收的单宁有助于固定色素并赋予葡萄酒以结构，但所酿的葡萄酒通常具有强劲的口感。最近几十年，大多数生产商开始缩短发酵后浸渍的时间，特别是酿造不进行长时间装瓶陈酿的葡萄酒。为了生产轻柔风格的葡萄酒，一些生产商采用热排罐，也就是在发酵结束前将葡萄酒从罐中排出。

11.3　过氧合、充分氧合和微氧合

如前所述，氧对葡萄酒来说亦友亦敌。在发酵过程中，葡萄酒的氧化程度很

低，而且氧对于维持健康的酵母菌群是必要的。发酵结束后，吸收微量的氧可能对葡萄酒有益处，因为这有助于多酚的聚合和葡萄酒颜色的固定。有三个方法可以使葡萄醪或葡萄酒氧化。

11.3.1 过氧合

发酵前给白葡萄醪通入大量氧气，黄酮和单宁会被氧化，变为褐色不溶性多聚物，多聚物在发酵后的倒灌过程中被去除，其益处包括苦味、挥发酸和乙醛的减少，并能延长成品酒的货架期。

11.3.2 充分氧合

在发酵过程中通入大量氧气，操作可以像"倒灌并泼酒"一样。在这个过程中，当葡萄酒被送回罐中时，氧气就进入葡萄酒；在循环过程中，氧气也能进入葡萄酒。或者使用被称作"cliquer"的机械，特别是在发酵的最后阶段。充分氧合也可以用于尝试重新启动发酵，但通常是为了协助软化单宁和确保发酵彻底。

11.3.3 微氧合

微氧合（MOX）是向葡萄酒中持续通入微量的氧，以增进葡萄酒的香味、结构和质地。微氧合既可在苹乳发酵之前进行，也可在苹乳发酵之后进行，可能前者的益处最大。当葡萄酒在木桶中熟化时，会自然发生多次透过木质的氧的吸收过程。该工序一定要小心控制，重要的是要知道葡萄酒中的初始溶氧量、通氧速度和通氧量（总量一般为 10 mL/L），因为在这个过程中，葡萄酒中不应该有溶氧的积累。微氧合可以减少令人不悦的青草味和硫味。其支持者认为，微氧合有助于稳定颜色，带来果香，软化和充实单宁，并降低葡萄酒产生硫化物的风险。

11.4 去除过多的乙醇

反渗透是从葡萄酒中除去过多乙醇的一种相对不昂贵的方法。还有一种方法是抽出部分酒精度高的葡萄酒，然后运至使用旋转锥形塔（SCC）的专业设备。SCC 是蒸馏塔，葡萄酒两次通过 SCC，第一次蒸馏萃取挥发性香味物质，第二次蒸馏去除乙醇，将风味物质返回至去除乙醇后的"葡萄酒"中，然后将"葡萄酒"运回至葡萄酒厂并勾兑到大桶酒中。加州圣罗莎的 ConeTech 是世界上最大 SCC 工厂。

11.5　天然或人工培养酵母的选择

　　酿酒师要在利用葡萄果皮上的或主要在葡萄酒厂建筑物中的天然酵母（有时称作本土酵母或本地酵母），还是抑制这些酵母而利用人工培养酵母之间做出决定。人工培养酵母可能包含酵母属酿酒酵母（*Saccharomyces cerevisiae*）的单一菌株或多菌株，每一个酵母菌株都会影响风味，虽然可能使用贝酵母（*Saccharomyces bayanus*，耐高酒精度）。购买的人工培养酵母通常为脱水的粉末形式，在使用前首先要用约38℃的水复水，然后加入待发酵的葡萄醪的罐中，这样就开始发酵了。在加入罐中之前，必须要将酵母混合液加热至高于罐中葡萄醪的温度，但这个温差不能超过10℃，否则热冲击将影响酵母的活力。Kreyer公司生产的酵母增殖机，可以简化酵母启动的准备工作，并将酵母混合液的温度调整至与罐中葡萄醪的温度相同，图11.4所示为Kreyer酵母增殖机。

　　许多旧世界生产商更喜欢使用天然酵母，特别是红葡萄酒酿造。他们坚信天然酵母是葡萄园"风土"的一部分，并赋予葡萄酒以个性。其他生产商，特别是规模大的生产商，更喜欢选择人工培养的酵母菌株。在新世界国家，大部分生产商认为使用天然酵母风险太高，其生产目标在于可控。通过选择人工培养酵母可以发挥酵母的独特个性，如风味、在不同温度条件下的表现力和酒泥的形成能力。天然酵母有时可能有助于产生高于预期浓度的挥发酸、乙醛和硫化氢。

11.6　除　　梗

　　一些酿酒师认为，穗梗能够起到有益的作用。在罗纳河谷，发酵过程通常保留穗梗。穗梗有助于将果皮帽保持在正在发酵的罐的顶部，果皮帽不密集，给葡萄酒增添坚实的单宁，并抑制明显的果酱味。如果是带穗梗发酵，保持其适度完整很重要，否则会给葡萄酒带来过多的生青味或穗梗味。

11.7　发酵高密度葡萄醪直至完全发酵

　　在炎热气候区，葡萄含糖量可能有时高至很难被完全发酵。在发酵末期，酵母可能受到氮饥饿和乙醇胁迫。这些问题可以通过向葡萄醪中加水或在发酵早期加水（在欧盟是非法的）来解决。这样做的酿酒师可能以"将采果箱冲洗干净"为借口。当然，这类方法会降低所酿葡萄酒的酒精度。除此之外，能采用的方法还包括降低发酵温度，特别是发酵末期的温度，以及增加氮含量。

11.8　葡萄酒压榨机和压榨

红葡萄酒酿造过程中，压榨通常是在接近发酵结束时或发酵结束后进行，目的是将葡萄果皮中的果汁分离出来；而在白葡萄酒酿造过程中，压榨是在发酵前进行的。对白葡萄酒来说，葡萄在压榨前可以轻微压碎或完全破碎，也可以将整个果穗直接压榨，以使葡萄醪中的酚类物质含量较低。

目前有多种不同类型的压榨机，使用何种类型压榨机取决于下面讨论的多种因素。葡萄酒压榨机可分为连续压榨机和间歇式压榨机两类。

11.8.1　连续压榨机

虽然连续压榨系统有多种变化，但所有系统的工作原理都是将葡萄送入压榨机的入口端，然后沿着由阿基米德螺杆驱动的压榨轴向前移动，葡萄在连续移动过程中受到越来越大的压力。在压榨机的不同位置收集葡萄醪，收集位置越靠前，果汁质量越好。连续压榨机不能生产高质量的葡萄醪，因而对许多法定产区葡萄酒来说，不允许使用这样的压榨机。只要有葡萄送入，压榨机就开始工作。连续压榨机广泛应用于大型"工业化"葡萄酒厂，在处理大量果实时具有效率优势。

11.8.2　间歇式压榨机

这种类型的压榨机可分为三种基本类型：水平板框压榨机、水平气囊压榨机和垂直筐式压榨机。

11.8.2.1　水平板框压榨机

该类型压榨机通常称作"Vaslin"压榨机，Vaslin 是该类型压榨机最初制造商的名字（注意：现在的公司名为 Bucher Vaslin，生产膜压榨机和其他葡萄酒酿造设备）。水平板框压榨机是由一个有沟槽的圆筒构成，圆筒包含板框、箍圈和链条组成的系统。葡萄果实经舱口装入压榨机，然后关闭舱口，压榨机旋转，葡萄在圆筒内翻滚，在这个阶段，高质量的自流汁被分离出来。随着压榨机持续转动，两个金属板框从两端沿螺杆向压榨机的中部移动，挤压板框之间的葡萄，释放出质量好的果汁。然后圆筒反方向旋转，板框回到压榨机的两端。为了进行进一步压榨，压榨机旋转，将压紧的葡萄打碎，板框重新向中部移动，再一次挤出果汁，但果汁质量较低。压榨机按照这种方式压榨三次或更多次。

在每一粒葡萄浆果中，质量最好的果汁存在于所谓的 II 区，也就是既不靠近果皮也不靠近种子的地方，第一次压榨释放出来的就是这部分果汁。板框压榨机相对较便宜，非常适合小规模红葡萄酒酿造。图 11.5 所示为水平板框压榨机。

11.8.2.2　水平气囊压榨机

这种类型的压榨机称作 Willmes 压榨机或 Bucher 压榨机，Willmes 或 Bucher 也是该类型压榨机最初制造商的名字。其采用气囊进行压榨，压榨相对较轻柔，作业压力低。图 11.6 所示为水平气囊压榨机。压榨机转动，压缩空气充入薄的囊袋或中央橡胶气囊，葡萄被压向有沟槽的圆筒上，其表面积远大于板框压榨机中的压榨面积。同样，进行几次压榨就能将可用的果汁压榨出来，第一次压榨得到的葡萄醪质量最好。罐压榨机是一种全封闭的气囊压榨机，在使用前可以用惰性气体冲洗，如氮气或二氧化碳，因而有助于避免葡萄醪氧化的风险。

气囊压榨机特别适用于白葡萄酒酿造的葡萄压榨，轻柔的压榨过程有助于保留果实香味。目前，压榨机甚至是整个压榨机组都可以实现计算机控制，增加了效率（但同样增加了投资费用）。气囊压榨机很贵，一年仅使用几天。因此，小型葡萄酒厂的老板们非常热衷于向感兴趣的参观者展示其最近购买的气囊压榨机。

11.8.2.3　垂直筐式压榨机

这是一种传统的压榨机，是由中世纪的僧侣发明的。金属（或木质）板落入装有葡萄的筐中，筐是由木条或带有许多排水孔的金属构成。图 11.7 所示为垂直筐式压榨机，其在基本型号的基础上有几种不同变化，如筐的深或浅。浅筐压榨机目前仍广泛应用于法国北部的香槟地区。筐式压榨机的压榨非常轻柔。

筐式压榨机可用于白葡萄酒酿造的整个果穗压榨或红葡萄酒酿造的剩余固体压榨。压榨机的直径越大，果汁从葡萄果皮层流出得越快，而穗梗有助于形成排汁通道。然而，排出的果汁在其移动路径上暴露于空气中。因此，为了减少氧化，及时处理果汁很重要。

使用筐式压榨机压榨是一个很慢的加工过程，表现在压榨和清洗两个方面。如果是水平压榨机，其一旦完成压榨，随着圆筒倒转，榨干的果皮块通过舱口被排出，这样就可以清洗压榨机了。垂直筐式压榨机需要手工清出剩下的果皮和种子，并且需要彻底清洗压榨筐。然而，这种压榨机目前又流行起来，特别是在新世界国家的葡萄酒厂，一个特殊用途是酿造独特风格的红葡萄酒。因其压榨特性，葡萄的固体部分保持适度静态，因此使用筐式压榨机所酿葡萄酒的苦味要弱于气囊压榨机或板框压榨机，并且可以突出某些品种的辛香味，如'西拉'。使用充水膜的小型筐式压榨机，如 Idro 压榨机，特别适用于小型葡萄酒厂或进行小规模葡萄酒酿造。

11.9　高技术与回归传统

在参观许多顶级葡萄酒厂或波尔多国际葡萄酒酿造暨葡萄果蔬设备展览会（Vinitech-Sifel）和国际酿酒与装瓶机械设备展览会（Simei）等设备展时，人们很容易被高技术葡萄酒酿造设备所迷惑。除梗机保持同样的基本设计已经几十年了，而目前的 Delta Oscillys 除梗机利用惯性将葡萄浆果与果梗分离。最初，分选台是移动的传送带，后来是振动台，最新是光学分选，某些葡萄酒厂同时利用了这三种技术。然而，许多葡萄酒酿造技术似乎又回到原点。正如人们所见到的，许多具有质量意识的酿酒师正将不锈钢罐换为木质罐或混凝土罐；tinajas 陶罐和 qvevri 陶罐（双耳细颈陶罐）又重新得到利用，qvevri 陶罐还被埋入地下。

第 12 章　木桶陈酿和橡木处理

许多葡萄酒在酿造和/或陈酿过程中受到橡木的影响。本章将回顾橡木桶的使用历史，并讲述橡木对葡萄酒的影响、不同种类木桶的影响和其他橡木制品的使用。

12.1　木桶利用史

最早的葡萄酒储存容器是双耳陶罐，大约在公元前 4800 年开始使用，几乎可以追溯到葡萄酒酿造的开始时期。葡萄酒的历史表明，从早期开始，木质容器就被用于葡萄酒储存。人们试验了不同种类的木材，例如，美索不达米亚人使用棕榈木。但是，自罗马时代以来，特别是从公元 200 年以来，橡木逐渐成为首选。那时的酿酒师就已经发现橡木桶可以用于储存葡萄酒，储存后的葡萄酒更柔和，通常能改善葡萄酒的口感。葡萄酒开始装在木桶中运输，木桶比用黏土制成的容器要结实得多。特里尔的莱茵州立博物馆陈列有大约公元 220 年来自诺伊马根的一个葡萄酒商的墓碑和一艘装有四个葡萄酒大木桶的船。

木桶成为出口葡萄酒的常见容器。因为埃莉诺于 1152 年嫁给了在 1154 年成为英格兰国王的亨利二世，法国西部的大部分区域，包括波尔多，被英国人统治，而波尔多有通往英国的便捷海上航线，所以葡萄酒出口有了实质性发展。16 世纪之前，人们经常使用能装 900 L 葡萄酒的大酒桶。后来，轮船的装载量以吨计算，一艘轮船能装载多少个这样的木桶，经如下关系可以得出：900 L 葡萄酒的质量大约为 900 kg，加上大酒桶的质量 100 kg，约等于 1 t。但对道路运输来说，大酒桶非常笨重，不容易运输。从 1789 年起，波尔多地区开始使用 225 L 的橡木桶进行储存和运输葡萄酒，225 L 的橡木桶也就成了行业规范。出口带有酒泥的葡萄原酒时，橡木桶一般不会被运回，所以每一个新的年份都要使用一定比例的新木桶。

12.2　橡木和用橡木处理

在橡木桶中进行陈酿对葡萄酒的风格和质量具有重要影响，因而橡木桶用于大部分高质量经典红葡萄酒的生产，许多白葡萄酒也要经历发酵和/或木桶储存过程。橡木赋予葡萄酒以橡木产物和风味物质，如木材的烘烤味，使葡萄酒的质感发生变化，可以软化单宁，并有助于固定颜色。无数廉价瓶装葡萄酒的背标上都有这样的描述："橡木香和香草味的微妙结合"或"橡木陈酿的复杂性和丰富度"，人们眼前会立刻浮现出成排的葡萄酒桶在阴凉、黑暗的酒窖中进行陈酿的场景。然而，因经济原因，廉价葡萄酒不太可能在橡木桶中进行陈酿。能装满 300 瓶葡萄酒的 225 L 新法国橡木桶，其成本为 450～550 £。但在最近大约 30 年，橡木制品的使用得到了很大发展，如橡木屑和橡木粉，其赋予许多葡萄酒以木材的影响。

12.3　木桶的影响

木桶对葡萄酒风格和质量的影响取决于许多因素，包括木桶大小、橡木（或其他木材）的种类和来源、木桶的制造工艺（包括烘烤）、板材厚度、在木桶中陈酿的时间、木桶陈酿的场所。如果木桶是新的，则赋予葡萄酒以更多的橡木产物，包括香草醛、木质素和单宁；如果是 2 次桶，葡萄酒得到的橡木源物质的量将会减少；使用 4 次或 5 次以后，木桶可作为储存容器，仅能使葡萄酒在缓慢可控的氧化过程中成熟。这一缓慢的氧化过程能软化单宁，使单宁聚集并以沉淀物的形式沉到木桶的底部，此后会被除去。新木桶中的氧化作用要强于用过几次的木桶，因为随着反复使用，木板的细孔逐渐被酒石和色素堵塞。橡木产物吸收与氧化作用耦合在一起，也有助于固定葡萄酒的颜色。

波尔多、里奥哈和勃艮第的优质红葡萄酒或白葡萄酒就是通过橡木桶陈酿来形成其特点的葡萄酒。然而，只有结构感强的高质量葡萄酒才会全部在 100% 新木材的木桶中陈酿，大部分生产商则是利用不同年龄的木桶陈酿葡萄酒后进行混合，以达到橡木香气的最佳平衡和获得橡木影响的最佳水平，这是一个娴熟酿酒师技艺的一部分。

12.3.1　木桶大小

木桶越小，其表面积/（葡萄酒）体积比越大，因而橡木对葡萄酒的口感和陈酿影响越大。225 L 的橡木桶提供给葡萄酒的橡木产物要比 300 L 的橡木桶多 15%。较小的木桶在发酵过程中也有助于所产热量的散失。在法国的罗纳河谷和意大利的皮埃蒙特等产区，一些葡萄酒仍是在容积为 4000～6000 L 的大橡木桶中进行陈酿，因而赋予葡萄酒的橡木产物很少。全世界使用的木桶有许多种，有的已经使用了几个世纪，如 228 L 的 Pièce Bourguignonne 橡木桶和 205 L 的 Pièce Champenoise 橡木桶。

12.3.2　橡木（或其他木材）的种类和来源

广泛应用于葡萄酒酿造的橡木主要有三个来源国：美国、法国和匈牙利。虽然有 150 多个橡木种，但仅有 3 个种的橡木用于制作葡萄酒桶。美国白橡（*Quercus alba*, Qa）比夏栎（*Quercus robur*, Qr）纹理更粗糙；而纹理最紧的是岩生栎（*Quercus petraea*, Qp），也称作无梗花栎（*Quercus sessiliflora*）。

美国橡木通常是锯木，而法国橡木的纹理较紧，木材必须沿天然纹理劈开。并且，在法国国内来自于不同林区的橡木也不同，这些林区包括阿利埃、利穆赞（Qr）、纳韦尔（Qp）、瑞皮耶（主要是 Qp）、孚日等，这些地区不仅生长条件不同，而且影响木材风干的天气条件也不相同。橡树伐倒后可能需要长达 4 年的风干。尽管瓶装酒标签上有时描述葡萄酒是在“阿利埃橡木桶”中陈酿，但酿酒师现在更愿意选择有特点的制桶商，而不是特殊的林区。大多数葡萄酒厂使用多个制桶商的木桶，从而为最终的勾兑提供更广泛的构成组分。

法国约 25%的土地面积被森林覆盖，面积约为 1400 万 ha，超过 200 万 ha 林区中的 Qp 和 Qr 可作为葡萄酒桶的木材原料。这些林区通常是由国家森林局管理，近 30 年来，这些林区中的橡木数量增加了 30%。匈牙利的橡木种类与法国的橡木种类一样多，但主要为 Qp，虽然与法国橡木相似，但成本要低得多。橡木的其他来源国包括俄罗斯、斯洛文尼亚，甚至还有中国。

美国橡木赋予葡萄酒风味物质很快，主要风味是香草味和椰子味。‘西拉’等品种特别适合用美国橡木陈酿，而‘黑比诺’等品种的风味可能会被强烈的橡木风味淹没。法国橡木赋予葡萄酒的化合物量较少，特别是 Qp。非橡木木材在历史上也曾用于生产葡萄酒桶，直至今天也能见到，这些木材包括栗木、相思木，以及智利的青冈木（*Lophozonia alpina*），它是山毛榉木的一种。

12.3.3　木桶的制造工艺（包括烘烤）

各个国家的制桶工艺不同，美国橡木在法国的制桶工艺大不同于在美国的制桶工艺，美国橡木通常在美国制桶更好。在欧洲，传统制桶工艺是先将木材劈为板材，然后将板材置于室外“风干”至少 2 年，尽管许多有眼光的生产商规定进行 3 年或更多年的风干。图 12.1 所示为风干的橡木板。风干处理能去除粗糙的单宁。在制桶后期，木桶要进行一定程度的“烘烤”，即木桶的内部，也可能是“头部”（木桶的底端），在小木火上进行烘烤。根据葡萄酒所需要的最后风格，酿酒师会要求重度烘烤、中度烘烤和轻度烘烤。不同烘烤度的橡木桶可赋予葡萄酒的某些风味，总结如下。

（1）重度烘烤：焦糖，咖啡，黑巧克力，烤面包，烟熏，辛香；涩感单宁少。

（2）中度烘烤：奶油糖果，面包，香草，牛奶巧克力。

（3）轻度烘烤：木香味，有时具有新鲜味；木材单宁多。

燃火木材的种类也会对烘烤及随后储存在木桶中的葡萄酒产生影响。

12.3.4　板材厚度

木桶是用不同厚度的板材制造的，最常用的厚度是 27 mm，如"出口型"波尔多橡木桶。但是，用厚度为 22 mm 板材制作的"酒庄"橡木桶能提供更多的氧化作用，所以一些生产商在其酒窖中要使用一定比例的"酒庄"橡木桶。

12.3.5　在木桶中陈酿的时间

历史上，葡萄酒通常保存在木桶中，有时直至船运，在某些情况下可能要在木桶中存放长达 10 年。目前，任何葡萄酒在木桶中存放 3 年都很罕见。在木桶中存放时间越久，橡木产物被葡萄酒吸收得越多，且氧化作用发生得也越多。在储存的早期，木桶在装满后不久就需要补满，以防止氧化和真菌生长。最初，桶口向上放置木桶，将桶塞轻轻插入桶口或插入发酵锁至合适位置。之后，密封桶口后，桶口朝向侧面放置木桶，桶口与葡萄酒接触，以确保桶口中的桶塞保持膨胀状态。木桶储存的第 1 年，可能要进行四次倒桶，第 2 年可能要进行两次倒桶。

在桶储期间，葡萄酒中的乙醇可能有少量散失，这取决于酒窖的湿度和温度，在两年桶储期间，散失的乙醇为 0.2%～0.8%（体积分数）。

12.3.6　木桶陈酿的场所

木桶陈酿是葡萄酒、木材和木桶所处环境条件之间的相互作用过程，葡萄酒通过木材蒸发，散失的葡萄酒被氧气替代，而橡木产物被葡萄酒吸收，这个过程取决于温度和湿度。例如，在温暖、干燥的环境条件下，葡萄酒蒸发散失量大于冷凉、潮湿的环境条件。然而，在冷凉、潮湿的环境条件下，有更多的乙醇被蒸发掉。因此，同样一款具有个性的葡萄酒，在地下酒窖中进行木桶陈酿与在地上仓库中进行熟化相比，两者之间可能略有不同。

12.4　用橡木制品处理

如上所述，葡萄酒在新橡木桶中陈酿是一道昂贵的工序，不仅因为木桶的成本高，还因为倒桶和单个小批量作业带来的额外劳动。因此，廉价葡萄酒很可能是在罐中成熟的，如果进行"橡木处理"，一般是在葡萄酒中浸入橡木制品。过去，

"橡木处理"就是简单地加入制桶过程中产生的废木料；而现在，许多制桶商也在从事这类橡木制品的专业化生产，其产品类型包括橡木粉、橡木屑、橡木方、螺旋形橡木和橡木板。当然，在罐中不存在葡萄酒、木材和环境之间的相互作用。用橡木屑处理的葡萄酒通常呈现甜的香草汁液味，橡木味的水平和风格取决于所使用的橡木屑或橡木方的大小及数量（平均用量大概为 500 g/hL）、橡木来源、橡木屑的烘烤方法和浸泡时间的长短。

通过将橡木棍、橡木条或橡木板放入葡萄酒罐的方式也可以达到很微妙的橡木处理效果。橡木板可能是新的和用火烘烤过的，也可能是旧木桶拆解后"再修整"的，这些橡木板可以做成塔形或以模块状插入罐中，就像酒罐侧面的内衬一样，这种方法浸提水平高、总体可控，当然，比木桶陈酿要节约更多成本。

即使瓶标上提到"木桶成熟"，并不一定表明所有的橡木香都来自真正的橡木桶。橡木屑或橡木棍也可以通过桶口悬浮在有排孔的圆筒中，并根据需要从一个木桶移入另一个木桶。此外，木桶也可以进行"更新"，也就是将新木板嵌入到木桶内部，或制作橡木条格栅。

生产带有微弱橡木风格的廉价葡萄酒当然是一项技艺，许多不同的方法可以结合在一起使用。例如，未经橡木处理的大罐葡萄酒可以与微氧化的"小橡木方"葡萄酒和少量用 2 次桶或 3 次桶陈酿的葡萄酒进行勾兑。

第 13 章　装瓶前的处理

本章论述为确保葡萄酒达到预期透明度和在寿命期内在瓶中保持稳定可能采取的各种处理，这些处理包括下胶、过滤和热稳定或冷稳定等。许多优质葡萄酒的酿酒师认为，这些处理应该保持在最低限度。就这些处理对感官的影响而言，在生产商、评论家和真正的消费者之间一直存在争议。被誉为"葡萄酒之王"的美国葡萄酒评论家 Robert Parker 认为，未经过滤的葡萄酒更好。

酒精发酵刚结束，葡萄酒含有相当多的固体物质，包括葡萄果实的固体部分和酵母体。经过一段时间后，大部分固体沉淀，就可以进行倒灌。如前所述，倒灌是使葡萄酒澄清和降低异味风险的必要工序之一。在倒灌过程中，防止葡萄酒氧化很重要，大罐或木桶中喷入惰性气体可以达到这个目的。

13.1　下　　胶

形成沉淀物的粗结构物质可以通过倒灌去除，有时也可用离心法去除。然而，可能还有较轻的物质悬浮在葡萄酒中，这些物质称作胶体。胶体能够通过任何过滤器，如果不将之去除，能导致葡萄酒浑浊不清，并最终形成沉淀。胶体是静电带电物质，通过添加带有相反电荷的胶体可以将之去除。带有相反电荷的分子相互吸引，形成大的聚集体絮凝后沉入大罐或木桶的底部，之后可以通过倒灌或过滤将葡萄酒和形成的沉淀分离。使用何种澄清剂取决于去除的胶体的性质和影响。例如，红葡萄酒所用的澄清剂包括蛋清（白蛋白或清蛋白）和白明胶，两者都可以去除某些苦涩的单宁，因而可减弱涩味。对白葡萄酒来说，鱼明胶（来自于鱼的膀胱）有助于去除涩味物质。皂土可减少使葡萄酒浑浊的蛋白质。牛奶（酪蛋白）使颜色变亮，可能有助于减轻氧化破败（详见第 21 章）。对酚类化合物来说，可以使用白明胶，酚类物质也可被聚乙烯吡咯烷酮（PVPP）吸收；PVPP 也可以用来去除白葡萄酒的色素，有助于防止褐变。所有澄清剂的用量需要小心控制，否则，澄清剂本身也会形成沉淀，或者有可能进一步形成（相反的）静电荷。

13.2　过　　滤

过滤是用来去除固体颗粒的过程，可以在葡萄酒酿造的不同时期进行。葡萄醪可以在临近发酵前过滤，也可以通过过滤去除酒泥以重新得到质量好的葡萄酒，还可以在大罐成熟或木桶陈酿前进行过滤。然而，大多数葡萄酒是在准备装瓶前进行过滤。需要指出的是，下胶和过滤处理不能相互代替，大部分过滤不能除掉通过下胶去除的胶体，虽然包括设备制造商在内的一些提倡者认为，膜过滤能够去除需要使用下胶去除的物质。

13.2.1　普遍使用的传统方法

全世界的葡萄酒厂广泛使用的葡萄酒（和葡萄醪、酒泥）澄清与过滤的处理方法有若干种。离心分离（一般使用板式分离器离心机）对初步澄清有效。发酵结束后，可以在各个阶段进行离心，包括下胶后，通常在过滤前进行离心。然而，离心分离是一种剧烈的方法，许多葡萄酒厂不会使用这种方法。目前采用的离心模式可以注入惰性气体，以避免吸氧问题。另外，葡萄酒可以使用硅藻土进行深度过滤。从 19 世纪后期，硅藻土就被用作过滤助剂，使用移动式硅藻土过滤机或旋转真空过滤机可以进行过滤。硅藻土过滤用于起始的粗过滤，可以去除大量由死酵母细胞和来自于葡萄的其他物质构成的"黏质"固体。过滤分两个阶段进行，首先，将硅藻土沉积在过滤罐中的支撑筛网上，也可以用水和硅藻土混合在一起完善滤床，这个过程称作预涂；其次，将更多的硅藻土与葡萄酒混合形成悬浮液，用来不断补充葡萄酒经过的过滤表面。随着葡萄酒通过过滤机，滤床逐渐增厚。当滤床黏结，就需要用新的硅藻土来完全替换滤床。

还有一种方法是使用旋转真空过滤机，它由一个带有曲面多孔筛板的大的水平圆筒构成。将滤布沿表面包裹，圆筒在含有硅藻土和水的槽中旋转，在圆筒中形成真空，硅藻土-水混合物被吸到滤布上，水落入圆筒中，在滤布上留下硅藻土层，从而起到精滤介质的作用。将葡萄酒注入槽中，并通过硅藻土进行过滤。当表面淤塞，可以将硅藻土添加到葡萄酒中来替换淤塞层；当圆筒旋转时，刮板可以将淤塞层刮掉。图 13.1 所示为一对旋转真空过滤机。更复杂的过滤机是全封闭真空过滤机，它能减小葡萄酒氧化损坏的风险，但是，这种类型的过滤机需要手工去除淤塞的硅藻土层。

硅藻土是一种致癌物，其残留物存在在垃圾填埋场中沉积的问题。用火山岩加工而成的珍珠岩也可用于固体物质含量高的葡萄醪和葡萄酒的过滤。

13.2.2　薄板过滤（有时称作板框过滤）

虽然不能处理含有固体粗粒物的葡萄酒，但薄板过滤机（图 13.2）通用性好，广泛应用于各种规模的葡萄酒厂。薄板过滤机也称作平板过滤机或板框过滤机。在小型葡萄酒厂，薄板过滤机可能是唯一使用的过滤机。一套特殊设计的具孔钢板或塑料板被固定在一个框架中，滤板安装在具孔钢板或塑料板之间，然后通过阿基米德螺杆或液压的方法挤压，该设备可以使用具有各种孔隙度的滤板。葡萄酒被泵至一对具孔钢板或塑料板之间，通过滤板进入钢板或塑料板的孔，然后流出过滤系统。酵母细胞和其他物质被滞留在过滤介质的纤维中，滤板由纤维素纤维构成，有时添加颗粒组分，如硅藻土、珍珠岩或聚乙烯纤维，有时也添加阳离子树脂（带有静电荷）以吸引带有相反静电荷的微粒。经过抛光到完成定形，滤板被加工成各种规格。但是，滤板随着使用会逐渐堵塞，必须花费大量的劳力和时间去拆卸和重新组装过滤机，这一作业也会造成葡萄酒的损失。过滤机使用时可能会显得不整洁，但不漏液的过滤机非常少见。全封闭透明深度过滤机则是更卫生、维修时劳动强度更低的过滤设备。

13.2.3　膜过滤和其他达到生物学稳定的过滤方法

葡萄酒的膜过滤可以前端膜过滤的形式进行，或者以错流过滤的形式进行。采用前端膜过滤的葡萄酒必须预先澄清和利用上述方法进行过滤，而错流过滤通过一次作业就能使葡萄酒达到期望的澄清度。图 13.3 所示为错流过滤机。

如果葡萄酒含有任何残糖、酒精度低于 15.5%（体积分数），且存在酵母菌落，则瓶（或其他包装）内发生最不期望的再发酵的风险很高。热装瓶，也就是将装瓶前的葡萄酒加热至 54℃，是防范这一风险常用的方法之一，但也存在随着葡萄酒冷却而出现的装瓶高度问题。其他方法还有高温瞬时巴氏杀菌，也就是在临近装瓶前，使葡萄酒在约 75℃的条件下保持 30 s，装瓶后进行隧道式巴氏杀菌，温度 82℃，时间大约为 15 min。但是，许多质量意识强的生产商更愿意在膜过滤后立即装瓶。巴氏杀菌偶尔能避免葡萄酒风味的改变。对未进行苹乳发酵的葡萄酒而言，装瓶前进行膜过滤也是一种明智的预防措施，因为在瓶中发生苹乳发酵可能导致葡萄酒腐败。酒明串珠菌（*Leuconostoc oenos*）、有害片球菌（*Pediococcus damnosus*）、酒类酒球菌（*Oenococcus oeni*）和短乳杆菌（*Lactobacillus brevis*，一种乳酸细菌）是引起腐败的主要细菌，它们均可被 0.45 μm 的膜去除。短乳杆菌可以分解葡萄酒中的化合物，尤其是能使挥发酸浓度提高三倍。利用 0.8 μm 的膜可除去酿酒酵母（大多数发酵过程中最有优势的酵母）和密切相关的贝酵母（*Saccharomyces bayanus*）。*Dekkera intermedia* 是一种产孢类型的酒香酵母，能够引起通过嗅闻可辨识的缺陷，即明显的"焦糖"气味或"像老鼠一样的"异味，可以用 1 μm 的滤膜去除。当然，开放式板框过滤机有可能重新引入酵母和细菌。孔径为 0.2～0.45 μm 的滤膜通常用于过滤白葡萄酒，而孔径为 0.45～0.65 μm 的滤膜通常用于过滤红葡萄酒。

13.3　稳　　定

装瓶后为了降低葡萄酒中形成酒石酸盐晶体的可能性，可能要对葡萄酒进行稳定。酒石酸盐主要是酒石酸的钾盐或钙盐，都是无害物质。如果葡萄酒中存在酒石酸盐，其可能附着于软木塞上或以沉淀物的形式在瓶中下沉，尤其是餐厅和酒吧中冷储的白葡萄酒，这是因为白葡萄酒比红葡萄酒的酒石酸浓度高。酒石酸盐晶体的存在有时能引起消费者不必要的担忧。

发酵后的倒灌工序能去除一部分酒石酸盐，图 13.4 所示为红葡萄酒倒灌后在不锈钢罐中留下的酒石酸盐。抑制酒石酸盐在成品酒中沉淀的常用方法是冷稳定或临近装瓶前的接触处理法。在冷稳定过程中，首先将葡萄酒过滤澄清，以解除微晶体的保护作用；然后将葡萄酒冷却至略高于其冰点，酒精度为 12%（体积分数）的葡萄酒为-4℃，酒精度为 16%～22%（体积分数）的加强葡萄酒为-8℃。葡萄酒最好是在这个温度下于保温储罐中保持至少 8 d 或更多天。冷稳定之后进行倒灌，以去除所形成的晶体，然后进行装瓶。

然而，目的旨在去除酒石酸盐晶体的冷稳定处理，无论是设备，还是制冷装置的运行成本都很昂贵，且制冷装置在长期运行过程中并不总是很有效。更有效、快速和成本更低的处理方法是接触处理。接触处理是将葡萄酒冷却至 0℃，每升葡萄酒加入 4 g 细磨的酒石酸氢钾（$KC_4H_5O_6$）晶体，然后剧烈搅拌使之保持悬浮，也可以将葡萄酒泵送通过用酒石酸氢钾晶体制成的床，接触处理需要大约 5 d。从健康角度来说，离子交换法，也就是用钠离子替换葡萄酒中的钾离子和钙离子，可能并不可取，这种处理方法曾被欧盟禁止，但目前在（EU）No. 606/2009 规定下允许使用。在欧盟，允许添加的偏酒石酸或羧甲基纤维素最多为 100 mg/L。然而，添加偏酒石酸或羧甲基纤维素仅在短期内防止酒石酸盐沉淀有效，大概在 9 个月左右。其他可供选择的方法是添加从酵母细胞壁中提取的甘露糖蛋白，但甘露糖蛋白能与纤维素发生反应。因此，如果使用甘露糖蛋白，一定要在薄板过滤之前添加。

使酒石酸盐稳定更有效的方法是使用电渗析，虽然在一些产区可以租用电渗析设备和雇用操作人员，但设备的资金成本令许多葡萄酒厂望而却步。电渗析是利用选择性膜在电荷的作用下使钾离子、钙离子和酒石酸根离子通过。利用这种方法去除酒石酸盐快速（单一的错流过滤）、有效、可靠，可以根据正在进行处理的葡萄酒的特点进行调整。处理速度使电渗析系统对希望使葡萄酒（如'长相思'新酒）尽早进入市场的生产商尤其具有吸引力。与冷稳定高达 3.5% 的酒损相比，电渗析的酒损较少，大概仅有 1%。因为电渗析处理不需要制冷，因而可以大幅度降低能源成本，与长达 8 d 多的冷稳定相比，降幅高达 95%。

13.4　调整二氧化硫水平

如前所述，二氧化硫是酿酒师常用的抗氧化剂和杀菌剂。装瓶之前，应该调整游离二氧化硫水平，通常调整至 25～40 mg/L。然而，细心的酿酒师将期望的二氧化硫水平与葡萄酒的 pH 关联，pH 越低，需要的二氧化硫越少。例如，pH 为 3.1 的红葡萄酒，可能仅需要 16 mg/L 的二氧化硫保护；当 pH 为 3.9 时，这个数字可能是 99 mg/L，远高于感官阈值。虽然山梨酸钾（$CH_3CH=CH—CH=CHCOOK$）是最有效的发酵抑制剂，但甜型葡萄酒需要高水平的二氧化硫来抑制残糖的进一步发酵。欧盟和澳大利亚规定，山梨酸钾的最大允许浓度为 200 mg/L；而美国（烟酒与火药管理局的要求）为 300 mg/L。对谋求有机认证的生产商来说，不允许添加山梨酸钾。表 13.1 所示为在欧盟生产或销售的葡萄酒中的总二氧化硫最大允许浓度。在澳大利亚，对残糖浓度低于 35 mg/L 的葡萄酒而言，总二氧化硫最大允许浓度为 200 mg/L，如果残糖浓度高于 35 mg/L，则为 300 mg/L。在美国（烟酒与火药管理局要求），不管残糖水平如何，总二氧化硫的允许浓度为 300 mg/L。

表 13.1　欧盟允许的葡萄酒中总二氧化硫的最大浓度

葡萄酒类型	总二氧化硫最大允许浓度/（mg/L）
干红葡萄酒	150
干白葡萄酒或桃红葡萄酒	200
残糖为 5 g/L 或以上的红葡萄酒	200
残糖为 5 g/L 或以上的白葡萄酒	250
某些特种白葡萄酒，如 Spätlese	300
某些特种白葡萄酒，如 Auslese	350
某些特种白葡萄酒，如 Barsac	400
"优质"起泡葡萄酒	185
"其他"起泡葡萄酒	225

资料来源：欧盟第 606/2009 号委员会条例附件 1B。

13.5　瓶塞的选择

软木塞是密封瓶装葡萄酒的传统方法，其年产量约为 120 亿个，而瓶塞的年产量约为 200 亿个。软木塞的最大生产商是 Amorim，该公司在 2014 年销售了超过 40 亿个软木塞瓶塞。但在最近 20 年，其他类型的瓶塞也越来越受欢迎（在某些情况下是减少的）。软木塞是用常绿橡树夏栎树皮制作的天然产品。葡萄牙生产的软木塞产量占世界总产量的一半以上。

软木塞很重要的一个质量指标是其弹性，弹性是指被压缩后，软木塞能恢复到原来大小的性质。因此，当软木塞用作葡萄酒瓶的瓶塞时，只要保持湿润，它就能提供一种紧密的密封效果。因此，用软木塞密封的葡萄酒瓶应该倒向一侧卧放，以防止软木塞变干。然而，因为软木塞是天然产品，所以其质量容易变化，有时可能给葡萄酒带来污染，详见第 21 章。

人们已经研发了各种合成材料作为天然软木塞的替代品。目前，塑料螺旋帽已经上市几年，但其使用存在争议，常见的消费者投诉是塑料螺旋帽能对开瓶钻造成损坏。同时，随着时间的推移，塑料螺旋帽会变硬，因密封失效而使氧气进到葡萄酒中。从美学角度来说，毫无疑问，用这些材料制成的瓶塞都不是天然软木塞，甚至有一些生产商给螺旋帽配以鲜艳的颜色来丰富标签。Diam 是用经超临界二氧化碳冲洗（据称能消除阈值以上的污染）的天然软木微粒和微球体制成的模压型瓶塞。许多酿酒师认为，金属螺旋帽是确保葡萄酒免于卤代苯甲醚污染和最大限度保留果香与新鲜度的最佳方式。Amcor 公司 Stelvin® 牌金属螺旋帽是世界市场的领导品牌。需要指出的是，并非是螺旋帽本身密封葡萄酒，而是用 Saran™ 制成的衬垫密封葡萄酒，Saran™ 为聚偏二氯乙烯。目前主要有两种衬垫，Saranex 和 Saran/Tin，前者由多层 Saran™ 组成，而后者正如其名称所示，是将 Saran™ 层压在一薄层锡上，Saran/Tin 对氧气渗透具有最强的隔绝作用。Normacorc® 是一种带有弹性外皮、泡沫芯层的瓶塞，截至 2016 年，用这种类型瓶塞密封的葡萄酒年销售量约为 24 亿瓶。Vinolok 主要是用玻璃制成的瓶塞，在市场上同样有销售，但螺旋帽和瓶之间真正的密封材料是由乙烯和乙酸乙烯共聚体制成的。

各种类型瓶塞对瓶装葡萄酒的影响是正在进行研究的课题，其中备受关注的一个主题是"风味物质逃逸"，也就是香味和风味物质被瓶塞吸收。

第 14 章　其他类型静止葡萄酒的酿造

到目前为止，本书论述了红和干白静止葡萄酒的酿造过程。本章将简要论述其他风格葡萄酒的酿造方法，主要包括甜型葡萄酒、用半干化葡萄生产的葡萄酒、桃红葡萄酒和加强葡萄酒的酿造，还将介绍世界各地采用这些方法生产的一些独特葡萄酒。

14.1　半甜型和甜型葡萄酒

一般来说，自然发酵结束后，大部分或几乎所有的糖分均被酵母转化。葡萄酒的甜度是由残糖量决定的。欧盟对甜度和干度术语的描述有法律上的定义，例如，残糖量低于 4 g/L 的葡萄酒被描述为"干"，与此相对，甜型葡萄酒的残糖量不得低于 45 g/L。

如果需要半甜型或甜型葡萄酒，有几种方法可以生产，所使用的方法取决于所用果实的成熟度、目标葡萄酒的风格、质量和价格。可以通过故意停止发酵而使一定量的糖分保留在葡萄酒中。历史上，酿酒师会使用高剂量的二氧化硫杀死酵母。目前，二氧化硫使用量受到法律的严格控制。停止发酵的一个方法是通过冷却葡萄酒，使酵母休眠和失活，然后过滤葡萄酒以去除酵母细胞。另一个方法是通过添加葡萄蒸馏酒（如波特酒）以提高酒精度，添加量取决于酵母菌株，15%的酒精度是发酵可能进行的最高水平。

下面简要论述酿造半甜型或甜型葡萄酒可以采用的特殊工艺。

14.1.1　半甜型葡萄酒

可以通过向刚完成发酵的葡萄酒中添加少量（10%～15%）未发酵的灭菌葡萄汁来生产这种类型的葡萄酒，这一方法在德国广泛应用于廉价葡萄酒的生产。被添加的果汁称作甜葡萄原汁，它有助于降低酸度（和酒精度），并有助于保持新鲜的葡萄果实风味。

14.1.2　甜型葡萄酒

　　在某些葡萄园和/或异常年份，葡萄可以成熟至含糖量达到很高水平。如果天气条件有利，为了达到增加糖分和浓缩果汁的目的，葡萄果实可以保留在葡萄植株上直至远迟于正常采收时间之后。这种类型的葡萄酒在市场上可以称作"迟采葡萄酒"，而在德国和奥地利则称作"晚收葡萄酒"。此外，也可以选择成熟度最高的果穗来生产"穗选葡萄酒"，这类葡萄酒通常是甜型酒，但并非总是如此。

14.1.2.1　贵腐葡萄酒

　　第 5 章曾提到，当某种气候和天气条件出现时，灰葡萄孢菌可能以受欢迎的"贵腐病"形式出现，其发生的理想条件是潮湿，上午有雾，午后阳光明媚、很温暖。靠近江河的葡萄园可能具有合适的中气候条件，如法国卢瓦尔河谷的莱昂和德国的摩泽尔。而在波尔多最合适的位置是苏玳，这里来自于锡龙河的凉水流入加伦河的暖水，因而形成薄雾。

　　'赛美容'、'雷司令'和'白诗南'特别易感贵腐病。真菌通过侵入含糖量可能约为 200 g/L 的成熟葡萄内部进行活动，真菌消耗糖分并影响浆果成分的化学变化。然后侵染果皮，使果皮变薄、易损、可渗透，果实含有的水分蒸发，因而使糖分和果汁浓缩，果皮呈现棕色/李子的颜色，含糖量约为 250 g/L 的葡萄被认为"完全贵腐化"。在下一阶段，葡萄进一步变干并出现皱纹，这大概就是完美状态，称作蜜饯或类烘焙贵腐，大部分葡萄在这个时期采摘，含糖量约为 300 g/L。正常成熟的葡萄达不到这个糖分水平。随着进一步侵染，葡萄可能进入"过类烘焙贵腐"状态，类似葡萄干，含糖量约为 440 g/L 或更高，这种葡萄的加入会增加独特的丰满度。一个果穗中的每一粒浆果很可能处于不同的侵染阶段。因此，在一连串的连续采摘过程中，采摘者（通常是在挑选目的浆果方面有经验的本地人）必须多次去往葡萄园，以便挑选类烘焙贵腐化葡萄，可能要进行 5～9 次挑选采摘，持续时间可能长达 2 个月。很显然，这个过程成本很高。当葡萄变干时必须采摘，在北半球，采收有时持续至 11 月末。因为受到天气条件的支配，年份间葡萄的数量和质量变化非常大，且在某些年份灰葡萄孢菌不能成功侵染。

　　如同酵母在低温下发酵困难一样，糖分水平高可降低酵母的酒精耐受力。因此，发酵将在所有糖分被转化前停止，但也能同时达到高酒精度和高残糖效果。例如，苏特恩葡萄酒的酒精度为 13%～14%（体积分数），而糖分水平超过 150 g/L。然而，一些超甜型德国葡萄酒可能仅发酵至酒精度约为 8%（体积分数），如逐粒精选葡萄酒和精选过熟干化葡萄酒。寒冷的冬天使酒窖温度降低，所以酵母也会停止发酵，因而保留的糖分水平很高。

　　以典型的苏特恩葡萄酒酿造为例，生产商为巴斯特-拉蒙塔涅酒庄，这种葡萄酒产量低，一般为 1800～2000 L/ha，但在 2014 年仅为 1300 L/ha。通过连续挑选采收葡萄果实，在水平压榨机中压榨，第一次压榨的葡萄醪具有最浓郁的香味，第三次压榨（最后一次压榨）的果汁糖分水平最高。根据酿酒师的评估对压榨汁进行勾兑。使用天然酵母进行发酵。虽然发酵温度为 20～22℃，但发酵也要持续 3～6 d，这取决于葡萄醪的丰满度。相对高的发酵温度有助于赋予葡萄酒以酒体和丰满度。所有的发酵都是在不锈钢罐中开始，然后将正在发酵的葡萄酒转移到橡木桶中继续发酵，这些橡木桶有 15% 为新桶。在发酵过程中，可能有必要加热放置发酵橡木桶的酒窖。当酿酒师认为葡萄酒的酒精度和糖分达到很好平衡时，通过冷却酒窖停止发酵，然后将葡萄酒转移至大罐中继续冷却至 5～6℃，添加二氧化硫。在木桶中陈酿 14～16 个月，临近装瓶前进行勾兑。

14.1.2.2　干化葡萄酒

在世界上一些地区，传统是通过干燥或"干化"葡萄果实来提高糖分水平，可以在户外太阳光下的草垫上进行干燥，或者采用其他做法。例如，在意大利威尼托，阿玛罗尼葡萄酒和雷乔托瓦尔波切拉葡萄酒是用在托盘上或挂在通风房间或空调房间中横梁上干燥的葡萄酿造的，以这种方式放置约 4 个月的葡萄，失水率高达 50%，因而能使糖分浓缩。干化过程中保持葡萄健康、不感染灰霉菌很重要。用糖分水平如此高的葡萄发酵，其过程非常缓慢，能持续几个月。图 14.1 所示为用来生产阿玛罗尼葡萄酒的葡萄正在进行干化处理。

其他提高糖分水平的方法是将葡萄保留在葡萄植株上，等待晚秋或初冬冰冻条件的到来，德国和奥地利的冰葡萄酒就是采用这种方法生产的。这些葡萄一般未受到灰葡萄孢菌的侵染，在低于-7℃温度条件下采收。随着压榨，将葡萄中结冰的水除去，流出像糖浆一样的浓缩果汁进行发酵。加拿大也生产冰葡萄酒。

（1）托卡伊奥苏甜葡萄酒：是世界上最著名的甜型葡萄酒之一，产自匈牙利北部，用 Aszú（感染灰霉菌的葡萄）酿造而成。在 10 月末，将感染灰霉菌的葡萄连同未被感染的葡萄同时采摘，但分开放置。健康的葡萄用来酿造干白葡萄酒；感染灰霉菌的葡萄储存，因为其含糖量高，很难发酵，将这些葡萄弄碎制成 Aszú 浆，并添加到干葡萄酒中，以达到期望的糖度。

（2）圣酒（字面意思是神圣的葡萄酒）：是意大利的一种甜型葡萄酒，传统上是在托斯卡纳生产，但在意大利的其他产区也有生产。虽然有时也用红色葡萄，如'桑娇维塞'，酿造桃红风格的圣酒，但圣酒通常是用白色葡萄酿造的。葡萄采收后，放在通风好的房间内的秸秆垫上或挂在架子上进行干燥。

14.2　桃红葡萄酒

在过去 10 年，桃红葡萄酒的流行程度和销售得到了实质性增长。桃红葡萄酒曾被视为夏日饮品，但目前世界各地的生产商为消费者提供了多种风格的饮品，说明其仅作为夏日饮品的选择已不复存在。因为与食物具有非常好的搭配性，所以桃红葡萄酒已出现在高档餐厅的葡萄酒单上。

桃红葡萄酒的颜色多样，从最浅的粉红色到浅红色，取决于葡萄品种、产区气候和酿造方法。桃红葡萄酒的甜度水平可能从干、半干到半甜；可以制成静止型、半起泡型或起泡型；酒精度的变化也很大，取决于葡萄成熟度和酿造工艺。例如，在法国，从北部冷凉的香槟和卢瓦尔河产区到南部的波尔多、博若莱、罗纳河谷、普罗旺斯和朗格多克-鲁西雍产区，桃红葡萄酒的风格多样。

"blush"是用来描述颜色最浅的桃红葡萄酒的专有名词，从20世纪80年代开始在美国加州流行；在西班牙和葡萄牙使用"rosado"；在意大利使用"rosato"和"chiaretto"；而波尔多深色桃红葡萄酒使用"clairet"。

生产桃红葡萄酒的方法有若干种，但所有的方法都是在大罐中发酵，新酒装瓶。

14.2.1　勾兑

目前，欧盟允许用红葡萄酒和白葡萄酒勾兑在一起生产桃红葡萄酒。除了香槟地区外，历史上其他地区不能采用这种方法，而香槟地区长期使用这种方法生产桃红香槟葡萄酒。

14.2.2　浸皮

这种风格的桃红葡萄酒是用红色葡萄或果皮大量着色的白色葡萄（如'灰比诺'）酿造而成的。将一部分葡萄破碎，浸皮4～16 h，然后将葡萄汁沥出，而另一部分葡萄进行压榨。再将沥出的葡萄汁和轻压汁混合在一起发酵，采用不带果皮的白葡萄酒的发酵方法。果皮中的色素能赋予葡萄汁以某种程度的颜色，浅色桃红葡萄酒通常采用这种方法酿造。事实上，虽然葡萄酒并不是灰色，但标签上可能标注为"灰色葡萄酒"。如同加州的"blush"葡萄酒一样，来自卢瓦尔河产区的许多桃红葡萄酒也是采用这种方法酿造的。如果需要额外的颜色，可以兑入少量红葡萄酒。

14.2.3　抽汁

这是一个法语术语，意思是"放血"。可以通过短时间浸皮发酵酿造葡萄酒，浸渍可能持续6～16 h，然后沥出果汁进行低温发酵，这样就有可能生产桃红葡萄酒的"副产品"，沥出部分的果汁用于酿造桃红葡萄酒，而剩下含有大量果皮的部分用来酿造酒体饱满的红葡萄酒。另外，可以冷冻红色葡萄，后轻压至正好能释放出果汁，然后浸渍6～24 h，在此期间，色素和风味物质被"榨取"到果汁中，然后沥出果汁进行发酵。采用这种方法可以酿造颜色更深的桃红葡萄酒，特别是以深色葡萄为原料时，如'赤霞珠'，这个风格的桃红葡萄酒很可能会更强劲，通常呈现某种程度的单宁感。

14.3　加强（利口）葡萄酒

这种类型的葡萄酒与前面论述的低度葡萄酒相比，具有较高的酒精度。确实，之所以称作"加强"，是因为添加了一定量的葡萄蒸馏酒以"加强"其酒精度。这种类型葡萄酒的最终酒精度可能为 15%～22%（体积分数）。历史上，将白兰地添加到木桶中的低度葡萄酒中是作为防腐和稳定的一个方法，特别是在漫长的海上航运过程中。详述加强葡萄酒生产是一个冗长的话题，所以本章简略地论述这个主题。加强葡萄酒有两种基本的生产方法，一种方法是生产利口葡萄酒，其工艺包括在添加葡萄蒸馏酒之前，一定要将糖分发酵完；另一种方法是在发酵期间添加葡萄蒸馏酒，使酒精度高于酵母能够活动的酒精度，以酿造自然甜型葡萄酒。

最著名的加强葡萄酒是雪利酒和波特酒，其酿造方法上的关键区别是葡萄蒸馏酒添加的时间，雪利酒首先要将糖分发酵完，而波特酒是在发酵过程中添加蒸馏酒。

14.3.1　雪利酒的生产

雪利酒是产于西班牙西南部安达卢西亚的赫雷思限定区域的加强葡萄酒，这是一个相对较小的区域，位于面向大西洋的波浪形白垩丘陵上，所以非常炎热的夏天这里能被海风冷却。据说，这种酒已经在此生产了约 3000 年。在这一地区的三种土壤类型中，最重要的是白垩土，这种土壤的白垩含量最高，达 60%～80%，因而具有非常好的吸收（光、热、水等）能力。三个主要的葡萄品种是'Palomino Fino'、'Pedro Ximenez'和'慕斯卡黛'。目前，'Palomino Fino'是最重要的品种，是用来生产基酒的单一品种；'Pedro Ximenez'用于增甜和生产某种稀有的单品种酒；而'慕斯卡黛'则用于生产单品种酒。

14.3.1.1　陈酿工艺

一旦发酵停止就得到糖分被完全转化的葡萄酒，葡萄酒被分为"菲诺"和"欧罗索"两种风格，酒精度在 10.5%～11.5%（体积分数），然后将葡萄酒转移至用美国橡木制成的木桶中（称作"大橡木桶"），装至大橡木桶约 5/6 处，在葡萄酒的上部保留空隙。雪利酒产区的一个特征是有天然存在的酵母 *Saccharomyces beticus*，这种酵母可以在木桶或大罐中的葡萄酒表面生长，形成酵母外壳（称作"酒花"）。在较冷凉的沿海地区，如桑卢卡尔-德巴拉梅达，酒花易于长厚，例如，木桶中的曼赞尼拉雪利酒，在每年的 12 个月里葡萄酒表面都有酒花活跃生长。这个地区的酒庄通常较大且很高，高的目的在于通过位于墙体高处的开孔来促进海风冷却，从而保持温度下降。雪利酒的颜色和特征取决于酒花生长的水平与时间，来自于圣卢卡尔和普埃尔托的曼赞尼拉雪利酒及菲诺雪利酒为淡柠檬色，氧化非常微小，而来自赫雷斯的菲诺雪利酒，因酒花在夏季和冬季死亡，颜色更黄一些。

　　发酵结束后，被指定为菲诺风格的葡萄酒进行轻度加强，酒精度加强至 15%，15% 是酒花生长的理想酒精度。酒花也需要氧气和营养物才能生存，而这些物质天然存在于葡萄酒中。酒花的外壳保护葡萄酒免于氧化，所以葡萄酒的陈酿也有微生物活动。如果酒花死亡，微生物意义上的陈酿将停止，化学变化就会发生。发生氧化作用后，葡萄酒的颜色自然会变暗，这样的葡萄酒随后就被指定为"阿蒙蒂拉雪利酒（Amontillado）"。

　　欧罗索风格的雪利酒为较重度加强的葡萄酒，在发酵结束后酒精度被加强至 17% 或 18%。在这样的酒精度下酒花不能生长，所以葡萄酒以氧化方式进行陈酿，最终可能需要加糖，就像"奶油雪利酒"一样。雪利酒生产中最关键的是所使用的陈酿方法，称作"索莱拉系统"，它是新葡萄酒与陈年葡萄酒勾兑的一种方法，以确保雪利酒风格和质量一致。每一种风格的葡萄酒都有其独特的"索莱拉"。"索莱拉"由一堆大橡木桶组成，根据这些橡木桶中葡萄酒的陈酿阶段一排一排地向上垛，不同陈酿阶段的木桶层称作"培养层"，陈酿最久的木桶层实际上名为"索莱拉"。用于装瓶的葡萄酒取自"索莱拉"，然后将"培养层"中较新的葡萄酒加入到"索莱拉"，以补充和更新"索莱拉"，这就是所谓的"运动天平"。当然，装瓶之前也要进行过滤。

　　为了合法出售雪利酒，葡萄酒必须在"索莱拉系统"中至少陈酿 3 年。新近研发的一种新的、风格独特的雪利酒已投放市场，这种雪利酒称作"en rama"，字面意思是"生的"。这种酒虽然进行了最小限度的过滤，但保留了新鲜的风格。目前，大部分酒庄限量生产这种风格的雪利酒。

14.3.1.2　年份雪利酒

　　虽然雪利酒是无年份葡萄酒，但在 2000 年 7 月，地区管理委员会（它是代表雪利酒生产所有利益方的公共监管机构）建立了两个特殊的分级标准，给予某些陈年的葡萄酒以质量认可。

　　（1）陈年的雪利酒（vinum optimum signatum，V.O.S）：超过 20 年。

　　（2）陈年的稀有雪利酒（vinum optimum rare signatum，V.O.R.S）：超过 30 年。

　　最近，酒龄认证体系也可用于酒龄虽未达到 V.O.S 或 V.O.R.S 标准，但也经过长期陈酿，且质量水平高的雪利酒，12 年和 15 年的雪利酒目前已被加入这个分级标准。

14.3.2　波特酒的生产

葡萄牙北部的杜罗河上游地区是用于波特酒酿造的葡萄生产地，也是世界上最古老的葡萄酒产区之一，葡萄园位于河的两岸。这一内陆产区远离大西洋的海风，夏季非常炎热、干燥，冬季寒冷；浅层土壤主要为片岩和一些花岗岩。

虽然允许种植的葡萄品种名单很长，但主要种植品种有 5 个，即'Touriga Nacional'、'Tinta Roriz'、'Tinta Barroca'、'Tinta Cão'和'Touriga Franca'（曾称作'Tinta Francesa'）。波特酒酿造最重要的特点是浸提葡萄果皮中的色素和单宁，历史上浸提是通过脚踩葡萄进行的，这可能是最温和的方法，目前使用的是更机械化的方法。在发酵早期，最关键的是使果皮与果汁保持接触，以持续浸提色素和单宁。根据企业处理风格，一般当酒精度达到 6%～9%（体积分数）时，中止发酵；沥出果汁，加强至酒精度为 18%～20%，在这个酒精度酵母不能活动，所以发酵停止，保留的糖分水平约为 100 g/L。波特酒有多种风格，如宝石红波特酒、茶色波特酒、晚装瓶年份波特酒（LBV）和年份波特酒。每一种风格的波特酒都有自己独特的陈酿时间和风格，某些风格的波特酒要经过数十年的木桶陈酿，而另一些波特酒早装瓶，需要在瓶中陈酿数十年。一些波特酒企业也生产一种"单一酒园"的葡萄酒，这种葡萄酒来自其最好的葡萄园，但并不标明年份。一些白波特酒使用多个葡萄品种酿造，如'Malvasia Fina'和'Codega'，白波特酒的风格范围从干型到甜型。

14.3.3　其他著名加强葡萄酒

许多葡萄酒生产国都有加强葡萄酒的生产，其生产方法多种多样，下面叙述几个著名的实例。

14.3.3.1　马德拉葡萄酒

马德拉葡萄酒风格多样，其范围从干型到甜型。干型风格的酿造方式是在发酵后强化，而甜型风格的酿造方式基本上与波特酒相似。传统使用的白葡萄品种有'Sercial'、'Verdelho'、'Boal'和'Malvasia'。实际上，大部分马德拉葡萄酒是用红色葡萄酿造的，如'Tinta Negra'是主要品种。发酵和澄清后，葡萄酒要进行长时间热处理，或者是在加热的钢罐（这种容器称为 estufa）中，或者通过 canteiro（指把葡萄酒放在酒庄顶楼的架子上，这些架子称为 canteiro）处理，所有的白葡萄酒都使用这类方法。然后将葡萄酒在木桶中存放两年或更多年。葡萄酒被加热的过程，增添了氧化特征，并有复杂的化学变化（以及形成葡萄酒天然的高酸度），因此马德拉葡萄酒具有很长的寿命。

14.3.3.2　马萨拉葡萄酒

马萨拉葡萄酒产于意大利西西里岛，采用葡萄蒸馏酒强化完全发酵的葡萄酒，通常用煮浓的葡萄醪（称作 mosto cotto）增糖。根据颜色和陈酿方式进行分类。较陈年的葡萄酒可能是在"索莱拉系统"中陈酿，最陈年的马萨拉葡萄酒"Vergine"最少陈酿 5 年且不增糖。

14.3.3.3　马拉加葡萄酒

这种西班牙葡萄酒的酿造与波特酒类似，但像雪利酒一样，采用"索莱拉系统"陈酿。

14.3.3.4　天然甜型葡萄酒

法国南部许多地方都生产这种系列的"天然甜型葡萄酒"，主要用白色麝香型葡萄酿造，如罗纳河南部的'Muscat de Beaumes-de-Venise'，但在法国西南部（如鲁西雍的巴纽尔斯）也用少数几个红葡萄品种酿造，如'黑歌海娜'。这是一类天然甜型葡萄酒，与波特酒一样，通过添加酒精阻止发酵。

14.3.3.5　卡曼达蕾雅葡萄酒

这种葡萄酒产于塞浦路斯。葡萄采收后，置于垫上在日光下干燥，直至变为像葡萄干一样。在所有的糖分消耗完之前中止发酵，酿造成一种天然甜型葡萄酒。之后，添加葡萄蒸馏酒，使最终的酒精度达到 20%（体积分数）。

14.3.3.6　蜜思嘉甜葡萄酒

蜜思嘉甜葡萄酒产于葡萄牙的塞图巴尔半岛，与波特酒的生产方法类似，所用的主要品种是'亚历山大'。压榨后，葡萄醪进行短时间发酵后通过添加蒸馏酒中止发酵，然后将葡萄酒转移至大罐，添加新鲜的麝香葡萄果皮熟化过冬，这样就得到了具有浓郁麝香味特点的葡萄酒。

14.3.3.7　黄葡萄酒

黄葡萄酒产于法国东部的侏罗省，用'Savagnin'葡萄酿造。推迟采收，使潜在酒精度达 13%～15%（体积分数）。进行缓慢发酵，在小橡木桶中缺量陈酿至少 6 年，不能添桶。所以，酒面上有膜一样的酵母生长，给葡萄酒以某种程度的防氧化保护，就像雪利酒中的酒花一样，在侏罗被称作 volie。

第 15 章 起泡葡萄酒

存在于所有碳酸饮料中的气泡都是二氧化碳，包括起泡葡萄酒。就大多数饮品而言（不包括葡萄酒和瓶装啤酒），二氧化碳是在装瓶前注入液体中的。虽然某些葡萄酒（如大部分廉价的 Lambrusco 起泡酒）确实也是采用注入方法而获得起泡效果的，但所有高质量起泡葡萄酒中的气泡都是保留葡萄酒发酵所产生的天然二氧化碳所造成的，这种发酵进行的方式影响成品酒的风格和质量。起泡葡萄酒的风格有多种，从酒体轻盈、气泡丰富的甜型 Lambrusco 起泡酒到充满奶油香、气泡优雅的淡色绝干香槟酒。本章论述生产起泡葡萄酒的主要方法，并详细介绍香槟酒和其他高质量起泡葡萄酒生产所使用的"传统法"。

达到起泡目的主要有两种方法：在密封罐中发酵或在瓶内发酵。发酵方法是决定成品起泡葡萄酒风格的关键因素。

15.1 在密封罐中发酵

为了将发酵所产生的二氧化碳保留在罐中，罐必须密封且耐压。根据所要求的葡萄酒风格，酿造过程有两种方法。一种是连续法，也就是一次发酵，如意大利北部的阿斯蒂汽酒和普罗塞克汽酒。普罗塞克汽酒曾经以类似阿斯蒂汽酒的风格生产，但近年来在风格上发生了很大变化，并显著提高了产量，目前生产的普罗塞克汽酒既有气泡充足型，也有微起泡型。

另一种罐发酵方法是查马法，也称作密封罐法，这种方法包括在不锈钢密封加压罐中进行二次发酵，该方法广泛应用于新世界国家起泡葡萄酒的生产。添加酵母和糖的干型葡萄基酒在密封罐中进行再发酵，然后将葡萄酒冷却。二次发酵后，酵母细胞死亡。当葡萄酒与酵母接触时，发生复杂的化学反应（酵母自溶），因而酶与葡萄酒相互作用。这种作用能增加葡萄酒的复杂性、香气和风味，赋予葡萄酒以奶油般的口感和更饱满的酒体。这种方法虽然不适于所有葡萄酒，但公认能增加优质起泡葡萄酒的独有特点。通过过滤去除死亡的酵母，最后在压力下装瓶。

15.2　瓶内二次发酵

利用瓶内二次发酵也可以将葡萄酒酿造成起泡葡萄酒。瓶内二次发酵也有两种方法：传统法和转移法。传统法是指在装有待售葡萄酒的瓶中进行二次发酵，如香槟酒；转移法是指在酒窖瓶（该瓶不是成品酒瓶）中进行二次发酵，如澳大利亚所生产的许多起泡葡萄酒。

如前所述，葡萄酒的发酵取决于悬浮酵母细胞，当发酵结束后，除非通过搅动使酵母细胞保持悬浮状态，否则酵母以酒泥（死亡的酵母细胞）的形式下沉至罐或其他容器的底部。在起泡葡萄酒酿造结束之前，必须将酵母或酵母沉淀物去除，查马法就是简单地过滤掉酵母，然后在压力下装瓶；转移法是将葡萄酒从酒窖瓶轻轻移入加压的罐中，过滤后在压力下再装瓶。因此，传统法需要一个更复杂的沉淀物去除系统，这套系统是在香槟地区发明的，法语术语常被称作转瓶和除渣。

根据法国葡萄酒法律，酿造香槟酒必须使用传统法，所有其他法国法定产区（AC 或 AP）的起泡葡萄酒也必须使用传统法（或以此为基础的方法，如加亚克法）。在历史上，奶油香起泡葡萄酒这一术语曾用于起泡不充分的香槟酒，虽然香槟酒生产商可能不再使用这个术语，但在法国的一些产区还在使用，如卢瓦尔、阿尔萨斯、勃艮第和利穆。在世界上的其他产区，传统法也用于极品起泡葡萄酒的生产，其中最著名的是西班牙的 Cava。

15.3　传　统　法

传统法是在英国发明的，但在法国的香槟地区，生产起泡葡萄酒的"传统法"得到了完善。手工采摘葡萄，有时是在完全成熟之前采收，目的是酿造酒精度中等的酸爽静止葡萄酒，然后在酒窖中的工艺流程如下。

15.3.1　压榨

压榨既可以在水平压榨机中进行，也可以在浅的垂直"cocquard"筐式压榨机中进行。在压榨用于生产香槟酒的葡萄时，重要的是不要将生产大多数香槟酒的两个主要红葡萄品种（'黑比诺'和'莫尼耶比诺'）的色素和酚类物质浸提出来。筐式压榨机的常见容量（和水平压榨机的常见容量）为 4000 kg（4 t）葡萄。而香槟地区对用于香槟酒生产的葡萄汁的法定上限为，每次压榨 4000 kg 葡萄，压榨得到的葡萄汁为 2500 L，相当于每 160 kg 葡萄得到 100 L 葡萄汁（每 1.6 kg 葡萄得到 1 L 葡萄汁，考虑到倒灌，每瓶酒大约需要 1.5 kg 葡萄）。先压榨出的葡萄汁占总量的 80%（2000 L），称作初榨葡萄汁；剩下的 20%（500 L）称作次级葡萄汁，次级葡萄汁可能仅用于廉价香槟酒的勾兑；再压榨的葡萄汁都不能用于香槟酒的酿造，这部分葡萄汁称作次级以下葡萄汁。

15.3.2　澄清

将压榨得到的葡萄汁泵入预冷的罐中，添加二氧化硫，可能还要加入皂土，皂土有助于固体沉淀。对起泡葡萄酒来说，要用澄清的果汁发酵，这一点非常重要。酿酒师正在寻找一种白色帆布，将其置于清汁之上有利于酿造过程中所产生的香气和风味的发育。同时，一定要避免来自葡萄果皮的酚类物质。

15.3.3　第一次发酵

在大多数情况下，第一次发酵在罐中进行，可在不锈钢罐、水泥罐或混凝土罐中进行，少数香槟酒生产商使用橡木桶发酵，如库克、阿尔弗雷德-格拉蒂安和布林格的年份香槟酒。在相对较高的温度下发酵，如 10～20℃，因为较高的温度能减少不需要的香味。第一次发酵（酒精度达到 10.5%或 11%）大约需要两周，之后，大多数葡萄酒要进行苹乳发酵，如果需要新鲜的果香浓郁型葡萄酒，一些生产商会阻止苹乳发酵。然后进行倒灌，此时的葡萄酒称作清酒。

15.3.4　调配

调配是用来描述清酒勾兑的一个术语，通常是在采收后的头几个月进行。香槟酒通常是用‘莫尼耶比诺’、‘黑比诺’和‘霞多丽’等品种勾兑而成，生长在香槟地区不同地点的葡萄要分开酿造。勾兑是一项高技能且辛苦的工作，也是决定葡萄酒最终风格和质量的关键工序。除了年份香槟酒外，也可以添加储存葡萄酒（来自上一个采收季的清酒），因而可以将 30 种或 40 种不同的基酒加入勾兑罐中。其他地区质量意识强的生产者也采用添加储存葡萄酒这一工艺。年份香槟酒是用单一采收季的葡萄酿造的，这些葡萄可能历经选择性采摘，且可能仅来自于某个葡萄园的一个地段。储存葡萄酒不能用来酿造年份香槟酒。

15.3.5　添加再发酵液

将能够耐受高压的优选人工培养酵母和 22 g/L 或 24 g/L 的蔗糖一起添加到勾兑好的葡萄酒罐中以引发第二次发酵，许多生产商更喜欢用精馏过的浓缩葡萄醪代替蔗糖。然后将葡萄酒装入重的起泡葡萄酒酒瓶中。目前，通常是用带有小塑料杯的皇冠盖密封起泡葡萄酒酒瓶，塑料杯的开口端朝向酒瓶，以便在沉淀物下沉时将之捕捉，容易除渣。然而，极品起泡葡萄酒和小酒厂生产的起泡葡萄酒通常用传统的软木塞和金属搭扣密封。

15.3.6　第二次发酵

将酒瓶移入凉爽的酒窖中，水平放置进行第二次发酵。酵母作用于添加的糖分，产生 1.3%～1.5% 的额外酒精度和二氧化碳，二氧化碳溶于葡萄酒中。二氧化碳气体使瓶中的压力提高至 75～90 Ib/in^2（5～6 atm，1 atm = 1.01325 × 10^5 Pa）。发酵过程可能持续 14 d 至 3 个月，取决于发酵温度。发酵时间越长、越慢，则气泡协调的越细腻、越好，最终的质量也越高。

15.3.7　成熟

将酒瓶水平放置储存以使葡萄酒成熟，其中包括自溶（酵母的）特点的形成。酒泥陈酿是起泡葡萄酒风格和质量形成的一个关键因素。影响葡萄酒质量的另一个关键因素是成熟时间，对香槟酒来说，法定最低成熟时间是 15 个月；对年份香槟酒来说是 3 年。注意，对西班牙（普通）原产地命名保护的 Cava DO 来说，要求的最低成熟时间是 9 个月。为了防止酵母沉淀物黏附在玻璃上，酒瓶可能需要时不时地摇动（振动和重新放置）。

15.3.8　转瓶

这是使沉淀物排入瓶颈的过程。传统上转瓶是将酒瓶放入香槟酒架的木架中，木架的每一面有 60 个斜孔，如图 15.1 所示。

酒瓶几乎水平插入，首先插入瓶颈。酒窖技术工人（转瓶工）每天将酒瓶转动（瓶周长的 1/8）并振动，使之缓慢垂直，这个过程持续 6 周到 3 个月。在转瓶后期，酵母沉淀物慢慢从酒瓶侧面进入瓶颈。利用这套系统，较轻的沉淀物先进入瓶颈，然后是较重的沉淀物。

虽然一些顶级香槟酒厂仍由转瓶工转瓶，但所有大型香槟酒厂和其他采用传统法酿造起泡葡萄酒的生产商目前均使用自动转瓶方法，采用这种方法仅需 8 d 转瓶，最常用的是图 15.2 所示的陀螺式自动转瓶机（该图摄于法国东部的侏罗省）。

自动转瓶系统由许多容器组成，每一个容器能固定 504 个酒瓶。通过计算机控制，机器重复进行转瓶工的转动。一些小酒厂也有陀螺板型转瓶系统，但必须用手转动曲柄。还有一些酒厂仍在使用看起来像自动香槟酒架的机械。

15.3.9　酒瓶倒置码垛

一些香槟酒厂对所有的葡萄酒都进行这种处理，而另一些酒厂仅对最好的葡萄酒进行这种处理。酒瓶几乎垂直码垛，将一个酒瓶的瓶颈插入到另一个酒瓶的基部，放置时间长达 3 个月。

15.3.10　除渣

除渣就是去除酵母沉淀物。目前使用的除渣系统是冷冻法除渣：瓶颈中有沉淀物的酒瓶被运至（仍保持倒置）除渣处，将瓶颈插入含有冷冻液的容器中，大约 6 min 之后，酵母沉淀物被包裹在稍软的冰丸中，移走酒瓶并将之正放，机械将皇冠帽移出，二氧化碳的压力将酵母沉淀物喷出。少数较小的香槟酒厂仍在采用飞弹法除渣：酒瓶以 30°角向上固定，手工取出软木塞或皇冠帽，则沉淀物被喷入防护罩中。

15.3.11　补液（补加基酒和糖的混合液）

此时的酒瓶要用同一种基酒和少量蔗糖的混合液加满，精确的加糖量随着所要求的葡萄酒的风格而变化。为了保持酒的新鲜度，少数香槟酒厂对于某些香槟酒更喜欢不进行补液，这样的葡萄酒可能在标签上标以无补液或天然干型。

15.3.12　打塞、贴标和上箔纸

最后，将软木塞打入瓶口并用铁丝固定。临近装运之前才进行贴标和上箔纸，以避免其在酒窖中损坏。

15.4　风　　格

在多种类型起泡葡萄酒的标签上，常用的术语是那些界定甜度（干型、半干型、甜型）和气泡强度（气泡充足型、微起泡型）的术语。其他术语，特别是在香槟酒上所使用的术语包括年份和非年份，年份是指葡萄酒是用某一个特别好的年份的葡萄酿造而成，不添加储存葡萄酒。也可以标明所使用的葡萄品种或葡萄的颜色，如白葡萄白香槟酒、红葡萄白香槟酒和桃红香槟酒。一些生产商使用术语 Cuvée Prestige 来描述某种葡萄酒仅是用自己葡萄园所生产的葡萄酿造而成，或仅用特级葡萄园果实酿造的葡萄酒勾兑而成；对 Cuvée Prestige 来说，也可能采用了不同的生产方法，如在木桶中进行第一次发酵或手工除渣。

第 2 部分　葡萄酒质量

在了解了葡萄酒生产过程和多种不同生产方法之后，人们现在可能会问：如何定义和评价葡萄酒的质量？这些看似简单的问题又引出了更多问题。葡萄酒的风格不是一成不变的，因为在全世界的葡萄酒产区，现今酿造的葡萄酒已不同于前辈们所酿造的。很少有人会否认现今廉价葡萄酒的质量比以前葡萄酒的质量高，但诡异的问题是，它们是更好的葡萄酒吗？消费者可能高兴的是，曾经司空见惯的葡萄产量过高、过度浸提和过量加硫的葡萄酒时代已经真正过去。但是，曾经具有独特特征的产区现在其特征已模糊不清了吗？还有，来自著名生产商的所谓顶级葡萄酒的质量怎样？与上一两代人酿造的葡萄酒相比，现今的葡萄酒是更浓郁、更柔和、更艳丽、更吸引人，还是独特性更弱、产地表现更弱、诱人性更弱、愉悦性更弱，甚至可饮用性更弱呢？在 20 世纪最后 10 年和 21 世纪的第一个 10 年间，果实酚类物质成熟度提高的趋势似乎并未减弱，从而使葡萄酒的酒精度提高和果香过浓，是否因此掩盖了葡萄酒的复杂性？

人们的味觉一直在变，葡萄酒像以往一样，受制于变幻莫测的时尚。1982 年，葡萄酒大师、勃艮第专家 Anthony Hanson 在其广受好评的第一版 *Burgundy* 中写道："顶级勃艮第葡萄酒散发着畜棚的气味。"如果当时人们有任何怀疑，那也仅仅是因为 Hanson 选择的语言风格，因为勃艮第葡萄酒确实有马厩、农场及其内部物品的气味。到了 1995 年，Hanson 已经发现这种气味令人讨厌，并将其归咎于微生物活动。现在人们已经知道，这种气味与'黑比诺'（几乎所有的勃艮第红葡萄酒都是用该品种酿造的）或勃艮第的风土无任何关系，而主要是由一种劣质酵母（酒香酵母）引起的。如今，酒香酵母通常被认为是葡萄酒的缺点（详见第 21 章）。

所以，在 1982 年被品酒专家认为是质量象征的某种物质，现今被视为缺点。再举一个成熟的'雷司令'葡萄酒的事例，长期以来，德国和阿尔萨斯的生产商一直对装瓶几年后的'雷司令'葡萄酒所呈现的柴油或煤油味大加赞赏，而许多新世界国家的生产商和葡萄酒评论家则将这种气味视为缺陷。这种气味是由 1,1,6-三甲基-1,2-二氢萘（TDN）引起的，也称作降异戊二烯。与其他许多葡萄酒作家一样，我们不同意将发现的这类单个化合物的气味视为是最具品种特色的感官特征。

人们在如何评价和定义葡萄酒质量方面，存在明显矛盾之处。一种葡萄酒可以用化学和微生物学方法分析，从技术角度来说是很好的葡萄酒，但其味觉明显乏味；另一种葡萄酒可能表现为技术层面的劣势，甚至是缺陷，而在品尝时可能极富个性，忠实于其原产地，给人以强烈的震撼感。如何定义什么是真正的顶级葡萄酒？作为世界上最具影响力的葡萄酒评论家，Robert Parker 在其 *The World's Greatest Wine Estates* 一书中对顶级给出了一个可行的定义：①能够同时愉悦味觉和头脑；②能够抓住品酒师的兴趣；③能够展现非凡的个性；④能够反映原产地。

有意思的是，许多葡萄酒爱好者在为某些葡萄酒的"帕克化"而感到惋惜。"帕克化"的意思是产地的感觉被否定/弱化。这是因为生产商追求生产由非常成熟的果实所带来的风格的葡萄酒，他们相信，这样能使葡萄酒获得 Parker 评论家团队的高评分。

理解食品和饮料领域评价质量的特有概念对许多人来说并不容易，对他们来说，带有"设计师"标签和著名商标的产品、在电视或时尚杂志上做广告的产品、正在流行的产品，就是高质量的产品。也就是说，可信的信息源宣传的产品对他们来说就是好的。本书作者是英国人，因为教育体制目前在英国已经被制度化，它受国民教育课程体系的制约，且以需要满足评估目标作为质押。因此，这种教育体制不能激励年轻人发展其善于辨识和提高生活质量的技能。本书作者在其他一些国家的同事则描绘了完全不同的画面。老师可能会给学生讲授有关食品和营养方面的知识，但学生离开学校却无法将好的食品从普通食品中区分出来，这对许多从二流食品中赚了很多钱的食品企业来说是有利的。很多葡萄酒生产商非常担心，许多"二十多岁"的消费者，即所谓的千禧一代，并没有像前两代人那样愿意去了解葡萄酒，大多数人似乎不愿意离开"入门级"一饮而尽的简单世界。

高质量可以被看作是优秀的客观标准，没有任何缺点。这就引出了一个主要是挑战品酒师的问题：客观性。客观性通常是指看见事物的本质，不受个人偏好或偏见的影响。品尝评价应该是结构化的，以便品酒师能感受到葡萄酒的真实性。然而，这是可以实现的吗？最近几十年来，关于是否存在客观性的争论已经引起越来越多的难题。客观性是否是对真实情形的观察，实际上存在吗？或者，它仅仅是在尽力减小或消除偏见？我们是否应该区分本体论的客观性（看到事物是因为事物真实存在，真相与现实情形相符）和程序性的客观性（利用旨在消除个人判断的方法，可能受感觉或意见的影响）？关键问题是，我们是否能知道我们对实情的看法与实情是否相符，以及我们如何表达我们对实情的看法？

为了尽力保证判定的严谨、正确、可接受和唯实，采用自然科学方法的研究者们，使用了尽量消除主观性的程序，也可称作程序上的客观法，来获得本体论上的客观信息。在品评葡萄酒时，重要的是我们使用的是程序上的客观法，但也要认识到我们的评价不是本体论上的客观评价。换句话说，这是一种判断，就其本质而言并不可靠。

对质量的判断当然依赖于体系架构，而体系架构包括诸多与品酒师和葡萄酒有关的内容。一个品酒师，无论他或她尝试和宣称自己是多么思维开阔，都将在由训练、历史和文化所形成的范围内工作。在第戎大学接受过训练的勃艮第酿酒师是与具有黄金之丘风土特点的葡萄酒一起工作和生活的。然而，即便这些酿酒师可能具有丰富的游历和经验，但他们对来自纳帕谷果香强劲的'霞多丽'葡萄酒的评价，也大不同于在加州大学戴维斯分校接受过训练的美国酿酒师的评价。然而，即便将"Muscadet de Sèvre-et-Maine Sur Lie"（一种产于卢瓦尔河谷、用'慕斯卡黛'葡萄品种酿造、经酒泥陈酿的干白葡萄酒）精心酿造，将非常突出的典型性与经典的酵母自溶特点结合在一起，也不会被大多数受过训练的品酒师将之与蒙哈榭特级园干白葡萄酒列于同样的质量级别。但是，这两种葡萄酒可能都具有令人愉悦的特性，就像简单的鳕鱼和炸薯条（它们都能与任何一种葡萄酒相搭配）能使用餐者如同享用了米其林三星饭店厨师烹制的柠檬鲽一样满意。当然，葡萄酒的产地和生产商越著名，则葡萄酒的价格越高、质量期望值越高，如果其表现不足，则失望程度也就越深。换言之，对生产商和消费者双方来说，质量不是可以简单购买的东西，也不是可以一直依赖的东西。即使是构成葡萄酒的许多变量的细微变化，也会对味觉和质量产生积极或消极的影响，但这仅是葡萄酒品尝和评价令人如此兴奋的原因之一。

第 16 章　葡萄酒品尝

　　葡萄酒酿造的历史可以追溯到距今约 8000 年，这基本说明，葡萄酒的品尝历史至少也同样古老。几个世纪以来，关于葡萄酒味觉的描述比比皆是。1663 年 4 月 10 日，Samuel Pepys 写道，他在皇家橡树酒馆喝了"一种名为 Ho Bryen 的法国红葡萄酒，它有一种我曾经见过的美味和最特别的味道"。Pepys 的笔记可能不足以通过现今严格的葡萄酒职业考试，但他写出了不足之处，或许这些是有益的方面，因为他未被新闻稿或葡萄酒作家、评论家和侍酒师的公告所淹没。他品尝了葡萄酒，并给出了他对葡萄酒的感知。

　　1833 年，Cyrus Redding 所著的 *The History and Description of Modern Wines* 一书出版。这部 400 多页著作中的许多内容会引起现今知识渊博的葡萄酒鉴赏家的共鸣。Redding 详细描述了葡萄园土地种植、葡萄树体、生产方法和整个欧洲、南非及美洲所产葡萄酒的风格与质量。在描写侯伯王酒庄的葡萄酒时，他写道："风味就像燃烧的封蜡，具有紫罗兰花香和树莓果香"；他还评论说："侯伯王酒庄的葡萄酒直至葡萄收获后的第六年或第七年后才装瓶……"。在书的一个附录中，Redding 列出了"顶级葡萄酒"，列表以法国勃艮第开始，首先是罗曼尼康帝、香贝丹和李其堡，被描述为"世界上一流和最微妙的红葡萄酒，香味浓郁，充满细腻的花香……"；接下来是法国吉伦特省的波尔多，首先是拉菲、拉图、玛歌和侯伯王。在 Redding 所列的其他顶级葡萄酒中，可能仅有基督之泪是现今唯一能引起人们惊讶的葡萄酒。

　　1920 年，George Saintsbury 教授的 *Notes on a Cellar Book* 一书出版，这位 75 岁的作者可能并不知道，与读者分享自己对半个多世纪所饮用过的葡萄酒的看法，会对葡萄酒爱好者产生如此重要的影响。Redding 详细描述了品尝葡萄酒的要素，如当时的感受、轮廓、主要味觉和感知。而 *Notes on a Cellar Book* 可能开创了一个新的艺术学派，孕育了一门新的学科，也是葡萄酒品尝和质量评价的启蒙，它有时超越了过分简单化的描述符。Saintsbury 成为品酒师的偶像，拥有著名的葡萄酒和餐饮俱乐部，在加州还有一个以其名字命名的一流葡萄酒厂。对 Saintsbury 而言，1888 年和 1889 年的红葡萄酒使他联想到了勃朗宁的 *A Pretty Woman* 和法国南部的"雨果性格"红葡萄酒。今天的葡萄酒评论家，无论正确与否，通常更关心酸度、平衡、回味，可能还有获奖分数，而不是对勃朗宁或雨果作品的引喻。

如今，专业品酒师在评定过程中也在力求客观，但就某些方面而言，Saintsbury 永远不会自称是客观的。

16.1　葡萄酒品尝和实验室分析

有两种基本方法可用于葡萄酒分析：利用实验室设备的科学方法和感官方法（即品尝）。实验室分析能告诉人们关于某一种葡萄酒的大量信息，包括酒精度（体积分数）、游离和总二氧化硫水平、总酸、残糖、溶解氧量、葡萄酒是否含有大量腐败化合物（如 2,4,6-三氯苯甲醚和 2,4,6-三溴苯甲醚）。如前所述，生产商在葡萄酒酿造过程的不同阶段，特别是在装瓶前和装瓶后，进行全面的实验室分析是非常可取的。如果在其他实验室进行双重分析，扣除任何可接受的误差范围后，分析结果应该是相同的。科学分析能为葡萄酒的风格、平衡性和质量提供说明。但是，只有通过品尝葡萄酒，人们才能完全准确地确定这些方面。如果由一个受过训练的品尝团队来评价同样的葡萄酒，他们一般会得出大致相同的结论，虽然在某些方面可能有不同的意见，有时甚至是激烈的争论，这会在后面举例说明。

毫无疑问，葡萄酒是一种用来饮用和（充满希望地）享受的饮品。生产的绝大多数葡萄酒都是以较低的价格出售，这种葡萄酒仅是一种令人愉悦带有果香味的含酒精饮料，随着价格和质量等级的提升，葡萄酒能表现出非常显著的多样性、个性和产地的独特特征。优质葡萄的风味、色调范围、结构和复杂性都使人兴奋与激动，精美的葡萄酒能使人脊背发冷、着迷、兴奋和感动，甚至可能渗透到品尝者的灵魂深处。再多的实验室检测也无法揭示这些品质。此外，只有通过品尝，各种葡萄酒的所有技术构成成分之间复杂的内部关系和相互关系，以及人类与这些成分之间的相互作用，才能真正建立起来。可以认为，品酒师的感知最重要，葡萄酒不是由机器而是由人来品尝的。

16.2　是什么造就了一名好的品酒师？

培养和提高品酒技能并不像许多人想象得那么难。虽然有些人天生就有天赋（如艺术和手艺），但如果缺少实践和提高，这种天赋就被浪费了。那些认为自己不会成为好品酒师的人，认为自己缺乏先天能力，或许应该问自己一些简单的问题：我能看到、闻到和品尝到柑橘、柠檬与葡萄柚之间的区别，或者是黑醋栗、黑莓与树莓之间的区别吗？如果回答是"能"，则成为一名好品酒师之门是打开的。也有很少一部分人嗅觉缺失，他们的嗅觉差或者受损，显然这些人不能成为品酒专家。更多的人则是特定嗅觉缺失，即缺乏察觉某些单个气味的能力。还有一些人的舌头上有高密度的菌状乳突和其他乳突，而乳突中包含味蕾，使他们对苦味的感觉特别敏感。耶鲁大学教授 Linda Bartoshuk 认为这些人是"味觉超敏感者"，而加州大学戴维斯分校的 Ann Noble 小组证实，没有"通常意义上的味觉超敏感者"，但有的个体是某一种苦味化合物的味觉超敏感者，如柚皮苷，但对另一种化合物可能是味盲，如 6-N-丙基硫氧嘧啶或咖啡因。应该注意，味觉超敏感者不一定能成为最好的葡萄酒品酒师，因为他们从苦味和涩味中感受到的强烈的感觉会影响其他感觉及对葡萄酒平衡的感知。

随着不断的实践和凝练，葡萄酒品尝所需要的感觉可以进一步开发和提炼。记忆力和感官技能也需要进一步发展。例如，一款是莫莱谷（智利）的廉价'赤霞珠'新酒，另一款是波美侯（法国波尔多）的优质、以'美乐'为主的成熟葡萄酒。如果一个人不能在大脑中将葡萄酒的特征组织起来并牢记于心，仅用感官技能区分两种葡萄酒，并没有多大帮助。因此，形成详细、结构化的品尝笔记非常重要，记录能使感知更敏锐，并且保持始终如一的结构，这样就能对葡萄酒进行评价和比较。然而，将语言描述用于复杂的、也可能是单个香味和风味感知面临许多挑战。学习同样也很重要，因为品尝者需要理解复杂香味和风味形成的原因，并能够准确地描述它们。简言之，没有任何东西可以取代广泛的品尝经验，品尝要尽可能覆盖各种类型、风格、质量、地区和原产国的葡萄酒。

在品尝葡萄酒时，人们是在利用视觉、嗅觉、味觉和触觉的感觉，其中最发达的感觉是嗅觉，因为嗅觉能形成记忆。当你走进一个房间，一瞬间，你会想起另一个时间和地点，仿佛回到你的幼儿园教室或祖母的房间里。在最短的时间里，你的鼻子已经察觉到组成成分，分析后将信息传递给大脑，大脑立即将它们与记忆库中的某个点联系起来。

对大多数人来说，培养嗅觉并不困难。人们在生活中，习惯于相信许多日常气味是不愉快的，所以人们试图忽略这些气味。在市中心散步时，人们可能会遭遇汽车尾气、丢弃的外卖和人类活动的垃圾，由于受到媒体和社会的影响，人们试图忽略这些气味的冲击。气味可能诱人或令人讨厌，对某一个人是诱人的气味而对另一个人来说可能并不诱人。人体的气味是性或其他方面吸引或拒绝的关键组成部分。动物气味对许多人来说特别讨厌，说某人的气味像狗、马或老鼠，这很难被认为是恭维！

有助于提高嗅觉感觉的最好方法是在任何可能的场合使用它。走进房间时闻一闻，或闻一闻新洗的衣物、商店栏杆上的衣服、篱笆上的花丛，甚至站在你旁边的人。最重要的是，要把这些记入脑海里。葡萄酒品酒专家组织和构建了一个嗅觉与味觉轮廓记忆库，因而可以将目前的感受与他们曾遇到的类似感受联系起来。有趣的是，Castrioto-Scanderberg 等（2005）利用功能性核磁共振成像技术，通过大脑监测，表明有经验的品酒师在评酒过程中有额外的区域被激活。在实际品尝过程中，杏仁核-海马区的前方被激活；而在余味（回味）阶段，在同一区域的左侧被激活。

16.3　品尝地点和时间——合适的条件

有可能进行葡萄酒品尝的地方可能与葡萄酒本身一样，各种各样，甚至技术上不太完美的地方可能也有优点。在葡萄园中进行品尝、在生产商的酒窖中（换桶时）进行品尝，总会有一种神奇的感觉，能让你充满真正的时间感和地点感。此外，尽管有各种不便、噪音和其他干扰，但展览会和交易会可以提供了一个很好的机会，以便在很短的时间内比较大量葡萄酒，并有助于确定这些葡萄酒在更大的葡萄酒世界中的位置。

然而，为了对葡萄酒进行详细的感官分析，要求有合适的品尝环境。理想的品尝室具有下列特征。

（1）大小。为了给品酒师（他或她）提供个人工作空间，并将注意力集中于品尝，房间必须足够大。

（2）光照。理想条件是好的日光，且房间（如果位于北半球）应该有较大的北面窗子，如果需要人工照明，灯管/灯泡的颜色应该正确，这样才可能确定葡萄酒的真实外观。

（3）白色桌子/桌布。为了评价葡萄酒的外观、显示葡萄酒的真实颜色和颜色深度，不受周围环境表面的干扰，必须将酒杯置于白色的背景中。

（4）无干扰。最好无外来噪音。气味能严重影响葡萄酒的感知嗅觉，所以品尝室不应该位于厨房或饭店附近，大量新世界的葡萄酒厂没有考虑到这一点。品酒师应避免使用须后水或香水，且不应该在附近吸烟。毫无疑问，建筑材料、装饰物、家具和人都能散发气味。实际上，相同葡萄酒的感官感受可能根据所处的评价环境不同而不同。

（5）水槽和吐酒器。必须定期清空吐酒器，最好有倾倒液体和清洗玻璃器皿的水槽。

至于何时品尝，很遗憾，往往是由品酒师控制之外的事情来决定。然而，理想的时间是在品酒师最警觉和食欲受到刺激时，即在上午的晚些时候。饭后当然不是最佳时间，因为不仅品酒师吃饱了，以及可能更嗜睡（下午早些时候的研讨会主持人都知道），而且在进食后味觉也会变得迟钝和混乱。另外，许多食物的成分会对味觉感知产生积极或消极的影响。

16.4　合适的器材

有合适的品酒器材非常重要，包括充足的品酒杯、水、吐酒器、记笔记用的品尝表，以及在正式静坐品尝场合中使用的品尝垫。

16.4.1　品酒杯

使用合适的玻璃杯品尝葡萄酒很重要。专家们并不普遍认同理想化的品酒杯设计，但某些标准是必不可少的，如透明玻璃；水晶含量至少 10%；具柄；上缘平滑；锥形，逐渐向内收缩；总容积最少为 210 mL。

两个关键特征如下所述。

（1）上缘平滑。上缘平滑的玻璃杯会将葡萄酒卷到舌尖上，而上缘粗糙的便宜玻璃杯会将葡萄酒更多地抛向舌的中央。舌尖是口腔中察觉甜味最敏感的部分，而舌的其他部分对甜味不太敏感。

（2）杯逐渐向内收缩。玻璃杯必须逐渐向内收缩，这样有利于葡萄酒气味逐渐释放，并将之集中和保留在液体上方的顶部空间中，同时便于倾斜玻璃杯和旋转葡萄酒。应该注意，刻花玻璃杯不适合葡萄酒品尝，因为不能确定颜色的真实深度和亮度。

根据 ISO 品酒杯规范（ISO 3591）生产的玻璃杯在许多品酒师中仍然很受欢迎，无论是专业品酒师还是业余品酒师，图 16.1 所示为 ISO 品酒杯。ISO 品酒杯特别擅长暴露通过嗅闻可察觉的缺点，详见第 21 章。然而，读者应该意识到，一些以 ISO 规格推销的玻璃杯是不符合 ISO 规范的，如边缘粗糙、杯子更大或用劣质苏打石灰制造等。ISO 品酒杯是否是品尝特定类型葡萄酒的最佳用杯，一直备受争议。酒体饱满而复杂的红葡萄酒，其香气在具有类似基本形状的大玻璃杯中发展得更为充分，如‘黑比诺’单品种酒在圆形杯中更有表现力。葡萄酒杯制造商（特别是 Riedel 和 Zwiesel）针对单独的葡萄酒类型，已经设计出了表现其最好一面的品酒杯。所以，ISO 品酒杯可能唯一真正的优势是作为标准参照品酒杯。图 16.2 所示为 Riedel Central Otago‘黑比诺’品酒杯。

合适的品尝样品量为 30～40 mL，这些足够两名或三名品酒师品尝。在正式静坐场合品尝许多葡萄酒时，在品酒杯中倒入 50 mL 的葡萄酒，就有机会多次品尝葡萄酒，目的是了解品酒杯中是否有香味发展，并与其他已品尝的葡萄酒进行比较。如果使用的品酒杯比标准的 ISO 品酒杯大，则最好相应倒入更多的葡萄酒。

16.4.1.1　细长酒杯是起泡葡萄酒的理想品酒杯吗？

传统上认为，用高的细长酒杯评价起泡葡萄酒是最理想的。毫无疑问，高的细长酒杯通常也是享用起泡葡萄酒的最好酒杯。它应该具有平滑的上缘，最好含有水晶；品尝样品量为酒杯容量的四分之一或三分之一，这种情况下气泡质量最清晰可见，最能增强起泡葡萄酒的微妙香气。有趣的是，这种酒杯的制造方法能使起泡葡萄酒中气泡的大小、一致性和持久性有很大不同。手工制作的酒杯能产生最稳定的气泡；但在第一次使用前，任何细长酒杯都可以用细玻璃纸摩擦杯子底部的内侧（紧靠杯柄上方），从而能产生更剧烈的气泡。然而，一些专家认为，顶级起泡葡萄酒的复杂性，特别是其酵母自溶风味的表现，在高质量的白葡萄酒杯中显露最佳。

16.4.1.2　品酒杯的清洗和存放

葡萄酒杯最理想的是在热水中用手洗涤，如果酒杯显现油脂或唇膏，可以使用少量洗涤剂。酒杯应该用热水充分漂洗，简单沥干，然后用洁净、干燥的玻璃布擦干。玻璃布已预先洗过，并且在洗涤过程中未使用织物洗涤剂，因为织物洗涤剂可能使酒杯带有香味，或者将油膜留在酒杯表面。玻璃布应该定期更换，大概擦干六个酒杯后更换。潮湿或脏玻璃布的气味会保留在酒杯中，并影响其中的内容物。在展览会或贸易品尝会上，参会者会从桌子上的许多酒杯中取用，使用时一定要嗅闻空酒杯，检查酒杯的基本清洁度，确保其没有"异"味。

酒杯不应该倒放在架子上，这样有可能富集架子的气味，并使酒杯有霉味。显然，酒杯直立在架子上可能会收集灰尘。所以，将酒杯基部倒挂在具钩的架子上可能较理想。为了确保无酒杯污染物转移到葡萄酒中，用少量葡萄酒冲洗酒杯并品尝也是一个好主意。如果用同一个酒杯品尝许多葡萄酒，这样做也是有益的。

16.4.2　水

为了在品尝葡萄酒之间恢复味觉，应该为品酒师提供纯净的、静止的矿物质水或泉水，如果有必要，也供饮用或冲洗酒杯。因为大部分自来水中的氯含量变化不定，所以不宜提供自来水。最好也要避免苏打水，因为碳酸（H_2CO_3）含量尤其会对葡萄酒酸度、甜度和平衡性的评价产生影响。也可以提供普通的无盐饼干，如无辅料饼干，但一些品酒师认为，这类食物对味觉有轻微损害。普通低盐软面包是一种可能的替代品。必须避免奶酪，虽然有时一些品尝场合会提供。因为奶酪所含的脂肪会覆盖在舌头表面；所含的蛋白质与葡萄酒单宁结合，能弱化对葡萄酒单宁的感知；所含的任何盐分都与单宁失和。

16.4.3　吐酒器

吐酒器是重要品酒会必不可少的器材，置于参会者容易可及的范围内。取决于参会者人数和所要求的容量，所以吐酒器的数量和大小有多种可能性。在没有特制吐酒器的情况下，用冷却葡萄酒的小桶就足够了，在桶的底部放一些锯末或碎纸，以减少液体飞溅。吐酒器的设计有多种，有的适合于放在桌上，更大的则立在地板上。应该考虑到吐酒器的材质，塑料、不锈钢和铝制吐酒器都很好，图 16.3 所示为精心设计的不同高度的吐酒器。无论如何，应该避免无衬里的镀锌金属材料，因为葡萄酒的酸能与镀锌反应，并产生令人讨厌的气味。在葡萄酒品酒会上吐酒的重要性怎么强调都不过分，尤其是因为品酒师需要保持头脑清醒，通常要避免不必要的酒精摄入。即使葡萄酒被吐掉，仍有少量会进入胃，实际上，微量葡萄酒也会通过嗅闻进入体内。建议读者不要在葡萄酒品酒活动后开车，即使所有的葡萄酒都被吐掉。

16.4.4　品尝表

毫无疑问，对所品尝的葡萄酒做笔记很重要。根据情况，笔记可以简短或详细，仅供个人使用，或共享，或出版。为了方便笔记记录，应该准备好品尝表，列出并详细说明将要品尝的葡萄酒，并留出空间让参会者做笔记。背景和技术分析信息可能也很有用，或者印在品尝表上，或者作为单独资料。图 16.4 所示为可用于展览会品尝的简单品尝表。

16.4.5　品尝软件的使用

已经开发的软件有助于在平板电脑或智能手机设备上记录品尝笔记，这些程序允许将一致的结构化详细记录保存在"云"数据库中。大型贸易品尝会的组织者可以向软件提供商提交将要品尝的葡萄酒的详细信息，软件提供商使可用的信息能够下载到移动设备。

16.4.6　品尝垫

如果要在正式的静坐品尝会上评价许多葡萄酒，则每一种葡萄酒都应该有自己的品酒杯，并将之放在印有与品酒杯底部大小相似圆圈的纸质品尝垫上，每个圆圈都要编号，并且与品尝表上所列的葡萄酒顺序一致。图 16.5 所示为简单的品尝垫。

波尔多——质量、多样性和价格

（波尔多葡萄酒协会，2015 年 6 月 24 日，主持人：Keith Grainger）

	葡萄酒	AOP	勾兑情况	零售商	品尝笔记
			干白葡萄酒		
1	图尔雷奥良酒庄 2011	贝萨克-雷奥良	70%长相思 30%赛美容	Waitrose 14.99£	
			红葡萄酒		
2	La Ramonette 酒庄 2010	波尔多	80%美乐 10%赤霞珠 10%品丽珠	Broadway Wine Company 7.75£	
3	贝尔拉图酒庄珍藏酒 2010	波尔多特级区	90%美乐 5%赤霞珠 3%品丽珠 2%小味儿多	The Wine Society 10.59£	
4	西贡赛克酒庄 2011（橡木桶陈酿）	波尔多布拉伊丘	60%美乐 20%赤霞珠 20%马贝克	Waitrose 10.29£	
5	Fonguillon 酒庄 2012	圣埃美隆蒙塔涅	70%美乐 15%品丽珠 12%赤霞珠 3%马贝克	Tesco 10.49£	
6	旧堡垒酒庄 2010	梅多克中级酒庄	55%赤霞珠 40%美乐 5%小味儿多	Waitrose 13.49£/9.99£	
7	加特尔庄园 2010	贝萨克-雷奥良	60%美乐 38%赤霞珠 2%品丽珠	Sainsbury's 14.99£	
			甜型葡萄酒		
8	Liot 酒庄 2010	苏玳	90%赛美容 10%长相思	Waitrose 16.99£ 37.5 cL	

图 16.4　简单的品尝表

资料来源：www.bordeaux.com/uk

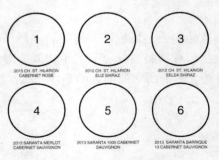

图 16.5　简单的品尝垫

16.5　品　尝　顺　序

　　如果要品尝许多风格和质量不同的葡萄酒,最好是按照考虑好的顺序来进行。排序有几个指导方针,但其中一些存在冲突:干白葡萄酒应该在甜型酒之前品尝;酒体轻的葡萄酒应该在酒体饱满的葡萄酒之前品尝;单宁水平低的葡萄酒应该在单宁水平高的葡萄酒之前品尝;新酒一般在陈年酒之前品尝;质量中等的葡萄酒应该在质量高的葡萄酒之前品尝。

　　白葡萄酒是否应该在红葡萄酒之前品尝? 起泡葡萄酒是否应该在静止葡萄酒之前品尝? 目前在品酒师中间仍有争议。显而易见,对各种不同风格和质量的葡萄酒来说,试图整理一个合理的品尝顺序具有一定的挑战性,主要是因为每一种葡萄酒的特性可能并不像预期的那样。在贸易展览会上,品尝远超过 100 种葡萄酒的情况并不罕见,即使是最有经验的品酒师也会感到疲劳。品尝大量起泡葡萄酒可能非常艰难,因为高酸度使味觉麻痹。对品酒师来说另一个挑战是,大量红葡萄酒麻痹味觉的单宁含量高。许多葡萄酒大师级的品酒师主张在白葡萄酒之前品尝红葡萄酒,这是因为白葡萄酒的酸度刺激使红葡萄酒的单宁更具刺激性,此外白葡萄酒的香味在红葡萄酒之后容易评价。

16.6　葡萄酒品尝的温度

　　品尝分析所用的葡萄酒温度不一定是人们期望的饮用温度,白葡萄酒尤其如此,很多人更喜欢饮用相对较冷的葡萄酒,可能是 8~12℃。因为冷会麻痹味觉,所以白葡萄酒、桃红葡萄酒和起泡葡萄酒最好是在较凉的时候品尝(12~15℃),而不是较冷。相反,许多人是在温度相对较高时饮用红葡萄酒。“室温”的表达并不意味是 22℃或更高,而是许多客厅的温度;法语中有一个表达是 chambré [把(酒)放在室内(使与室温相同)],指的是将酒窖中的葡萄酒(储存)取出并使之达到饮用温度,当然,La chambre 是卧室,它比客厅或餐厅更凉。

　　红葡萄酒在 16~18℃时品尝最好,而浅红色葡萄酒,包括用‘黑比诺’酿造的葡萄酒,在该范围的低限品尝。一些消费者在饮用酒体饱满的红葡萄酒时,可能更喜欢在比这个温度高 1~2℃的温度下饮用,而微温的葡萄酒显然不能引起人的食欲。

16.7　特定目的品尝

品尝方法、笔记的类型和细节可能因品尝目的及品酒师的日程表而变化。超市或采购商需要考虑适销性、消费者喜好、某一种葡萄酒与酒单上其他葡萄酒的关系如何、价格点。销售优质葡萄酒的独立酒商可能更关注葡萄酒产地的真实性，这通常是指典型性，对新酒来说是指陈酿潜力，两者都要借助于品尝来指示。饭店尤其需要考虑葡萄酒与菜单上菜品的搭配。酿酒师在决定进行勾兑时，不仅要看勾兑酒构成的口味对勾兑酒可能做出的贡献，还要看不同比例混合对最终勾兑酒的贡献。这就是说，对于品酒师而言，通过采用一种一致的、结构化的品尝技术，尽可能全面、客观地评价每一种葡萄酒是很重要的。结构化的品尝技术如下所述。

16.8　结构化的品尝技术

大多数人没有真正品尝过葡萄酒，仅是简单饮用。但是，通过详细成熟的品尝程序，葡萄酒所提供的一切，无论好坏，都可以评价。在品尝葡萄酒时应考虑四个主题：外观、嗅觉、味觉和结论。在此本章仅简单介绍解决这四个主题的方法，更详细的介绍见第 17～20 章。

16.8.1　外观

外观能反映很多关于葡萄酒的信息，是产地、风格、质量和成熟度的指示，并能揭示一些可能的缺点。葡萄酒的外观应该通过几种方式检查，但主要是利用白色背景，通过手持品酒杯，使酒杯与水平方向的角度保持在约 30°，如图 16.6 所示，白色背景可以是白色桌布或白纸。这样就能看到葡萄酒的透明度、颜色强度和真正的颜色，不受房间里的其他颜色干扰。直接向下看置于白色背景上的一杯葡萄酒，对于确定颜色强度也有帮助。同时要进行其他观察，例如，沿着品酒杯内表面流下的酒柱或酒泪，最好通过将品酒杯与双眼保持在同一水平线并轻轻旋转以覆盖品酒杯的壁来观察。

16.8.2　嗅觉

应该有一个短暂的嗅闻来检查葡萄酒的状况，大部分缺点都会在嗅闻时显现出来，如果葡萄酒明显出现令人不满意的状况，人们可能不希望继续进行品评。同时，一些更微妙的挥发性化合物最容易被短暂的或温和的嗅闻或短暂而温和的嗅闻所察觉。此外，接触香味的时间越长，对香味越不敏感，所以一开始温和的嗅闻很重要。假如最初的嗅闻未显示缺点，之后就应该使葡萄酒与空气接触，以帮助释放挥发性香气，也就是说，让空气进入葡萄酒会使嗅觉更加明显。为了达到这个目的，通常是使葡萄酒绕着品酒杯旋转几次，这个技能很快就能学会，但如果遇到困难，在旋转品酒杯时，可以将之稳固在稍微握紧的拳头中。如果葡萄酒显得非常呆滞，也就是几乎没有香味，可以适当盖住品酒杯并剧烈摇晃一两秒钟，除了最差的葡萄酒外，很少有必要这样做。随后要对葡萄酒进行几次短暂的嗅闻，试着将鼻子置于品酒杯的不同点上，感觉香味是否更明显或不同。在这个阶段，同样应该避免长时间嗅闻，以避免麻痹作用。应该记录嗅觉强度，即从葡萄酒中闻到了多少种气味？嗅觉发育情况（在第 18 章详细解释）能指示葡萄酒在其成熟周期中所处的阶段。但最重要的是，我们应该分析香气特征。

16.8.3　味觉

　　初学者在观看经验丰富的品酒师的工作时，大概不确定是否应该用笑声、嘲笑或惊奇来表达观看这个仪式的感情。观察品酒师仔细嗅闻葡萄酒的过程可能已令人惊讶不已，但随后的啜饮和咀嚼液体的过程，仿佛是过度表演的戏剧。然而，一个简单的练习就会让对专业品酒方法的价值最持怀疑态度的人相信，少量葡萄酒样品应倒入酒杯中，像一个人平常喝酒那样饮掉后，仔细思考葡萄酒的味觉；然后取适量（10～15 mL）葡萄酒一口饮掉，并用专业方法进行评价。品尝时饮用适量的葡萄酒很重要，这样就不会被唾液过度稀释，而且有足够的量进行全面评价。葡萄酒应该在整个舌尖上转动，空气被吸入酒体内部，这应该没有什么操作难度，随着空气被吸入葡萄酒，头部前移的同时撅起嘴唇。品酒师不应该关注在这个过程中发出的啜饮声。然后应该将葡萄酒抛入口腔，遍布舌头、牙龈和牙齿，再到两腮。一定要细细咀嚼，确保舌的两侧和背面都被覆盖，同时稍微多吸一些空气。全程要花 20 s 左右的时间才能做出全面评价，但没有必要将葡萄酒留在口腔内超过这个时间，因为葡萄酒会被唾液稀释，味觉也会变得麻木。最后，应该将葡萄酒吐掉，品酒师要慢慢呼气，并仔细思考。与简单的饮酒相比，这个练习过程所经历的大量感觉将会令人震惊。将空气吸入葡萄酒的目的是促进挥发性化合物的蒸发，使这些化合物经过鼻后通道被嗅球感知。

　　舌尖觉察甜味，舌两侧和背面觉察酸度，舌的其他区域也觉察这些感觉，这个问题将在第 19 章讨论。在品尝红葡萄酒时，单宁通常是非常重要的，牙齿和牙龈对其感觉特别明显。乙醇给人以温热的感觉，特别是在（但不限于）口腔的后部。葡萄酒的酒体是指葡萄酒在口腔中的重量。在品尝起泡葡萄酒时，整个口腔也会有慕斯的感觉。对风味强度和风味特征来说，这不仅是口腔产生的感受，而且嗅球会通过鼻后通道接收挥发性化合物。最后，评价葡萄酒非常重要的是回味，回味指的是葡萄酒被吐掉后，风味保留的时间。

16.8.4　结论

对葡萄酒进行全面评价后，就可以做出判断和结论。人们也许最关心的是质量。假设是品尝已经上市的葡萄酒，则应该能确定价格或至少是价格范围。当然，质量和价格之间的关系是评价价值的关键。还应该对葡萄酒的适饮性做出判定。如果葡萄酒是完全盲品，即品酒师事先不知道是什么葡萄酒，现在就是用心整理在结构化品尝过程中得到的信息，并就关键点得出结论，这些结论可能包括所用的葡萄品种、年份、成熟度和国家、地区、行政区、村，甚至单个庄园等原产地信息。

16.9　记笔记的重要性

组织、形成和保存结构化品尝笔记对改进品尝技术非常重要，使时间轴线上品尝的葡萄酒能够比较，并提供参考来源。显然，笔记中所包含的细节数量取决于品尝境况、可用的时间、品酒师的特定关注点和要求。重要的是要避免任何随后可能的歧义或误解，如果笔记不打算用于品酒师个人使用或是为了以后出版，这一点至关重要。

下面几章更详细地介绍了结构化的品酒技术、以什么标题考虑葡萄酒和做笔记，并详细列出了一些合适的描述符。使用的品尝结构和示例品尝术语一般是葡萄酒及烈酒教育基金会学业水平系统品尝法所用的术语（见附录术语）。当然，品酒师希望使用的品尝表达还有很多，并且后面详细描述的术语范围远非详尽无遗。除非品尝笔记纯粹是供自己使用，否则品酒师会被提醒不要使用那些对他或她来说特别私人的术语。例如，一种观点描述为，葡萄酒的嗅觉"让人想起了 Aunt Edna 的休息室"，这对那些没有去过这个特殊房间的读者来说毫无意义，这个房间可能散发出百合香、百花香、上光蜡的味道和伯爵茶的芳香。挑选一些品尝笔记（可能转录到笔记本或输入计算机）和后来的评论进行保存，不仅有助于发展和改进品尝技术，也能为葡萄酒香气和风味的评价提供参考资料。

第17章 外 观

对于许多普通葡萄酒饮用者和品酒新手来说，由专业人士就葡萄酒外观进行详细查问似乎训练意义不大。然而，外观揭示了葡萄酒的很多特征，为葡萄酒的风格、质量和成熟度提供指示，并且能揭示一些可能的缺点。本章论述葡萄酒外观评价，主要考虑的几个方面为透明度和亮度、强度、颜色和其他观察。

17.1 透明度和亮度

完成发酵并稳定待售的葡萄酒应该是清澈的。亮度是健康的标志，它描述了光如何从葡萄酒表面被反射出来，亮度与 pH 相关，pH 越小，葡萄酒通常更亮。透明度描述了光线通过葡萄酒酒体时如何被散射，它与浑浊度有关，如悬浮颗粒。如果沉淀物已被去除的成熟葡萄酒处理不当，悬浮液中可能还有细小或较大的颗粒，会使成品葡萄酒出现浑浊、油脂状、乳状或其他浑浊等可能的缺点。第 21 章详细介绍可能的缺点。

可以根据下面简单的等级来考量葡萄酒的透明度和亮度：清澈—模糊/明亮—无光泽（缺点？）。

新世界的葡萄酒一般比欧洲的葡萄酒要亮一些。酸度高的葡萄酒，特别是酿造过程中添加了酒石酸的葡萄酒，可能表现得特别亮。表现无光泽的新酒可能是 pH 较高（低酸），是质量差的象征，完全无陈酿潜力。随着葡萄酒成熟，亮度减弱。过度成熟的葡萄酒变得无光泽，衰老的葡萄酒看起来非常单调。

17.2 强 度

接下来应该注意的是强度，也就是颜色的深度。通过直接俯视置于白色背景中酒杯里的葡萄酒，可以获得对颜色深度的印象。图 17.1 所示为 6 年阿玛罗尼红葡萄酒的俯视照片。更细致的检查是通过在白色背景中倾斜酒杯，重点观察葡萄酒的中心部分，图 17.2 所示为以这种方式观察图 17.1 所示的葡萄酒。在比较几种葡萄酒时，确保酒杯中含有相似体积的葡萄酒很重要。

可以根据下面的等级来考量葡萄酒的颜色强度：浅—中—深。

　　品酒师可能希望增加另外的简单描述符，如极深。一般而言，与颜色深的葡萄酒相比，颜色浅的葡萄酒在风味和酒体上要轻，但不一定总是如此。长时间木桶陈酿的白葡萄酒颜色更深一些。一些红葡萄品种所酿造的葡萄酒颜色深，如'美乐'和'西拉'，特别是来自炎热气候区或低产植株的红葡萄品种。相反，一些红葡萄品种，如'黑比诺'和'内比奥罗'，所酿造的葡萄酒通常颜色不太深，虽然也有一些例外，如新西兰中奥塔哥地区的某些'黑比诺'葡萄酒。然而，红葡萄酒的颜色深度浅，特别是新酒，通常是缺乏浓缩的指示，可能是由于植株高产、气候冷凉、年份差或浸提不充分。酒体饱满、颜色强度深的红葡萄酒，尤其是来自炎热气候区的红葡萄酒，新酒的颜色强度深或不透明，这说明葡萄酒的风味浓，可能是质量好的象征。然而，颜色非常深的红葡萄酒偶尔也会意外表现为风味很淡。有几个红葡萄品种具有着色的果肉和黑色果皮（如'紫北塞'），但意外地表现为风味很淡，这样的染色葡萄（特别少见）可以用于加深颜色的勾兑。此外，颜色非常深有时可能说明酿造方法专注于颜色，而不是风味物质的浸提。要注意饮酒者（和评论家）将深红色葡萄酒与感觉是高质量联系在一起的观点，因为酿酒师可以控制颜色强度，如添加用葡萄果皮和种子制成的浓缩物"8000 color"或"紫米加"。因此，品酒师在这个阶段下结论要小心。

17.3　颜　　色

　　许多因素影响葡萄酒的颜色，包括气候和产区、葡萄品种、葡萄成熟度，以及包括木桶陈酿和熟化在内的葡萄酒酿造技术。

17.3.1　白葡萄酒

　　白葡萄酒的颜色可以从近无色到深金黄色，甚至琥珀色。可以根据下面的等级来考量白葡萄酒的颜色：柠檬绿—柠檬黄—金黄色—琥珀色—棕色。

　　同强度描述一样，品酒师可能希望增加他们自己的描述符。一些白葡萄品种，如'长相思'，所酿的葡萄酒通常为柠檬黄到绿色这个范围，而另一些品种所酿的葡萄酒为淡禾杆黄或金黄色，如'琼瑶浆'（因果皮大量着色）。来自于较冷凉气候区的白葡萄酒通常呈现柠檬绿或柠檬黄，而来自于较温暖区域的为金黄色。较甜的白葡萄酒，如苏特恩葡萄酒，通常为金黄色，甚至新酒也是如此。但所有白葡萄酒的颜色均会随酒龄的增加而变暗，发生这种变化的速率很大程度上取决于几个因素，其中的主要因素是 pH 和酸度（高酸度使这个过程变慢），以及瓶装酒是如何储存的。2012 年，本书作者品尝了一款令人愉悦的'雷司令'葡萄酒，这款酒名为 Wehlener Sonnenuhr Riesling Kabinett（S. A. Prüm），产地为德国的摩泽尔地区，年份为不是特别好的 1987 年。具有 25 年酒龄的这款葡萄酒色泽非常明亮，颜色仍为柠檬绿，因其被发酵过程中少量保留在酒中的二氧化碳，特别是高酸所保护，产生这样的结果不仅是因为在冷凉地区，而且是因为在冷凉年份。

17.3.2　桃红葡萄酒

在所有类型的葡萄酒中，桃红葡萄酒是为了吸引眼球而生产的一种饮料。酿酒师和销售部门熟知，就饮酒者对葡萄酒风格和质量的感觉而言，吸引人的外观极其重要。桃红葡萄酒的颜色取决于几个因素，尤其是生产技术。例如，颜色是否是因压榨时接触果皮造成的？或者，桃红葡萄酒是否是采用抽汁法酿造的？该法生产的葡萄汁来自破碎后的红葡萄，葡萄汁在发酵罐中须浸提 6～24 h。可以根据下面的等级来考量桃红葡萄酒的颜色：粉色—浅橙色—橙色—洋葱皮色。

桃红葡萄酒有很多种可能的颜色和强度。任何橙色色调都可能是危险的标志，表明桃红葡萄酒发生了氧化，而且苦味的酚类物质开始发展，能被味觉感知到。图 17.3 所示为各种颜色的桃红葡萄酒。

17.3.3　红葡萄酒

红葡萄酒的颜色可以从紫色到红褐色，随着陈年，颜色逐渐变浅。紫色是新酒的标志，有些新酒颜色很深，几乎呈现蓝紫色。随着葡萄酒陈年，紫色色调变浅，呈现红宝石色；进一步陈年则呈现暖砖红色；完全成熟的红葡萄酒可能呈现暗红色甚至黄褐色。图 17.4 所示为波尔多的'赤霞珠'和'美乐'混酿的中级酒庄葡萄酒新酒（5 年）外观，图 17.5 所示为非常成熟的波尔多列级酒庄葡萄酒，约 45 年。

可以根据下面的等级来考量红葡萄酒的颜色：紫色—红宝石色—暗红色—黄褐色—棕色。

经过长时间木桶陈酿的红葡萄酒（在这种情况下发生受控的氧化作用），比早装瓶且仅在瓶中以还原态陈酿的红葡萄酒褪色更快，这一现象最好的例证是木桶陈酿 10 年的茶色波特酒和大约 12 年的年份波特酒（非晚装瓶年份波特酒-LBV，除开始约 2 年的时间外，其余时间均在瓶中以还原态陈酿）之间的比较。一款棕色的葡萄酒已经太陈，且已被氧化，可能不能饮用，完全氧化的红葡萄酒和白葡萄酒在颜色上几乎没有什么区别。

17.3.4　边缘/中心

应该注意葡萄酒从中心到边缘的颜色渐变。很显然，中心处的颜色强度最大，但在接近边缘区，不仅颜色浅，而且还有变化。例如，中心处呈现红宝石色的葡萄酒，随着逐渐靠近边缘，颜色可能逐渐变为砖红色或暗红色色调，说明葡萄酒已成熟。当葡萄酒的边缘与酒杯接触时，最后的 1～2 mm 可能像水一样清澈。颜色渐变的距离可以从新酒的仅有 2 mm 到陈年酒的 1 cm 或更多。同样，陈年白葡萄酒的颜色也有很大的渐变，靠近边缘的最后几毫米也像水一样清澈。应该记录边缘的颜色，并且要考虑其宽度，根据下面的等级记录：宽—中—窄。

　　比较图 17.4 和图 17.5 可以发现，中心处葡萄酒的颜色有显著差异，陈年酒颜色急剧变化的边缘更宽，边缘像杜松子酒一样环绕着酒杯。

17.4　其他观察

其他观察包括气泡、起泡性、酒柱/酒泪和沉淀。

17.4.1　气泡

气泡是起泡葡萄酒的关键特征，但在静止葡萄酒中也可能观察到少量气泡。

17.4.1.1　静止葡萄酒

　　静止葡萄酒偶尔出现气泡可能是缺点的象征：酒精或苹乳发酵正在进行，或已在瓶中发生（详见第 21 章）。然而，状况良好的静止葡萄酒也可能含有气泡。在葡萄酒酿造的不同阶段，为了防止氧化或其他腐败，二氧化碳、氮气和氩气等气体可以作为隔层。如果生产风格很新鲜的葡萄酒，通常将这些气体中的一种充入大罐，并在装瓶时用这些气体中的一种覆盖葡萄酒。酒瓶也可以预先将氧气排空，并在装瓶前立即充入这类气体。一些气体（特别是二氧化碳）可能溶于葡萄酒中，这一般不会降低酒的质量，通常能增加葡萄酒的新鲜感。一些葡萄酒，如产自德国摩泽尔地区的葡萄酒，可能自然保留一些酒精发酵过程产生的二氧化碳。对静止葡萄酒来说，应该大致观察一下气泡的大小和数量，气泡可能仅在品酒杯中显现，在这种情况下，气泡较大，出现在葡萄酒的边缘或中心。

17.4.1.2　起泡葡萄酒

　　慕斯的质量被认为是起泡葡萄酒总体质量的一个重要部分。应该记录气泡的大小、数量和一致性。气泡可能从酒杯的底部冒出，或表面上看是从酒中心部分的任意一点冒出。一般而言，小气泡表明酒温处于理想的冷凉状态，气泡上升缓慢，是二次发酵起泡葡萄酒，尤其是像香槟酒和采用传统法酿造的其他高质量起泡葡萄酒那样在瓶中进行二次发酵。应该注意，气泡在某种程度上可能随品酒杯的类型和洗涤情况而变化（见 16.4.1）。图 17.6 所示为一杯高质量的香槟酒，该酒气泡细小、连续、均匀，像串串珍珠，颜色强度中等。图 17.7 所示为采用查马法酿造的气泡较少且不一致的廉价起泡葡萄酒（颜色很浅的'长相思'）。

17.4.2　酒柱

葡萄酒品尝中最易让人误解的视觉特征之一为是否有酒柱（也常称作酒泪）。葡萄酒应该在酒杯中旋转，保持至双眼水平，等待几秒钟，水平注视并观察旋转后的葡萄酒是如何沿酒杯回流。如果液体凝聚成小的眼泪、拱形或细流沿酒杯向下流动，这种现象称作酒柱。酒柱可能宽或窄（薄）、短或长，沿酒杯向下流动慢或很快，所做的笔记应该像这样描述，一定要避免"挂杯好"等主观术语。酒精度高的葡萄酒通常表现较宽的酒泪，这是水和乙醇的表面张力及蒸发差异导致的，受葡萄酒中糖分和乙二醇的影响。一些作者和评论家认为，酒柱纯粹是高酒精度、乙二醇或残糖非常高的标志，但这一观点被高品质葡萄酒中酒精度相对较低的实例所反驳，如德国摩泽尔地区的优质'雷司令'小房葡萄酒。干浸出物的含量高也有助于挂杯。本书作者评价过的最"挂杯"的葡萄酒之一是普罗旺斯米拉维尔酒庄 1998 年的一款干白葡萄酒，这款酒用的是'Rolle (Vermentino)'这个品种，产量很低，低至 3000 L/ha，酒精度仅有 11.5%。

此外，酒柱的量和类型可能非常依赖于品酒杯的状况，特别是品酒杯的洗涤和干燥情况。同样的葡萄酒倒入几只看似相同的酒杯中，但酒杯是在不同时间洗涤的，可能在酒柱方面表现显著不同。

17.4.3　沉淀

品酒杯中的任何沉淀都应该被记录，这些沉淀可能包括红葡萄酒中的单宁沉淀物（即酚类物质的凝集物）、红或白葡萄酒的酒石酸盐晶体。酒石酸盐晶体不是葡萄酒的缺点，经常能在高质量的葡萄酒中见到。红葡萄酒中厚厚的沉淀一般是单宁破败的酒石酸盐沉淀（尤其常见于 pH 低的葡萄酒中）。然而，在白葡萄酒中，沉淀看起来就像玻璃碎片，令消费者十分担忧，但完全无害。晶体很可能是酒石酸氢钾（$KC_4H_5O_6$）或酒石酸钙（$C_4H_4CaO_6$）。德国的瓶装葡萄酒中经常出现沉淀，这是因为酒石酸浓度高。如果葡萄酒变凉，如在很冷的酒窖或冷冻机中，就可能出现沉淀。许多酿酒师竭尽全力试图使晶体不会出现在酒瓶中，请读者参考 13.3 节。将葡萄酒行业花费在处理沉淀上的资金和时间投资于消费者的葡萄酒教育可能会更好。

第 18 章　嗅　觉

本章论述通过嗅觉鉴定的葡萄酒的特征，还要讨论这些特征的起源或来源，并介绍一类香气、二类香气和三类香气的概念，同时说明可用作各种香气感受描述符的词语。

位于鼻腔顶部的嗅上皮（嗅黏膜）是一个非常敏感的器官，正如读者将在第 19 章中看到的，舌头能揭示的味觉数量非常有限，大部分味觉感觉是通过鼻腔通道或鼻后通道被接收，由嗅上皮的受体细胞所察觉。信息被转变电信号后，通过嗅球发送到大脑的嗅觉皮层。本书将在第 19 章论述通过鼻后通道的感觉传导。毫无疑问，反复和过度暴露于特定气味会降低对这种气味的敏感性，这对酿酒师来说可能是个挑战，因为有些酿酒师经常或有时会持续暴露于二氧化硫之类的臭味中。

嗅闻葡萄酒当然是嗅闻酒杯中液体表面以上的空间。很重要的一点是，对香气，也就是葡萄酒中的挥发性化合物来说，要有足够的顶部空间来使其发展。精心设计的品酒杯，有内部逐渐变窄的杯体，使香气能保留在顶部空间。值得注意的是，在平常招待场合斟酒时，倒入酒杯中的量应不超过其容量的 50%，以便欣赏其香味，但不幸的是，即使是在以酒杯为单位销售各种各样葡萄酒的酒吧，他们经常几乎斟满酒杯，以符合法律规定的销售量。

对葡萄酒的嗅觉应该从以下几个阶段评价：状态、强度、成熟状态、香味特征。

如下所述，首先应该嗅闻未转动的葡萄酒，然后使葡萄酒环绕品酒杯转动，以使挥发性香味化合物蒸发，然后进行细致的嗅闻。

18.1　状　态

最开始的嗅闻是评价葡萄酒的状态，许多可能的缺点在这个阶段最为明显。嗅闻之前不能转动葡萄酒，仅需要一次或两次短暂的嗅闻，主要就是检查品尝程序能否进入下一步。例如，如果葡萄酒闻起来有湿麻袋或发霉的酒窖、醋、划火柴或陈年奶油雪利酒的气味，就说明葡萄酒有缺点，嗅觉可能被描述为有污染。第 21 章详细介绍缺点及哪些缺点可以通过嗅闻察觉到。根据所显示缺点的性质和严重度，必须决定是否继续进行有关葡萄酒的品评。没有缺点的葡萄酒被描述为无污染。

　　嗅觉状态应该做笔记：无污染—有污染+明确的缺点。

18.2　强　　度

　　强度就是简单地评价葡萄酒给人的嗅觉是多么强烈或"响亮"，并能给出有关质量的指示。嗅觉强度弱可能来自一款简单而廉价的葡萄酒，而嗅觉强度很强是高质量的指示。然而，高质量的红葡萄酒尤其在幼龄阶段可能表现得非常内敛；相反，一些葡萄品种酿造的葡萄酒几乎总是表现非常强的嗅觉强度，即使是质量中等的葡萄酒，特别是芳香型白葡萄酒，这类葡萄品种包括许多'麝香葡萄'家族成员、'琼瑶浆'和阿根廷的三个'Torrontés'品种。

　　可以根据下面的等级来考量和记录嗅觉强度：弱—中（－）—中—中（＋）—强。

18.3　成　熟　状　态

　　如果人们在总结香味特征之前考虑成熟状态，也许更实用，尽管在做品尝笔记时，可能首先要记录的是香味特征。

　　成熟状态是通过嗅觉评价葡萄酒的成熟状况。葡萄酒的寿命取决于许多因素，而成熟度不应与酒龄相混淆。简言之，葡萄酒的质量越高，其寿命越长。最优质的红葡萄酒，包括许多波尔多的列级酒庄酒或罗纳河北部的经典葡萄酒，可能需要 10 年或 10 年以上才能接近其最佳成熟状态。相反，普通波尔多或罗纳河谷的品牌葡萄酒可能 3～4 年就过了其最佳成熟状态。

　　为了理解嗅觉逐渐发展的概念，人们需要思考葡萄酒香气的来源，其来源可被分为三个大类：一类香气、二类香气和三类香气。

18.3.1　一类香气

　　一类香气源于葡萄果实，特点是果香或花香，通常指示处于年轻状态的葡萄酒，品种香气一般属于这一类。'赤霞珠'新酒的黑醋栗果香、某些'长相思'或'白赛瓦'新酒的接骨木花香就属于这一类。

18.3.2　二类香气

　　二类香气是"葡萄酒"的香气，来自于发酵，简言之，就是葡萄酒中不同于未发酵葡萄汁的气味。许多酯类物质是在发酵过程中产生的，通常在嗅闻幼龄葡萄酒时能够确定，赋予葡萄酒梨子、香蕉，甚至硬糖果或泡泡糖的气味。苹乳发酵副产物（如果有的话）、因搅动产生的气味和橡木提取物也属于二类香气。此外，二类香气还包括黄油、奶油、香草、可可果、坚果和烤面包的气味。

18.3.3　三类香气

　　三类香气产生于葡萄酒在罐、木桶和/或瓶中的陈酿过程，在此期间会发生许多化学反应。葡萄酒中已经含有一些溶解氧，而木桶陈酿的葡萄酒可能通过木桶进一步吸收一些氧。如果木桶保持顶部加满，只会发生少量有益的氧合作用，这尤其会增加葡萄酒中醛类物质的含量。在新木桶中陈酿的葡萄酒也会吸收橡木成分，包括香草醛、木质素和单宁。在 2 次木桶和 3 次木桶中陈酿的葡萄酒也是如此，但程度要小。未在木桶中陈酿的葡萄酒可能经过微氧化处理或其他形式的“橡木处理”（见第 12 章）。

　　瓶内成熟也会引起葡萄酒中挥发性化合物的变化。人们普遍认为，瓶内陈酿具有还原性质，也就是说，变化以厌氧形式发生，葡萄酒中的氧含量减少，正是这一过程使瓶内陈酿成为许多优质葡萄酒成熟的必需过程，尤其是酒体饱满的红葡萄酒，没有还原能力的葡萄酒没有生机。然而，还原是一个缺点，这将在第 21 章论述。随着优质葡萄酒的成熟，三类香气逐渐发展，表现出复杂且有序、相互交织在一起的特征，在最好的状态下一切都是完全和谐的。三类香气通常能博得最具描述性的注解，如马鞍、制鞋皮革、哈瓦那雪茄、林地地面、秋天的花园，这类注解名单几乎没有止境。许多植物特征的气味也属于三类香气，如类似卷心菜的气味。在详细记录葡萄酒的香气时，所有类似的观察所得一定要记笔记。

　　当葡萄酒陈酿时间超过其预计寿命，或遭受提早衰退（可能是由于储存不当），所有的一类香气和许多二类香气会丢失。保留下来的三类香气中，某些香气可能很悦人，如焦糖味、奶糖味或浸湿的水果蛋糕味，但许多香气也会丢失；而腐烂的卷心菜、汗臭、旧运动鞋和烧焦的平底锅的气味可能会显露出来，且每一个复杂性的迹象都将消失。

　　可以根据下面的等级来考量和记录嗅觉的成熟状态：年轻—成熟中—完全成熟—过熟/已过最佳适饮期。

　　需要注意的是，一些葡萄酒从年轻到过熟未经历过完全成熟阶段，如大部分的博若莱葡萄酒和廉价型的瓦尔波利塞拉葡萄酒。但是，也有一些类型的葡萄酒是完全成熟时装瓶的，如雪利酒、茶色波特酒和某些起泡葡萄酒。

18.4 香 味 特 征

在这方面应该注意的是，许多品酒师和葡萄酒作家将"香气/香味"和"酒香"这两个术语进行了区分，当提及来自葡萄果实的一类香气时，使用"香气"这一术语，而"酒香"包括了在发酵过程中发生的变化（二类香气），特别是成熟阶段（三类香气）所形成的组合特征。如下所述，两者的区别并不明确，通常人们使用"香气"这个词作为通用术语。

已经被鉴定的葡萄酒气味化合物超过 400 种，其浓度变化从＜100 ng/L 至 300 mg/L，嗅觉阈值变化从 50 pg/L 至 100 mg/L。葡萄中的化合物是葡萄酒风味的前体物质，包括游离氨基酸、磷脂、糖脂、醛类和酚类物质。由发酵形成的烷基酯是赋予二类香气特征的重要化合物，而葡萄中的萜烯化合物在发酵过程中不变化，贡献一类香气，但葡萄酒的成熟和陈酿过程可能引起它们的变化，从而贡献三类香气。用萜烯含量高的葡萄，如'麝香葡萄'家族、'琼瑶浆'和'雷司令'酿造的葡萄酒，可能具有强烈的一类香气嗅觉，表现出明显的类似葡萄果实的香味。赋予品种香味的许多化合物经过发酵在很大程度上仍保持不变，因此，品种香气被认为是一类香气，如'赤霞珠'明显的黑穗醋栗或黑加仑果香。

过去几十年，大量研究投入到对葡萄酒香气有贡献的化合物上，特别是品种香气。举例来说，普遍存在于年轻的'长相思'葡萄酒中的香气和产生这种香气的化合物如下。

（1）黄杨木：4-巯基-4-甲基戊-2-酮，3-巯基己基乙酸酯。

（2）柑橘果皮：4-巯基-4-甲基戊-2-醇。

（3）葡萄柚、西番莲果实：3-巯基己醇。

（4）青椒、青草：2-甲氧基-3-异丁基吡嗪。

可以在以下六个基本组的基础上考虑葡萄酒的香味：果香、花香、香料香、蔬菜味、橡木香、其他。

每一个基本组由若干亚组构成，而亚组包括单个香味，在品尝葡萄酒时构成风味。表 18.1 所示为有关香味和风味来源、亚组和单个香味/风味的词汇表。应该注意的是，该表中的描述符并不是全部，某些香味可能不止一个来源。

表 18.1　WSET®葡萄酒系统品尝法

香气来源	描述*
一类香气/风味组群：葡萄果实的风味	花香：合欢，金银花，甘菊，接骨木花，天竺葵，花丛，玫瑰，紫罗兰，鸢尾 绿色水果：苹果，醋栗，梨，梨味硬糖，番荔枝，榲桲，葡萄 柑橘类水果：葡萄柚，柠檬，酸橙（果汁或橙皮），橘皮，柠檬皮 核果类水果：桃，杏，油桃 热带水果：香蕉，荔枝，芒果，甜瓜，西番莲果，菠萝 红色水果：红醋栗，蔓越橘，红树莓，草莓，红樱桃，红李子 黑色水果：黑醋栗，黑莓，黑树莓，蓝莓，黑樱桃，黑李子 干果：无花果干，李子干，葡萄干，白葡萄干，樱桃酒，果脯 草本植物：青椒（甜椒），青草，番茄叶，芦笋，黑醋栗叶 香草：桉树，薄荷，药材，薰衣草，茴香，莳萝 辛香料：黑/白胡椒，甘草，杜松
二类香气/风味组群：酿造过程产生的风味	酵母：饼干，面包，烤面包，油酥糕点，法式甜面包，面包面团，奶酪，酸奶 苹乳发酵：黄油，奶酪，奶油，酸奶 橡木：香草，丁香，肉豆蔻，可可果，奶油硬糖，烤面包，雪松，烧焦木，烟熏，树脂 其他：烟熏，咖啡，燧石，湿石，湿木，橡胶
三类香气/风味组群：随时间进程产生的风味	故意氧化：杏仁，杏仁蛋白糖，椰子，榛子，核桃，巧克力，咖啡，奶糖，焦糖 果味成熟（白葡萄酒）：杏干，橘子酱，苹果干，香蕉干，等 果味成熟（红葡萄酒）：无花果，梅干，焦油，煮熟的黑莓，煮熟的黑樱桃，煮熟的草莓，等 瓶内陈酿（白葡萄酒）：汽油，煤油，桂皮，生姜，肉豆蔻，烤面包，果仁味，麦片，蘑菇，干草，蜂蜜 瓶内陈酿（红葡萄酒）：皮革味，森林地表，泥土，蘑菇，雪松，烟草，植物味，湿树叶，咸辣，肉味，农家庭院味

* 精选的描述香味和风味物质特征。

资料来源：葡萄酒及烈酒教育基金会，2014；经允许复制。

　　所有感觉到的香味都要记录下来，在详细描述单个术语时，它们可能与已知的品种特征有关。例如，青苹果、酸橙、桃和芒果仅是一些与'雷司令'有关的香味；草莓、树莓、红樱桃、绿叶和蘑菇是与'黑比诺'有关的典型香味。特别要记录所有的橡木香味，包括香草、烤面包、烟熏、坚果和可可果。

第 19 章　味　　觉

　　味觉是描述葡萄酒进入口腔后其味道的一种方便表达方式。本章评价口腔中察觉到的味觉和质感，尤其是舌头的感觉，以及葡萄酒的挥发性化合物通过口腔后部的鼻后通道并传送到嗅球上的风味特征。

　　在品酒过程中，重要的是要经葡萄酒呼吸空气，以使挥发性化合物挥发。因此，为了能够传送挥发性化合物，需要一个进出鼻腔的自由通道。如果一个人鼻子被堵住，不仅嗅觉会消失，还有大部分味觉也会消失。如果吐掉葡萄酒后通过鼻腔呼气，味觉就会增强，这样做有助于确定葡萄酒的"回味"。

　　当将葡萄酒送入口腔至最后吐掉之前，通过品尝、咀嚼和仔细分析，各种各样的感觉就会产生和发展。这个演变过程可以分阶段考虑：葡萄酒进入口腔时，首先是触感；接着是味觉的发展，也就是感知到的风味特征和强度；最后是回味，包括平衡在内的对葡萄酒的最后印象。绵长度用来度量回味感觉有多长和余味持续的时间。品酒师有时将这种渐进的感觉称作"前味觉"、"中味觉"和"后味觉"。

19.1　甜味/苦味/酸度/咸味/鲜味

　　感觉细胞包含在舌上的 5000 个或更多味蕾中，年轻人可能有多达 10000 个活性味蕾。在上颚和咽喉的后部也有一些味蕾（这也许就是为什么少数人声称，如果他们咽下而不是吐掉葡萄酒，他们才能百分之百地得到葡萄酒所提供的味觉）。虽然味蕾高度敏感，但味蕾的受体仅能察觉五种基本味道——甜味、苦味、酸味、咸味和鲜味（氨基酸的可口味道）。葡萄酒中还有非挥发性化合物（应该记住乙酸是挥发性的）。有人声称，葡萄酒有第六种基本味道，即钙的白垩苦涩味，和其他基本味道，但是这种说法仍有很大争议。在五种基本味道之中，咸味（主要指氯化钠）在葡萄酒中并不重要。舌的感觉细胞将察觉到的味道转变为电信号，并将之发送到大脑的味觉皮层。直至目前，人们普遍认为，舌的不同部分共同察觉这五种基本味道。许多葡萄酒品尝书籍和人体生物学文献以图解的形式详细说明了舌上的这些区域。然而，正如第 16 章所述，这一观点受到 Linda Bartoshuk 的怀疑。就本章的目的而言，本书将依赖已明确的舌区域对单个基本味道更加敏感的观点。毫无争议的是，"传统"的察觉区域确实能识别味道，而其他区域则不能。

人们还认为，舌的中心部分对基本味道不太敏感。口腔、腮、牙齿和牙龈也能觉察到葡萄酒的质感，其中包括单宁、酒体和乙醇。

在评价葡萄酒的味觉时，考虑以下项目：干/甜味、酸度、单宁、乙醇、酒体、风味强度、风味特征、其他观察、回味。

19.2　干/甜味

在讨论甜味感知之前，需要简单地重温葡萄果实的糖分问题。葡萄果实含有葡萄糖和果糖，两者在发酵过程中通过酵母的活动，被全部或部分转化为乙醇和二氧化碳。如第 9 章所述，如果葡萄果实中的自然糖分不足以酿造所要求酒精度的葡萄酒，在一些国家，酿酒师可以向葡萄醪中添加蔗糖，这个过程通常称作加糖。理论上，所有添加的蔗糖应该被完全发酵。尽管欧盟许多葡萄酒生产国经常这样做，特别是在气候恶劣的年份，但是关于可能限制这一过程的讨论由来已久，特别是 2007 年 7 月欧盟委员会通过一项提案之后。然而，在撰写本书时，在欧盟的靠北区域仍然允许加糖。一个可替代加糖的方法是添加主要由葡萄糖和蔗糖构成的浓缩葡萄醪。

葡萄酒的甜味主要是在舌尖上被察觉。需要明白的是，人们不能闻到甜味（糖不是挥发性物质），虽然嗅闻某些葡萄酒会使人们认为它们尝起来是甜的。或许你会遇到下述情况，例如，用'麝香葡萄'品种家族成员之一酿造的葡萄酒，可能具有愉快的香味，使人联想起甜的鲜食葡萄，但在品尝时可能是绝干葡萄酒。其他特征也能赋予甜味的错觉，特别是葡萄酒的酒精度（虽然酒精度过高能引起苦味）和橡木香草醛水平高时。因此，经过橡木处理的高酒精度葡萄酒能误导品酒师，使他们认为它比实际的残糖水平更甜。葡萄酒在舌尖上转动的时候收紧鼻子，可以帮助初学者克服鼻子可能带来的任何失真。然而，葡萄酒的酸度也会影响品酒师的甜味感知，酸度越高，含有残糖的葡萄酒可能越不甜。

察觉甜味的阈值因人而异，近 50%的品酒师能察觉浓度为 1 g/L 或更少的糖分，仅有 5%的品酒师不能察觉浓度小于 4 g/L 的糖分。

葡萄酒中的糖分是发酵后果糖的残留。白葡萄酒中的残糖水平范围为 0.4～300 g/L；大部分红葡萄酒发酵为干型或接近干型时，残糖水平在 0.2～3 g/L。然而，因为干型葡萄酒非常流行，所以有些葡萄酒标签上标以"干型"或描述为"干型"，但实际并非如此。许多新世界品牌的'霞多丽'葡萄酒通常含有 5～10 g/L糖，而新世界品牌的红葡萄酒可能含有多达 8 g/L 糖，糖分有助于软化任何苦味，也就是说红葡萄酒有很少甜味就可以平衡任何酚类物质的涩味。Wolf Blass 是澳大利亚一家著名葡萄酒厂（在撰写本书时为陷入困境的 Treasury Wine Estates 所有）的原所有人，他的这段话常被人引用："在英国销售葡萄酒，你必须做两件事：

贴上干型酒的标签，将葡萄酒做成中级酒!"

可以根据下面的等级来考量和记录甜味：干—近于干—半干—半甜—甜—极甜。

19.3　酸　　度

酸主要是在舌两侧和两腮被察觉，是一种强烈、活泼而刺痛的感觉。中等和高水平的酸促使口腔分泌唾液。

所有的葡萄酒都含有酸，白葡萄酒酸含量通常高于红葡萄酒，来自较冷凉气候区的葡萄酒高于来自较炎热气候区的葡萄酒。在成熟过程中，随着糖分水平升高，酸度水平下降（主要是苹果酸的减少），pH 升高。因此，冷凉气候区白葡萄酒的 pH 可能为 2.8，而在炎热气候区，红葡萄酒的 pH 可能高达 4。特别的是，在欧洲起源的水果中，仅葡萄含有酒石酸，它是葡萄酒的主要酸性化合物，然而苹果酸和柠檬酸也很重要，这三种酸占总酸水平的 90% 以上。葡萄酒中的其他酸可能还包括乳酸、抗坏血酸、山梨酸、琥珀酸、葡萄糖酸和乙酸。挥发性乙酸过多是最不希望发生的情况，若其水平过高，将赋予葡萄酒以醋的嗅觉和味觉。如果葡萄醪的酸度不足，可允许酿酒师添加酸，一般是以酒石酸的形式添加。欧盟仅允许其较热的南部产区添加酸。

酸的感觉阈值因人而异，近 50% 的品酒师能察觉浓度为 0.1 g/L 或更少的酒石酸，其余在 0.1～0.2 g/L。然而，甜味对酸度具有消极影响，反之亦然，在考虑下面要讨论的平衡时，甜味和酸度之间的关系是考虑的因素之一。

可以根据下面的等级来评价和描述葡萄酒的酸度：低—中（﹣）—中—中（＋）—高。

19.4　单　　宁

单宁主要通过触觉察觉，特别是能使牙齿和牙龈产生干燥、似毛皮、像粗砂的感觉。这种感觉能使口腔收敛，在品尝富含单宁的葡萄酒之后，你会想让舌头在牙齿上转动来清洁牙齿。生硬的未成熟的单宁也有苦味和"生"味。单宁是优质红葡萄酒结构的重要组成部分，赋予葡萄酒以"紧实"和坚固的特点。

单宁是多酚类物质，葡萄酒中单宁的主要来源是葡萄果皮。穗梗也含有单宁，但其性质较生硬，目前通常被排除在葡萄酒酿造过程之外，但也有一些著名的例外情况。橡木也是葡萄酒中单宁的来源，如果葡萄酒在新或年轻的橡木桶中陈酿或经其他方式的橡木处理，将会从木材中吸收单宁。

因为茶含有单宁，所以准备几杯浸泡时间和茶量不同的茶水（不加牛奶或糖），品尝不同单宁水平对感受的影响是一个很好的方法，这样感受就不受酸和乙醇等可能的失真因素的影响。不同单宁水平设计如下：1 包茶，泡 30 s；1 包茶，泡 1 min；1 包茶，泡 2 min；2 包茶，泡 2 min；3 包茶，泡 2 min。

茶水变凉后品尝，品尝时确保茶水落到牙齿和牙龈上，随着品尝茶水变得更浓，注意牙齿和牙龈上粗砂与干燥感的增强。

单宁可结合和沉淀蛋白质，这也是红葡萄酒通常与红肉和奶酪能成功搭配的原因之一。这种组合使葡萄酒所含的单宁凝聚成珠串或链，这是因为它与口腔中的蛋白质结合，因此，如果葡萄酒在口腔中停留的时间过长，口腔对葡萄酒中单宁的感觉也会发生变化。为了感受这一点，饮一大口单宁含量低的红葡萄酒，如博若莱红葡萄酒，咀嚼约 20 s，然后吐到一个白色的碗中，再饮用单宁含量高的红葡萄酒，如巴罗洛葡萄酒，重复练习，就可以观察到，葡萄酒的单宁水平越高，葡萄酒中所形成的珠串越多。初学者经常混淆酸和单宁的感觉。优质巴罗洛葡萄酒的酸和单宁水平都较高，是通过品尝区分两者不同的很好酒例。单宁在牙齿和牙龈上产生干燥感和涩感，甚至在硬腭上也有这种感觉，而酸则是在舌两侧和两腮产生刺痛感。

通常将白葡萄酒描述为不含单宁，但事实并非如此，然而与红葡萄酒相比，其单宁水平通常较低。酿造白葡萄酒的葡萄果实在发酵前要进行压榨，然后使固体沉淀或通过其他方式澄清葡萄醪，用适度澄清的葡萄汁发酵，除非在破碎后或压榨前有任何形式的触皮历程，否则果皮中的酚类物质影响有限。在整个果穗压榨的情况下，酚类物质的影响也很小。在橡木桶中发酵或陈酿的白葡萄酒（或经其他方式的橡木处理），可能含有大量橡木单宁。

白葡萄酒中的单宁浓度范围在 40～1300 mg/L，平均为 360 mg/L；而红葡萄酒的单宁浓度范围在 190～3900 mg/L，平均为 2000 mg/L。由此可以看到，虽然红葡萄酒的平均单宁水平是白葡萄酒的约 6 倍，但许多白葡萄酒比一些红葡萄酒含有多得多的单宁。许多国家，包括欧盟成员国，酿酒师添加葡萄果实单宁是合法的，通常是在发酵过程中以粉末形式添加，为了赋予红葡萄酒以更柔和及更多一点"紧实"的特征。

葡萄酒单宁应该从水平和性质两个方面进行评价与记录。可以根据下面的等级来评价单宁水平：低—中（−）—中—中（＋）—高。

单宁的性质可以描述为成熟/柔与未成熟/青梗。单宁的质地可被描述为粗糙，也就是像粗砂一样粗劣和突出；或描述为细腻，也就是具有柔软光滑的质地。

19.5　乙　　醇

乙醇是在上颚被察觉，在舌后部和两腮上有温热的感觉，整个口腔也有这种感觉。葡萄酒在口腔中的重量随酒精度的升高而增加，酒精度过高的葡萄酒甚至有灼烧的感觉。

低度葡萄酒（即未加强葡萄酒）的乙醇含量范围在 7.5%～10%（体积分数）。随着葡萄果实的成熟，果糖和葡萄糖水平升高，因而潜在乙醇含量增加，所以可以预计，来自气候较炎热地区的葡萄酒比来自较凉地区的葡萄酒含有更多的乙醇。然而，此时应该注意到，葡萄酒按照体积计算的乙醇含量，就像风格、风味和质量等所有其他方面一样，取决于很多因素：①产区气候；②影响年份的天气；③所用的品种；④土壤类型和排水；⑤栽培措施，包括产量、整形方式、叶幕管理和采收时间选择；⑥酿造工艺，包括果实挑选、葡萄醪浓缩（使用的情况下）、酵母类型、发酵温度、是否是中止的不完全发酵或葡萄酒是否勾兑了甜葡萄原汁。

最近 20～30 年，葡萄酒的平均酒精度在升高，这是因为种植者推迟采收直至达到酚类物质成熟度（与过去相比，现在市场特别需要风格更柔和的红葡萄酒）、使用耐乙醇酵母和气候变化的影响。1989 年，在提及澳大利亚的'赤霞珠'时，Bryce Rankine 在其 *Making Good Wine* 中写道："成熟度通常为 10°～12°Baumé（18～21.6°Brix），葡萄酒的酒精度为 10%～12%（体积分数）。"2015 年，任何一款澳大利亚'赤霞珠'葡萄酒的酒精度低于 13%（体积分数）会被认为是不正常的，即产量过高和未充分成熟。如前所述，有从酒精度过高的葡萄酒中除去乙醇的方法，包括反渗透和旋转锥，但这些方法仍有争议。

可以根据下面的等级来评价酒精度：低—中（－）—中—中（＋）—高。

如果是评价加强葡萄酒，其酒精度范围在 15%～22%（体积分数），将酒精度为 15%～16%（体积分数）的葡萄酒评价为低，如菲诺雪利酒或博姆德沃尼斯麝香干白葡萄酒；17%～19%（体积分数）的葡萄酒评价为中，不包括菲诺雪莉酒和曼赞尼拉雪莉酒、一些天然甜型葡萄酒；20%或更高（体积分数）的葡萄酒评价为高，如波特酒。

19.6　酒　　体

酒体有时也称作重量或口感，更多是触觉而非味觉，这是一个模糊术语，用来描述葡萄酒在口腔中的轻盈度或饱满度。酒体不要与酒精度混淆，虽然酒精度低的葡萄酒其酒体可能不饱满。一般来说，来自气候较冷凉区域的葡萄酒比来自较炎热区域的葡萄酒酒体更轻盈。然而，与风格、风味和质量等其他方面一样，葡萄酒的酒体也取决于 19.5 节所列的因素。某些葡萄品种通常适于生产酒体轻盈的葡萄酒，而另一些葡萄品种则适于生产酒体饱满的葡萄酒。虽然这是一个非常笼统的概念，但用'长相思'或'雷司令'酿造的葡萄酒倾向于酒体非常轻盈，而用'霞多丽'或'维欧尼'酿造的葡萄酒的酒体可能中等饱满或饱满。红葡萄品种中，'黑比诺'酿造的葡萄酒要比'赤霞珠'或'西拉'酿造的葡萄酒的酒体更轻盈。

葡萄酒的酒体是由其结构支撑，而结构是由酸度、酒精度、单宁（红葡萄酒）和所有甜味组合在一起构成的，这种结构大概可以被认为是葡萄酒的架构。

可以根据下面的等级来评价酒体：轻盈—中（－）—中—中（＋）—饱满。

19.7　风味强度

风味强度不应该与酒体相混淆。一款葡萄酒可能酒体轻盈，但风味强度浓郁，如德国摩泽尔的优质'雷司令'葡萄酒。然而，与风格和质量等其他方面一样，葡萄酒的风味强度也取决于19.5节所列的因素，其中特别重要的是葡萄园的产量，高产植株所酿造的葡萄酒的风味通常比低产植株所酿造葡萄酒的风味淡且浓缩更少，尽管某一水平的产量对一个葡萄品种（如'长相思'）来说是低产，但对另一个品种（如'黑比诺'）来说却是高产。产量的影响将在第25章论述。在评价葡萄酒质量时，风味强度是一个重要的考虑因素。可以根据下面的等级来考量风味强度：淡—中（－）—中—中（＋）—浓郁。

19.8　风味特征

与嗅觉一样，人们可以在五个基本组的基础上考虑味觉的风味特征：果香、花香、香料香、蔬菜味、其他。

请读者再次参考表18.1。详细的笔记应该在单个风味感觉的基础上形成，在记录单个术语时，这些术语可能与已知的品种特点相关联。表19.1列出了白葡萄酒中可以感觉到的一些风味及通常与之相关的葡萄品种或其他葡萄酒成分，表19.2列出了红葡萄酒及其相关品种和其他葡萄酒成分中的一些风味。

表 19.1　白葡萄酒的一些风味与葡萄品种或与之相关的其他葡萄酒成分

风味	葡萄品种或其他葡萄酒成分	风味	葡萄品种或其他葡萄酒成分
苹果	'霞多丽'（冷凉气候），'雷司令'	酸橙	'雷司令'（温和气候），'长相思'
杏	'雷司令'，'维欧尼'	荔枝	'琼瑶浆'
芦笋	'长相思'	柑	'赛美容'
香蕉	'霞多丽'（炎热气候）	芒果	'霞多丽'（炎热气候）

续表

风味	葡萄品种或其他葡萄酒成分	风味	葡萄品种或其他葡萄酒成分
黄油	苹乳发酵完全	甜瓜	'霞多丽'（温和气候）
"猫味"	'长相思'	油桃	'赛美容'
柑橘类水果	'霞多丽'（冷凉气候），'雷司令'	荨麻	'长相思'
可可果	橡木陈酿	坚果	'白诗南'，橡木陈酿
奶油	苹乳发酵完全	西番莲果	'长相思'
奶油质地	酒泥陈酿	桃	'霞多丽'（温和气候），'雷司令'，'白诗南'
接骨木花	'长相思'	梨	'霞多丽'（冷凉气候），'Pinot Grigio'
醋栗	'长相思'	柿子椒（绿色）	'长相思'
葡萄柚	'霞多丽'，'赛美容'	汽油	'雷司令'（陈酿）
"草本植物味"	'长相思'	菠萝	'霞多丽'（炎热气候）
香草	'Pinot Grigio'	玫瑰	'琼瑶浆'
蜂蜜	'白诗南'，'雷司令'，'维欧尼'	2,4,6-三氯苯酚味	贵腐
煤油	'雷司令'（陈酿）	烤面包	橡木陈酿
猕猴桃	'Pinot Grigio'，'长相思'	香子兰	橡木陈酿（特别是美国橡木）
羊毛脂	'赛美容'	"湿羊毛味"	'白诗南'
柠檬	'霞多丽'，'Pinot Grigio'		

表 19.2　红葡萄酒的一些风味与葡萄品种或与之相关的其他葡萄酒成分

风味	葡萄品种或其他葡萄酒成分	风味	葡萄品种或其他葡萄酒成分
动物味	'黑比诺'，高水平的酒香酵母	薄荷	'赤霞珠'（特别是冷凉气候）
茴香	'马贝克'	铅笔屑	'赤霞珠'
香蕉	'佳美'，碳浸渍	柿子椒	'赤霞珠'，'卡门耐'
黑莓	'歌海娜'，'美乐'，'西拉'	黑胡椒	'西拉'
黑树莓	'增芳德'	白胡椒	'歌海娜'
雪松	木桶陈酿，'赤霞珠'	黑李子	'美乐'
黑樱桃	'赤霞珠'，'美乐'，'黑比诺'（充分成熟）	红李子	'美乐'，'黑比诺'（过熟）
红樱桃	'黑比诺'（完全成熟），'桑娇维塞'，'丹魄'	红穗醋栗	'巴贝拉'

续表

风味	葡萄品种或其他葡萄酒成分	风味	葡萄品种或其他葡萄酒成分
黑巧克力	'赤霞珠'，'西拉'	树莓	'品丽珠'，'歌海娜'，'黑比诺'（成熟）
肉桂	'赤霞珠'	玫瑰	'内比奥罗'
丁香	'歌海娜'	烟熏	橡木陈酿
可可果	橡木陈酿	酱油	'卡门耐'（充分成熟）
野味	'黑比诺'	青梗味	多雨年份，未成熟的葡萄，夹杂有穗梗
青草	未成熟葡萄	草莓	'歌海娜'，'黑比诺'（刚刚成熟），'美乐'，'丹魄'
混合香草	'歌海娜'，'美乐'，'桑娇维塞'	沥青	'内比奥罗'，'西拉'
草味	'黑比诺'	茶	'美乐'
皮革味	'西拉'，陈酿的葡萄酒	奶糖	'美乐'
甘草味	'歌海娜'，'马贝克'，'赤霞珠'	烤面包	橡木陈酿
肉味	'比诺塔吉'	烟叶	'赤霞珠'
金属味	'品丽珠'	松露菌	'内比奥罗'

19.9　其他观察

　　葡萄酒的质地也应该被考虑在内，并且各个特征的平衡也是本节要论述的重要内容。理解质地最简单的方法是，想象手指尖在不同年龄和职业的人的身体不同部位的皮肤上滑动，如模特光滑柔软的脸、收银员的手、远洋渔民饱经风霜的脸、建筑工人刮胡子前的下巴。葡萄酒的质地可以在如下范围内描述：柔滑—柔软—光滑—粗糙。

　　气泡会在舌上产生触觉。在质量较差的葡萄酒中，气泡非常猛烈；而奶油般的慕斯是高质量起泡葡萄酒中二氧化碳协调融合的指示。因此，对起泡葡萄酒来说，可以根据下面的等级来描述慕斯：纤弱精巧—乳脂般均匀—猛烈。

　　平衡是所有的味觉和触觉与味觉和触觉构成成分之间的相互关系，如果其中的任何一个方面或少数成分占优，或者其中的任何一个方面有缺陷，则葡萄酒就不平衡。举一个很容易理解的例子：一款被描述为甘甜但酸度低的白葡萄酒，会使人感到过甜、毫无活力，也就是不平衡；而一款酒体轻、风味强度淡、酒精度中（−）、但单宁高的红葡萄酒，会使人感到非常苦涩，同样也不平衡。一款平衡的葡萄酒所有的感觉比例相称，从而使之成为一个和谐的整体。在一款均衡的葡萄酒中，所有的感觉完美地融合在一起。

如果任何一个构成成分或许多构成成分使葡萄酒表现不平衡，这些信息一定要记录下来，但葡萄酒的成熟状态也是一个重要的考量因素。质量非常低的葡萄酒在其生命周期中的任何一个阶段永远都不会有平衡，但对高质量葡萄酒来说，特别是红葡萄酒，在接近成熟时往往能达到平衡。单宁和酸度在年轻葡萄酒中可能占优，品酒师需要评价所有构成成分和葡萄酒的结构，以预测这些构成成分在成熟时如何相互关联。对一流生产商的单个葡萄酒进行垂直品尝，包括非常年轻和成熟的葡萄酒样，可以帮助学生了解葡萄酒如何及何时达到平衡。在评价葡萄酒质量时，平衡是一个主要的考虑因素。

19.10　回　　味

简单地说，回味的绵长度和余味是葡萄酒质量的最佳标志，"回味"、"余味"和"绵长度"有时容易混淆。"回味"指的是葡萄酒在吞咽或吐掉时的最终味觉感受；"余味"包含人们呼气时所保留和发展而来的感觉；而"绵长度"则是回味和余味持续时间的度量。为了确定绵长度，将葡萄酒吐掉后，慢慢呼气，集中精力到感觉上，感觉味觉的任何变化或发展，计算味觉持续的秒数。质量差和廉价葡萄酒所给予的感觉在 5～10 s 后就会消失（绵长度短），且所有保留的感觉很可能是不悦人的；质量可接受的葡萄酒，其绵长度为 11～20 s[中（−）到中]；好葡萄酒的绵长度为 20～30 s[中（+）到长]；精品葡萄酒的绵长度为 30 s 以上（长），真正优秀的葡萄酒其绵长度可能会持续几分钟。在整个绵长度的测试中，重要的是要保持与葡萄酒的真实味觉相一致的感觉，而且一切都要保持平衡。读者可能希望根据上面给出的不同绵长度来调整几秒钟的时间，来适应他们自己的个人感受。

可以根据下面的等级来考量回味：短—中（−）—中—中（+）—长。

如果有任何不悦人的特征影响绵长度，显然会对质量的感知产生负面影响，必须要有相应的记录。例如，一款单宁未成熟且带有其他苦味化合物的葡萄酒，其绵长度可能为中或长，但苦味占优，其绵长度的本质使葡萄酒变得愈发不悦人。

第 20 章　品尝结论

本章论述品酒师在综合外观、嗅觉和味觉评价的全部信息基础上如何形成品尝结论；还将论述品酒师形成的判断和评价报告、葡萄酒的定级、盲品的原因和实践。

20.1　质量评价

20.1.1　质量水平

质量判断依赖于框架，这就形成了一个两难的境地——是在同龄群体环境中考虑某一种葡萄酒的质量，还是在整个葡萄酒世界的大环境中考虑某一种葡萄酒的质量？像博若莱这样的葡萄酒，适合早期饮用，其风格柔和，使人容易接受，尽管是精心酿造的、具有精致的香味、表现了其原产地和优于其他大多数同类型的葡萄酒，但这样的葡萄酒能被描述为品质超群吗？回答这些问题的关键是在评价时尽可能客观，并根据葡萄酒的原产地和葡萄酒所在地的价格水平，像品酒师所感知的那样记录葡萄酒的质量。

可以根据下面的等级来考量葡萄酒的质量水平：有缺陷—差—可接受—好—非常好—超群。

20.1.2　质量评价的根据

有可能很多质量超群的葡萄酒不取悦于人们的口味，而许多简单的葡萄酒有时可能非常具有吸引力。质量判断的根据应该符合逻辑和尽可能客观。在回顾品尝评价时，应对嗅觉强度、浓郁度和复杂性、味觉上的风味、葡萄酒的结构、平衡性和回味的绵长度进行着重考虑。下述指南应该能形成一个质量评价框架。

（1）有缺陷——表现第 21 章所述的一个或多个缺点，其程度使葡萄酒令人难以接受。

（2）差——不平衡和结构差的葡萄酒；风味淡、仅有单一果香、可能有一些缺陷和回味短的葡萄酒。

（3）可接受——仅有果香、风味强度中（－）或中、结构简单、回味中（－）或中的葡萄酒。

（4）好——没有缺陷或缺点，平衡性好，风味强度中（+）或浓郁，结构顺滑，风味复杂、有层次，味觉有发展，回味中（+）或长。

（5）非常好——结构复杂且协调、果香浓郁、平衡性好、回味绵长。

（6）超群——果香突出、平衡性极佳、非常有表现力、复杂，具有其原产地的经典典型性，回味非常长。

一款质量非常好或质量超群的葡萄酒，将呈现给品酒师一条不间断的"线"，也就是当葡萄酒进入口腔后，从触感开始，通过中味觉直至回味，整个感觉是连续的。当然，葡萄酒在酒杯中也会发展和变化，复杂性增加。换句话说，葡萄酒不会在短时间的嗅觉和味觉评价过程中表现出它必须表现的一切。一款质量超群的葡萄酒还会散发出一种清晰而明确的个体特征，忠实于其原产地，对时间和地点做出令人信服的诠释，它会以一种似乎超越感官感受的方式令人兴奋。换句话来说，它有能力以类似于文学、艺术或音乐作品的方式感动品酒师。

如上所述，葡萄酒的"线"能以味觉轮廓的形式形象化描述，味觉轮廓图说明了从口腔接触葡萄酒开始（前味觉），到中味觉、后味觉、回味过程中葡萄酒强度和质地的变化。图 20.1 所示为味觉轮廓的示例图。

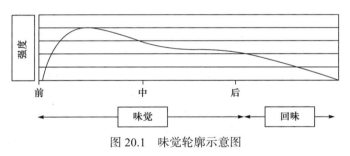

图 20.1　味觉轮廓示意图

20.2　适饮性/陈酿潜力评价

葡萄酒在何时适饮，在品尝时如何评价适饮性，这些问题就其本质而言很复杂。葡萄酒的生命周期取决于若干因素，如原产地、颜色、风格、结构和质量。廉价葡萄酒为即饮型葡萄酒，无论是红葡萄酒，还是桃红葡萄酒或白葡萄酒。红葡萄酒在酿造过程中通常不经过或经过轻微的发酵后果皮浸渍（这个过程能赋予葡萄酒以单宁的结构，后处理过程要求高，包括精过滤和装瓶前的稳定），最长保藏期为瓶储 3 年或 4 年，之后果香会消失，变为"干瘦的"葡萄酒。随着价格和质量等级的提高，更多的葡萄酒受益于某种程度的瓶中陈酿。瓶中陈酿的目的旨在生产优质红葡萄酒，到达质量最好时所用的时间和保持质量最好的时间，取决于年份的质量和风格、葡萄酒原产地和酿酒技术。嗅觉的果香强度和味觉的风味强度是重要指标，但这些特征可能在年轻的葡萄酒上表现得很收敛。对红葡萄酒来说，关键的酒体结构组成（单宁水平高、酸度中到高、乙醇含量合适）会在瓶中陈酿期间得到改善。在葡萄酒尚处于年轻时，这些组成是孤立的，对初学者来说，葡萄酒会显得生硬且不平衡，因为还需要长时间的瓶中陈酿来使它们演化和整合。虽然高酸具有很好的防腐作用，但平衡更重要。

20.2.1　适饮性/陈酿潜力等级

所有的葡萄酒都有一个适饮窗口期，过了这个窗口期葡萄酒将处于衰退状态。衰退或慢或快，质量水平低的葡萄酒衰退特别快。对高质量的葡萄酒来说，适饮窗口期就是质量处于最好的时期，期间葡萄酒具有完美的平衡，表现出复杂且和谐的感觉，几乎难以用语言描述；三类香气特征完全发育和成熟，回味的绵长度处于最高水平。但遗憾的是，各瓶同样的葡萄酒之间在达到适饮性峰值方面可能有一些差异，尤其是储存条件不一致时。随着葡萄酒的衰退，果香和丰满度开始消失，氧化和植物特征可能掩盖一切，苦味开始显现，回味的绵长度可能变短。

根据下面的等级来考量和断定适饮性/陈酿潜力等级既恰当又实用：太新—目前可以饮用，但有陈酿潜力—现在饮用，不适于陈酿或进一步陈酿—太老了。

20.2.2　评价的依据

达到上述评价的根据应记录在品尝笔记上，可以列出相关理由，如结构感、平衡性、浓郁度、复杂性、绵长度、典型性。

20.3　广义的葡萄酒

现在人们可以将葡萄酒与更广阔的葡萄酒世界相联系，并确定其原产地、葡萄品种、价格区间和年龄。盲品问题将在 20.5 节论述。

20.3.1　原产地/品种/其他

如果品酒师未被告知正在评价的葡萄酒的价格，也许可以做一个估测。当然，关于质量的结论很重要，但这必须与原产地和葡萄酒的成熟度联系起来。为了获得合理的估价，必然要对这些进行准确评价。

20.3.2　价格区间

如果品酒师知道所评价的葡萄酒的价格，将质量的结论与价格联系相对简单，从而可以断定葡萄酒是性价比低、质价相配或物有所值。然而，在某种程度上价值判断也依赖于框架，因为一些葡萄酒由于其原产地、稀缺或声誉而更加昂贵。当然，在顶级葡萄酒层面上，品酒师可能不用尝试做出价值评价。例如，如果所评价的葡萄酒是高级特酿香槟酒，成本价为 120 £ 或更高，或者是最好的波尔多葡萄酒，标价可能是几百英镑，仅作质量评价就可以了。当然，质量差的葡萄酒价值也低，价格可能也很低。

可以考虑按照下面的等级来确定某一种葡萄酒的价格区间：便宜—中等价位—高价位—极高价位—超高价位。

20.4 葡萄酒分级——评分

葡萄酒分级是一个有争议的话题，有些人认为葡萄酒不能通过得分或星级评价，整个品尝过程应该是定性的，而不是定量的。葡萄酒跨越了艺术和科学的界限，优质葡萄酒令人兴奋而又复杂的特征不能简单地归结为纯粹的数字。为了反驳这种观点，许多评论家指出，为了证明一种葡萄酒优于其他葡萄酒，必须根据某种等级范围对其进行评级。评论家经常对音乐或戏剧表演给出星级评价，就像饭店检查员、汽车和洗衣机测评员一样，几乎所有可销售的东西都是如此。然而，歌剧评论家绝不会给普契尼的《茶花女》打 99 分、《托斯卡》打 98 分，或者以这样精细的尺度评价个人表演。当然，对知识不太渊博的消费者（或投资者）来说，知道葡萄酒如何评分会使其做出购买的决定更容易。近年来，许多消费者热衷于购买廉价葡萄酒，只买最新的成箱特卖或买一送一的优惠酒，但也有一些人成了分数追逐者，他们根据评论家的打分来做购买决定。

目前，有几个不同的评分系统正在使用，这样就造成了一定程度的混乱。历史上通常使用 0～7 分制，当然，0～5 星的星级评价仍然是一个常用的分级系统。对许多评论家来说，使用此类系统简单的等级评价意味着，在一个分级等级内，不能表现出葡萄酒之间可能在质量上的显著差异。因此，目前葡萄酒打分首选的系统是 20 分制（以及可能包括或不包括打分的步骤）或 100 分制。如果需要，可以将打分转化为星级评价。评分分级和星级评价两个系统各有利弊，本节会简要分析这两个分级系统。给出的分数可以是外观、嗅觉、味觉、结论等单个分数的总和，在这种情况下，评价者会在某一个范围内打分，或可能直接给出一个总体分数。前一个方法的批评者指出，简单的分数相加意味着某个环节明显的弱点或缺点，并不影响某一种葡萄酒仍然获得很高的得分。

20.4.1 20 分分级

许多葡萄酒展的评委和几个葡萄酒杂志，特别是非美国出版的杂志，都采用

20 分制的分级评分系统。例如，英国出版的杂志《品醇客》所使用的 20 分制评分系统如表 20.1 所示，表 20.2 所示为英国出版的杂志《美酒世界》所使用的 20 分制评分系统。值得注意的是，这两个系统并不真正兼容。

表 20.1　英国杂志《品醇客》所使用的 20 分制评分系统

分值/分	等级
18.5～20	超群
17～18.25	强烈推荐
15～16.75	推荐
13～14.75	一般
11～12.75	差
≤10.75	有缺陷

表 20.2　英国杂志《美酒世界》所使用的 20 分制评分系统

分值/分	等级
19～20	顶级葡萄酒，具有迷人的美感和感官共鸣，使酒客有一种惊奇感
17～18.5	品质超群，优雅迷人
14.5～16.5	非常好的葡萄酒，有一些超群的特点
12.5～14	好葡萄酒，但无超群的特点
10.5～12	令人愉悦，简单明快
7.5～10	健康，但无特点或无吸引力，沉闷或乏味
0～7	令人不悦或有缺陷

20.4.2　100 分分级

世界上最有影响力的葡萄酒评论家 Robert Parker（和他的品酒师团队）、美国出版的《葡萄酒观察家》和其他杂志使用这个分级评分系统。该系统一些关键性的分界线，特别是达到 90 分的葡萄酒，被认为是品质超群的。Parker 团队对优质葡萄酒的购买者和生产者的影响怎样强调都不为过，尤其是就波尔多葡萄酒而言。可以这么说，如果 Parker 给一款葡萄酒打了 89 分，生产商或批发商就卖不出去；如果他给一款葡萄酒打了 91 分，即使非常富有的消费者也难买到！使用 100 分制，即使是最差的葡萄酒，最低的分数也有 50 分，然后加上外观（0～5）、嗅觉（0～15）、味觉（0～20）和结论、质量与陈酿潜力（0～10）的分数。该系统被《葡萄酒观察家》所使用，如表 20.3 所示。

表 20.3　美国杂志《葡萄酒观察家》通常使用的评分系统

分值/分	等级
95～100	经典，顶级葡萄酒
90～94	超群，具有出众的特点和风格
85～89	非常好的葡萄酒，具有特有的品质
80～84	好葡萄酒，紧实，酿造精良
75～79	中等偏下，可饮用，可能有小缺陷
50～74	不推荐

如果说分数有用，那也仅是对理解评分系统的人而言，就像低分数产品明显不能用于营销材料一样。对外行来说，100 分制的 75 分就相当于 20 分制的 15 分，而且两者看起来都很好！如果人们思考《美酒世界》和《品醇客》是如何将他们的分数与 100 分制相关联，可能还有更多困惑，如表 20.4 所示。

表 20.4　《美酒世界》和《品醇客》评价分数如何与 100 分制分数相关联

杂志名称	分值/分							
《葡萄酒观察家》	100	96	90	85	80	70	60	0
《品醇客》	20	19	7	5.5	4	1	无对应分值	0
《美酒世界》	20	19	7	4	1	8	7	0

在思考杂志和年度葡萄酒品酒比赛中关键评价的相关性时，请读者再了解一个主题，也就是第 22 章。

20.5　盲　　品

20.5.1　为什么要品尝盲品？

"盲"品葡萄酒就是不向品酒师提供关于葡萄酒身份的某些信息或全部信息，因而被认为是评价葡萄酒最"客观"的方法，这种方法被用于第 22 章论述的品酒比赛中，否则，评论家和裁判可能会因为知道所品尝的葡萄酒、生产商的声誉和他们之前对葡萄酒的感受，而影响品尝和评价。盲品也是提高品尝技术的最佳方法，能促使品酒师依靠他们自己的感知并使用他们自己的描述符。盲品是扩展记忆库的一种宝贵方法，特别是关于描述符和品尝的葡萄酒类型之间的关系。根据不同目的，可能不给品酒师提供任何信息，或者提供某些相关细节，如都是勃艮第葡萄酒，或都是由某一个特定品种酿造，或都在某一个价格区间内。换言之，仅给出了葡萄酒的部分信息。另一种可选择的方法有时称作"单盲"，是指预先披露所要品尝的葡萄酒的细节，但不披露品尝顺序，这样的框架能有助于集中精力评价葡萄酒的质量、典型性、风格和成熟度。

20.5.2　使用盲品或非盲品?

毫无疑问，知道所要品尝的葡萄酒的身份会影响品酒师对葡萄酒的感知，然而这里有充分的理由说明为什么品酒师想知道所要品尝的葡萄酒的细节。第一，葡萄酒会立即被置于相应的环境中，包括在某一地区的位置，也就是地域感；第二，关于地区和/或生产者方面的知识，如生产方法和"理念"，可以帮助品酒师了解葡萄酒；第三，葡萄酒方面的知识则有助于品酒师将葡萄酒置于其生命周期的某一个特定时间点上。评价葡萄酒的品质是否处于其最佳时期？基于生产商或地区的声誉，判断葡萄酒的陈酿潜力如何？

20.5.3　质量品尝

可以认为，只有通过盲品，品酒师才能接近于客观评价，就像本书第二部分引言中所讨论的那样。在考虑与揭示复杂性、平衡性和绵长度等质量因素时，盲品非常重要，因为品酒师不受先入之见的影响。如果品尝的目的是评判相对质量，则为这次活动所挑选的葡萄酒从品尝目的的视角来看应该是可比较的，从更广泛的意义上来说，在风格上要相似。如前所述，试图比照波尔多列级酒庄酒来评判博若莱红葡萄酒的质量毫无意义。

20.5.4　实践

在准备盲品时，保证葡萄酒真正以"盲"的形式出现很重要。除非在参与者视线之外向品酒杯倒酒，否则就应该将葡萄酒倒入编号的中性瓶中。仅用锡箔或瓶套包裹酒瓶还不够，因为酒瓶的形状和设计有时能显示出几乎与标签一样多的信息。编号的品尝垫（见第16章）同样必不可少。根据活动性质，如果有超过8种或10种葡萄酒需要品尝，较明智的做法是以"阶梯"形式呈现，因为这样能使单个葡萄酒之间的对比更加鲜明。

20.5.5　品尝考试

如果是品尝考试，如评价品酒师准确描述葡萄酒，推断葡萄品种、原产地、年份和质量能力的考试，为考试者挑选有代表性的葡萄酒样品很重要。在临近考试之前，每瓶酒都应该由考试小组的一名有经验的成员品尝，并形成详细的说明。如果意外发现一款葡萄酒有问题，除非其缺点严重至会显著影响其他被品尝的葡萄酒，否则就可以将之包括在内（条件是所有备用的瓶装葡萄酒表现相同的缺点）。

品酒师在开始品尝时应该小心谨慎，因为品酒顺序不一定是其嗅觉或味觉的合理顺序。例如，在一款浓郁的甜型葡萄酒之后，几乎没办法再品尝酒体轻盈、柔和的干白葡萄酒；而一款结构粗糙、单宁水平高的红葡萄酒会使品尝下一款葡萄酒的味觉消失。虽然不能看到或闻到甜味和单宁，但外观和嗅觉的某些方面将提示品酒师酒中可能存在甜味和单宁。因此，每一种葡萄酒都应该在进一步品尝前对外观进行评价。品酒师在决定按照某一顺序进行细致的嗅闻之前，同样必须先对每一种葡萄酒进行轻微的嗅闻，因为嗅觉强度非常强的葡萄酒，可能会使自己对下一款强度弱的葡萄酒失去一部分嗅觉。

应试者应确保根据第17～19章和第20.1～20.3小节中详述的每一个品尝项目完成品酒记录，在合适的情况下，记录要详细，香味和风味特征尤其需要详细地分析及描述。然而，还应该避免冗长描述，考官是在评价应试者准确描述葡萄酒的能力，而不是评价应试者像葡萄酒作家那样的技巧。每一种葡萄酒都应该被单独描述，不仅仅是与其他葡萄酒进行比较。必须避免像"好的""合理的"等模糊表达，如"好的酸度""合理的单宁"。

在尝试确定葡萄品种、原产地、质量和成熟度时，必须回顾所有的笔记，并确保结论是一致的。虽然第一印象通常都是正确的，但为了思考和审视所有的可能性，必须要有详细的推导过程。品酒记录准确反映所评价的葡萄酒，这一点很重要。因忙于得出一个不成熟的结论，应试者可能会调整笔记以符合结论。参加专业考试的学生常常错误地认为，得出正确的结论最重要，而实际上，考试分数的很大一部分是根据详细和准确地描述给出的。当然，结论与考官的描述和结论完全一致也很重要。同时，结论还必须与考官已做出的描述葡萄酒的标准一致。举一个非常简单的例子，如果应试者认为某种葡萄酒是用'赤霞珠'和'西拉'勾兑而成，又认为它是波尔多法定产区葡萄酒，这两者完全矛盾，因为在波尔多法定产区，'西拉'是不被允许种植的品种。最后，经常有学生错误地将葡萄酒的身份认定为教学大纲或考试问题范围之外的内容。

第 21 章　葡萄酒的缺点和缺陷

无论价格和目标质量水平如何，葡萄酒都容易受缺点的影响。许多可能的缺点出现在生产过程中，可以在适当的时间阻止或改正，而其他缺点可能是在瓶装葡萄酒中出现的，有时是在装瓶几年后才出现。有些缺点后果非常严重，以至于使葡萄酒的所有外观质量丧失，甚至是失去其可饮用性。

从本质上来说，葡萄酒的缺点或许是化学变化导致的，或者是微生物导致的。然而，关于个别葡萄酒是否有缺点（呈现一个或多个严重缺点）、有缺陷（呈现小缺点）或正常等的问题，其界限并不一定明确。除了品酒师的个人感官阈值问题外，关于葡萄酒是否存在独特的特点，或者是缺点或缺陷，可能也存在争议。例如，许多意大利红葡萄酒具有高水平的挥发酸，如果其他国家的葡萄酒也是如此，可能被认为是缺陷，但正是高水平的挥发酸使葡萄酒具有"意大利的"特点。附带提一下，1974 年，白马酒庄和圣爱美隆一级 A 等酒庄的葡萄酒是在控温发酵技术出现之前酿造的，一些评论家将其描述为有史以来的顶级葡萄酒之一，但它表现出高挥发酸，如今将被视为是有缺点的葡萄酒。此外，葡萄酒中存在酒香酵母也是一个有争议的话题，许多生产商和评论家声称，在低水平时，它可以增添葡萄酒的复杂性；而纯化论者认为，这就是葡萄酒的缺点。

下面详细说明瓶装葡萄酒中遇到过的一些最常见的缺点和缺陷，但所列的并不详尽。

21.1　氯代苯甲醚和溴代苯甲醚

通常被描述为"软木塞污染"或"软木塞霉变"是由卤代苯甲醚造成的葡萄酒污染，特别是氯代苯甲醚和溴代苯甲醚，是相对常见的缺点，但在近 10 年发生率呈现下降趋势。这个课题曾经是，而且仍然是值得研究的课题。如果葡萄酒严重被污染，这一缺点可以通过嗅闻葡萄酒立即被识别，通常不需要品尝。当将酒杯靠近鼻子，气味立刻就变为一种潮湿的酒窖味、重霉味、湿麻袋味，可能还带有蘑菇或干腐的气味；品尝后有浊味、霉味和土腥味，就像咬腐烂的苹果一样。这种缺点在口腔后部表现特别明显。但是，在污染水平低的情况下，上述表现可能不明显，但葡萄酒的果香会减弱，口感平淡。所以，因卤代苯甲醚造成的污染无论水平如何，都是缺点。

涉及葡萄酒污染的主要氯代苯甲醚和溴代苯甲醚如下。

（1）2,4,6-三氯苯甲醚：感官阈值为 1.5～3 ng/L。

（2）2,3,4,6-四氯苯甲醚：感官阈值为 10～15 ng/L，但在起泡葡萄酒中降至 5 ng/L。

（3）2,4,6-三溴苯甲醚：感官阈值为 3.4 ng/L。

（4）五氯苯甲醚：感官阈值＞50 μg/L。

卤代苯甲醚是由卤代酚（氯酚和溴酚）在微生物（特别是丝状真菌）的作用下转化而来，氯酚-O-甲基转移酶负责转移形成卤代苯甲醚。自然界中存在的氯酚是人为来源物质，在过去大约 75 年间，被广泛用作廉价杀虫剂和杀菌剂，因为氯酚通常不能被微生物降解，所以世界各地都有其污染影响的证据。必须清醒地认识到，第二次世界大战以前并不存在葡萄酒的氯代苯甲醚污染，虽然 George Saintsbury 教授在 1920 年出版的 *Notes on a Cellar Book* 一书中提到了一种带软木塞气味的葡萄酒，但人们并不知道其缺点特征是什么。从 1991 年开始，欧盟禁止使用氯酚，但非洲、亚洲和南美洲仍在使用。欧盟仍允许使用溴酚，其被用作阻燃剂和杀菌剂。因此，在许多酒窖产品中已经检测到 2,4,6-三溴酚。

在生产软木葡萄酒瓶塞时，树皮在森林中就可能被来自大气或雨水的卤代苯甲醚污染，软木塞也可能在生产过程中或生产后被污染。因此，历史上相关的污染都被描述为"软木塞霉变"或"带软木塞气味的"。然而，用非天然软木瓶塞密封的葡萄酒也会出现这类缺点，这就否定了被污染的软木是造成此类问题的唯一原因的说法。2,4,6-三溴苯甲醚并非来自于软木塞，而是来自于葡萄酒厂内部。卤代苯甲醚造成污染，其可能的污染源包括橡木桶、桶塞（特别是用硅胶生产的）、托板、过滤机、塑料（包括常用于酒瓶托板上的收缩塑料膜）、灌装设备、葡萄酒厂建材、酒厂和酒窖中的空气。酒窖全部建筑物因污染不得不拆毁和重建的实例也有一些。葡萄酒厂使用含氯消毒剂，甚至是自来水，也能引起氯代苯甲醚的污染。卤代苯甲醚挥发性强，容易转移。

近年来，为了试图消灭软木塞污染，软木塞的主要生产商进行了大量研究和投资，这使污染问题大量减少，但软木瓶塞仍是污染瓶装酒的可能原因之一。当然，对葡萄酒生产商来说，不可能去分析每一个橡木塞，只有葡萄酒在瓶中成熟几年后才可能发现污染问题。一个日益流行的观点是，软木塞能像吸墨纸一样从受污染的葡萄酒中吸收 2,4,6-三氯苯甲醚，从而降低污染的程度。

还有其他两种化合物虽然与卤代苯甲醚无关，但也能造成葡萄酒霉味污染，它们是 2-甲氧基-3,5-二甲基吡嗪和 2-异丙基-3-甲氧基吡嗪。

近年来，关于污染问题已经有很多争论，有时非常激烈，争论的当事人是软木塞制造商和替代瓶塞的制造商，以及支持和反对软木塞的游说团体。这在贸易采购商、作家和新闻记者中间也有分歧。一些超市和大型零售商在与其供货葡萄酒厂详细说明产品规格时，目前都坚持使用合成瓶塞或螺旋帽。然而，正如本章后面所述，使用合成瓶塞并非总是没有问题。

21.2　瓶内发酵和细菌性腐败

瓶内发酵可能是酒精发酵，也可能是苹乳发酵。葡萄酒如果含有残糖和活的酵母细胞，除非酒精度高于酵母起作用的水平[一般为 15%～16%（体积分数）]，否则就有可能发生瓶内再发酵。此外，葡萄酒如果在装瓶之前未经过苹乳发酵，并有乳酸菌存在，在瓶中就有可能发生苹乳发酵。瓶内发酵使葡萄酒含有二氧化碳气泡，即使肉眼看不到，但也能感觉到二氧化碳在舌头上的刺痛感。活的乳酸菌能使葡萄酒浑浊或呈丝绸一样的光泽，尤其是当葡萄酒在玻璃杯中旋转形成漩涡的时候。酒体模糊可能是瓶内发酵或细菌性腐败的标志，而蘑菇色或灰色沉淀物也是（完成）瓶内发酵的一个标志。

21.3　蛋 白 浑 浊

蛋白浑浊是目前非常少见的缺点。由于带正电荷的溶解蛋白聚集成光色散粒子，这种葡萄酒会显得暗淡和类似油状。在葡萄酒酿造过程中，用皂土澄清可以去除蛋白浑浊。

21.4　氧 　 化

葡萄酒氧化是缺点，通常在外观上表现明显，通过嗅闻可以感觉到。白葡萄酒看起来"平淡"、不明亮；在严重的情况下，颜色加深，逐渐变为棕色。红葡萄酒也会显得暗淡，并呈现棕色色调。在嗅闻时，葡萄酒有烧焦和苦的气味，并带有焦糖气味；在严重情况下，散发出欧罗索雪利酒的气味。如果进行品尝，会感觉到葡萄酒缺乏果香，味苦、污浊，回味很短。

葡萄酒在生命周期的某一点，吸收了很多氧气，以至于葡萄酒的结构被严重破坏，这可能是在加工前葡萄有破损或延误处理，或者葡萄酒在酒厂处理不当造成的，包括未能保持罐或木桶处于加满状态，或泵送不当。然而，最常见的原因是瓶装葡萄酒储存方式粗放或储存时间过久。用天然软木塞封闭的酒瓶应该一直保持卧放状态，以保持葡萄酒进入瓶颈和湿润软木塞。用塑料制成的"软木塞形"瓶塞封闭的葡萄酒，经过一段时间后，非常容易氧化，因为这种瓶塞较硬且会收缩。所有葡萄酒的生命都是有限的，不应该使之变得过老。正如人们所了解的，廉价葡萄酒通常是为了装瓶后立即饮用而生产的，随着保存时间的延长特别容易氧化。

　　在 20 世纪 90 年代后期到 21 世纪初期，理论上应为高质量和有陈酿价值的白葡萄酒，特别是来自勃艮第产区的白葡萄酒，产生了很高的所谓过早氧化发生率，这些葡萄酒被发现远在其预期成熟之前即被氧化，几乎不能饮用。关于潜在原因，几个理论被提出，包括受胁迫的葡萄植株谷胱甘肽（一种天然抗氧化剂）水平低、葡萄酒酿造过程中硫水平低、软木塞质量低。也有一些迹象表明，过早氧化正在影响一些"畅销"红葡萄酒，即那些果香非常浓郁的红葡萄酒。这类葡萄酒可能是用 pH 较高的过熟葡萄酿造而成的，为了促进酵母繁殖以确保完全发酵和减轻潜在的收敛性，也许酿造时酿酒师通入了大量氧气。

21.5　挥发酸过多

　　葡萄酒的总酸是非挥发酸或固定酸（如苹果酸和酒石酸）和挥发酸（利用蒸汽可以分离的酸）的总和。通常认为乙酸是挥发酸，实际上挥发酸包括乙酸，以及少量的丁酸、甲酸、乳酸和丙酸。从名称可以看出，挥发酸是葡萄酒中通过嗅闻能感觉到的酸，所有其他的酸是通过味觉才能感觉到的酸。所有葡萄酒都含有挥发酸，如果其水平较低，能增加葡萄酒的复杂性。但是，如果挥发酸水平过高，葡萄酒可能闻起来有醋味或洗甲油味（见 21.12 节）。在味觉上，挥发酸过多的葡萄酒表现为果香丧失和酒体单薄、尖酸，回味非常刺激且酸，甚至可能使口腔后部有灼热感。

　　如果葡萄酒厂卫生情况差，醋酸杆菌属（*Acetobacter*）的醋酸菌会快速繁殖，因而受污染葡萄酒的挥发酸有增加的风险。在葡萄酒酿造过程中的各个阶段，细菌都可能在葡萄酒中生长。细菌生长需要有空气存在，如果红葡萄酒是在开口罐中带果皮发酵，果皮帽会被发酵过程中产生的二氧化碳推向罐顶，这就为醋酸菌的生长提供了理想环境。醋酸菌也可能藏匿于不卫生的葡萄酒厂设备中，特别是老的木桶。挥发酸也是酒香酵母活动的副产物（见 21.8 节）。葡萄酒厂仔细使用二氧化硫能抑制这类细菌的生长，但过量使用会导致葡萄酒产生如下所述的另一个缺点。

21.6　二氧化硫过多

　　通过嗅闻能感觉到二氧化硫过多，葡萄酒可能有划火柴或燃烧焦炭的气味，从而使果香味大大减弱。二氧化硫通常会使鼻腔后面或喉咙里感到有刺痛的感觉，甚至可能使品酒师打喷嚏。

　　如前所述，二氧化硫是酿酒师普遍使用的抗菌剂和抗氧化剂，仔细使用二氧化硫能抑制醋酸菌和酒香酵母的生长。然而，过量使用二氧化硫，特别是在装瓶之前，会导致上述难闻的效果。需要指出的是，发酵本身也会产生一些二氧化硫。欧盟葡萄酒法规严格规定了在欧盟成员国销售的葡萄酒中所含有的二氧化硫含量，白葡萄酒的允许水平高于红葡萄酒，甜型白葡萄酒的允许水平高于干白葡萄酒。应该指出的是，其他一些国家允许较高水平的二氧化硫，如美国和日本，干红葡萄酒中允许的总二氧化硫水平高达 300 mg/L。但是，如果在欧盟销售，必须遵守欧盟的法规。

21.7　还　　原

　　还原性缺点包括硫化氢、硫醇和二硫化物，所有这些物质都能通过嗅闻识别，都是不细心和不熟悉葡萄酒酿造的结果。硫化氢具有明显的臭鸡蛋或下水道气味，其感官阈值为 40 μg/L。硫醇具有更难闻的气味，如汗味、烂白菜味、大蒜味等异味，甚至是臭鼬味，其感官阈值为 1.5 μg/L。二硫化物具有橡胶味，甚至是燃烧的橡胶味。

　　通常，作为葡萄园病虫害防治用的硫，在葡萄酒酿造过程中通过酵母的作用还原为硫化氢。用过熟或生长在贫瘠、缺氮土壤中的葡萄酿造的葡萄酒容易产生还原味，且某些红葡萄品种，特别是'西拉'，更容易产生还原味。为了阻止还原反应，酿酒师应尽力保持正在发酵的葡萄醪中有充足的氮气和氧气。葡萄醪中可以添加磷酸氢二铵，添加量通常为 200 mg/L（葡萄醪），其广泛应用于新世界国家，但能使葡萄酒失去少许颜色。已经证明，泵送期间强烈的充氧作用是解决这个问题的一个方法。这个过程包括：将发酵罐底排出的葡萄酒移入一个容器，通过这个容器将葡萄酒泵送到罐顶，并反复喷淋整个葡萄果皮帽。如果发酵完的葡萄酒出现缺点，可以使用化学品处理（如硫酸铜），但化学品处理会对葡萄酒的果香产生不利影响，粗心大意的使用能导致铜破败。还有一个经过时间证明的补救方法是将黄铜片放入有硫化氢味的葡萄酒罐中。

　　硫醇是酒精发酵结束后由酵母作用于硫或硫化氢产生的。红葡萄酒压榨后立即进行倒灌可降低该风险。对白葡萄酒来说，长时间接触酒泥虽然能给葡萄酒增添令人愉悦的面包和酵母风味，以及奶油结构，但存在一些风险，因为酵母要消耗氧气。用铜处理也能抑制硫醇的产生，但不能抑制二硫化物的产生。二硫化物是乙硫醇氧化和转化的产物，包括二乙基二硫醚、二甲基二硫醚、二甲基硫醚和乙硫醚。

过去几年，一个引起了大量研究和争议的课题是装瓶后的还原，特别是关于非软木瓶塞封闭葡萄酒，尤其是用螺旋帽封闭的葡萄酒，这一缺点的大量发生为螺旋帽与软木塞之间持续不断的争论增加了更多的刺激因素。

21.8　酒香酵母

酒香酵母俗称 Brett，类似于酿酒酵母，但更小。酒香酵母一般存在于葡萄果皮上，能造成葡萄酒的缺陷，这种缺陷能通过嗅闻识别，有明显的奶酪、潮湿的马味、农家院落味、烤柑橘或创可贴气味。引起农家院落味或粪肥气味的主要化合物是 4-乙基苯酚，但也有其他化合物，包括 4-乙基愈创木酚和异丁酸，后者赋予奶酪味。酒香酵母污染一般是因酿造过程粗心造成的，特别是卫生管理差。酒香酵母对二氧化硫非常敏感，通过定期监测和添加二氧化硫就能抑制。木桶中可能有大量酒香酵母，因而能在陈酿过程中污染葡萄酒，甚至整个酒窖也可能被污染，这种情况非常难纠正。酒香酵母味的味觉阈值为 425～600 μg/L。旧世界的许多生产商认为，少量酒香酵母味能给葡萄酒增添复杂性，进一步丰富风土的感觉。Pascal Chatonnet 对卤代苯甲醚和酒香酵母污染进行了大量研究，认为低于 400 μg/L 水平能增添葡萄酒的复杂性，但多达三分之二的红葡萄酒所含水平高于这个值。法国罗纳河谷的许多葡萄酒有酒香酵母味，历史上有据可查的例子是价格很高且得到高度评价的教皇新堡产区的博卡斯特尔酒庄的葡萄酒，但近年来表现痕量。黎巴嫩的穆萨酒庄大概是以酒香酵母特征闻名。大多数新世界的生产商认为，任何酒香酵母味都是缺点，并阐释说，一旦在酒窖中允许保留酒香酵母，其对葡萄酒的影响是不可控制的，但这并不意味着新世界国家的很多葡萄酒中没有能散发出强烈酒香酵母特征的葡萄酒。酒香酵母最可能污染酒精度高、酸度低、氮素过多、游离二氧化硫不足的葡萄酒。在红葡萄酒中，多少是"正确的"游离二氧化硫水平，并没有普遍共识，但通常认为，根据 pH 的不同，25～40 mg/L 是合适水平。残糖少的葡萄酒特别危险。近年来，对成熟好、单宁柔和的葡萄酒的需求使许多生产商盼望采收前酚类物质充分成熟，这就会使葡萄含糖量高（糖分不能被完全发酵）、葡萄酒的酒精度和 pH 高，从而将葡萄酒置于风险之中。

21.9　德克拉酵母

德克拉酵母（*Dekkera*）是酒香酵母的产孢形式，能造成葡萄酒的缺陷，这种缺陷能通过嗅闻识别，有明显的"焦糖"味或"老鼠一样的"异味。通常是因葡萄酒酿造过程中卫生条件差造成的，特别是在木桶酒窖中。通过仔细使用二氧化硫可以抑制德克拉酵母的活动。

21.10　香　叶　醇

香叶醇（$C_{10}H_{18}O$）能通过嗅闻识别，使葡萄酒有类似天竺葵或青柠檬的气味，是山梨酸钾的代谢副产物，而山梨酸钾有时被酿酒师用作含糖葡萄酒的保藏剂或瓶内发酵抑制剂。山梨酸钾根据需要量使用很重要，否则就会出现香叶醇缺陷。

21.11　土　腥　素

土腥素（$C_{12}H_{22}O$）是由某些霉菌和细菌代谢形成的一种化合物，这类微生物包括俗称蓝藻的蓝细菌。土腥素能通过嗅闻识别，表现甜菜或芜菁的泥土气味。因土腥素引起的缺点可能是由于木桶带有产生土腥素的微生物，或者这类微生物在软木塞上生长。然而，土腥素也可能存在于葡萄果穗上，如果 2%或更多果穗被污染，则所酿造的葡萄酒就可能表现这种缺陷。

21.12　乙酸乙酯

乙酸乙酯（CH_3—COO—CH_2—CH_3）能通过嗅闻识别，有洗甲油或胶水（两者都含有的化合物）气味；也可能有梨子糖果味，在发酵结束后的一周内存在的酯类物质也散发出这种香味；还有香蕉的香味。当乙醇和乙酸反应时产生乙酸乙酯和水。常见原因是葡萄酒与氧气接触时间过长或葡萄酒酿造过程中所使用的二氧化硫不足。所有葡萄酒中的乙酸乙酯浓度都较低，对香味有益，特别是甜型葡萄酒。但过多，也就是浓度超过感官阈值，则被认为是大的缺点。其感官阈值约为 200 mg/L，但随着葡萄酒风格的不同而有变化。

21.13　乙醛过多

乙醛是由乙醇氧化产生的，所有葡萄酒中都有，但量很少。当含量较多时，其具有类似于某种故意氧化葡萄酒的气味，如黄葡萄酒。乙醛过多赋予葡萄酒以严重烧焦的气味。

21.14　假丝酵母产生乙醛

这是瓶装葡萄酒中一种非常少见的缺陷或缺点，使葡萄酒不仅具有菲诺雪利酒基调的秸秆味，还散发出污浊味。一种劣质酵母，也就是酸酒假丝酵母（*Candida vini*），是造成这种缺陷的原因，这是一种膜酵母，有氧条件下可在葡萄酒表面形成膜，其根本原因通常是没有注意保持罐和木桶装满。

21.15　烟　污　染

这是澳大利亚和南非葡萄酒中很偶然出现的一个问题，它是由丛林大火或葡萄园附近的控制燃烧造成的。受影响的葡萄酒可能具有烧灰、熏蛙鱼或烟灰缸的气味。在被污染的葡萄酒中发现浓度高的化合物有愈创木酚和 4-甲基愈创木酚，但需要指出的是，经橡木陈酿或处理的葡萄酒也可能含有低浓度的这些物质，其感官阈值约为 6 μg/L。受丛林大火影响的葡萄酒样品送至澳大利亚葡萄酒研究所，分析结果为愈创木酚的浓度超过 70 μg/L。当然，种植者明白，如果他们的葡萄受到了烟的影响，即使使用这种葡萄酿造的葡萄酒大幅贬值，他们通常也会采收这种葡萄。在澳大利亚，本书作者曾看到过装有 50000 L 被烟污染的葡萄酒的大罐，并品尝了其中的葡萄酒。当问及产品的目的地时，酿酒师认为，这种葡萄酒在勾兑时会增加一些烟熏、烤面包的风味，可能会让某个品牌的产品由此受益。

第 22 章　质量保证和担保

葡萄酒的质量可以通过进行结构化的和详细的个人品尝来评定，人们可以相信自己的判断。本章论述是否存在人们能依赖的葡萄酒质量的第三方保证或担保；思考是否遵守原产地命名保护（PDO）和地理标志保护（PGI）法规；是否认可品酒竞赛的获胜产品和官方分级的产品；ISO 认证、成功品牌所赋予的质量和高的价格是否是质量的担保。

22.1　符合 PDO 和 PGI 法规可以作为质量保证吗？

22.1.1　欧盟和第三国

无论葡萄酒的产地在哪里，葡萄酒产品在一定程度上都要符合当地的法律和规定。在一些国家，法律和规定主要是确保产品的饮用安全和标签上的正确描述；而在另外一些国家，特别是欧盟成员国，相关的法律更详细、更严格。欧盟成员国内部生产的所有葡萄酒必须遵守欧盟关于葡萄酒生产、酿造惯例方面（包括允许的添加物和标签）的规定。

国际葡萄与葡萄酒组织在《国际酿酒惯例准则》中详细说明了葡萄酒酿造技术使用的条件和限制，《国际酿酒准则》收集了用于葡萄酒酿造和保存的主要化学品、有机及气体产品的描述。对在欧盟生产和销售的葡萄酒来说，欧盟的规定详细说明了允许的酿造惯例，这些目前都符合《食品法典》。现行的规定有（EU）No. 479/2008、（EU）No. 606/2009、（EU）No. 607/2009，（EU）No. 607/2009 随后被修订为（EU）No. 538/2011 和（EU）No. 670/2011。有机葡萄酒的生产包含在（EU）No. 889/2008 的修订版本（EU）No. 203/2012 中，它为履行（EC）No. 834/2007 理事会规定关于有机葡萄酒的细则制定了详细规定。

需要记住的是，根据欧盟的规定，除非被允许，否则任何事物都被禁止。例如，只有在 1507/2006 规定实施之后，橡木片才成为欧盟生产的"优质"葡萄酒的一种添加剂，而这种做法很早以前就在其他地方被合法使用（在欧盟内部是非法的）。在欧盟成员国以外第三国生产的葡萄酒，如果要出口到欧盟，必须遵守欧盟规定。欧盟每一个生产葡萄酒的成员国都有自己的葡萄酒法律，这些法律都从属于欧盟规定，并服从欧盟规定的要求。

22.1.2 PDO、PGI 和葡萄酒

欧盟成员国生产的葡萄酒被分为三大类：普通葡萄酒、PGI 葡萄酒和 PDO 葡萄酒。2009 年以前，欧盟将葡萄酒分为：无地理标志的佐餐葡萄酒、有地理标志的佐餐葡萄酒和特定产区生产的优质葡萄酒（QWpsr）三类。

个别国家给予有地理标志的佐餐葡萄酒种类以名称，其中著名的有大部分酒客都知道的法国地区餐酒，但很少有人听说过德国地区餐酒。某些国家给予个别 PGI 葡萄酒以名称，类似于过去给予以前有地理标志的佐餐葡萄酒名称，例如，Vin de Pays des Côtes de Gascogne 变为 Côtes de Gascogne IGP（Indication Géographique Protegée，地理标识保护）。

22.1.2.1 PGI 葡萄酒

根据欧盟规定，PGI 指的是一个地区、一个特定的地方，或者在特殊情况下，指的是一个国家，用来描述符合以下要求的葡萄酒。

（1）它具有特定的质量、声誉或由地理起源带来的其他特征。

（2）其生产所用的葡萄至少有 80% 要来自于这个地理区域。

（3）其生产是在这个地理区域进行的。

（4）葡萄果实来自于欧亚种葡萄品种或者欧亚种葡萄与葡萄属其他种葡萄的种间杂种。

本书作者注意到，上述最后一点说明种间杂交品种允许用于 PGI 葡萄酒，这些品种是欧亚种葡萄与美洲种葡萄的种间杂种，通常不会因为其味觉特征而闻名；还注意到，（EU）607/2009 的第 25 条规定，PGI 葡萄酒需要进行分析检验，并可能进行感官检验，这也就是说，PGI 葡萄酒在技术上必须是可靠的，但味觉可能令人不悦。话虽如此，大多数 PGI 葡萄酒的质量都是可以接受的，且在很多情况下，要比某些 PDO 葡萄酒好。

22.1.2.2 PDO 葡萄酒

PDO 的概念很简单，相关规定中没有 POD 概念的详细含义。葡萄酒产于某一地区或非常严格的限定区域，限定的原产地应该是典型的和与众不同的。例如，消费者不想或不期望波尔多红葡萄酒品尝起来像勃艮第红葡萄酒；人们期望摩泽尔的白葡萄酒与德国巴登的白葡萄酒相比具有不同的特征。每一个有欧盟认可的 PDO 葡萄酒管理体制的葡萄酒生产成员国都有自己的 PDO 种类名称，以及生产和标签的详细规则，并总是在欧盟规定的精确规则之内。问题是，这些规则能保证某一种被认定和标签上标明优质的葡萄酒就是这样的吗？实际上，意大利（与德国和西班牙一样）将 PDO 葡萄酒分为两大类，"最高"水平的葡萄酒称作 "Denominazione di Origine Controllata e Garantita（DOCG）"，意指质量担保。

　　根据欧盟规定，PDO 指的是一个地区、一个特定的地方，或者在特殊情况下，指的是一个国家，用来描述符合以下要求的产品。

　　（1）其质量和特征的形成主要或仅仅是因为特定的地理环境及其固有的自然和人文因素。

　　（2）其生产所用的葡萄仅仅来自于这个地理区域。

　　（3）其生产是在这个地理区域进行的。

　　（4）葡萄果实来自于欧亚种葡萄品种。

　　毫无疑问，PDO 即法语术语"法定产区（AC）"，现在称作原产地命名保护（AOP），AOP 也就是葡萄酒爱好者所熟知的 PDO，同时本书作者对欧盟其他成员国表示歉意，因为本书将讨论仅限定在法国了。

22.1.3　AOP（AC）的概念

　　AOP 至少从理论上来说是原产地和基本典型性的担保。需要指出的是，AOP 不仅适用于葡萄酒，也适用于许多法国食品，如 AOP 洛克福羊乳干酪。该体系由国家产地和质量监控局管理。受 AOP 规定管理的因素包括：葡萄园区域的界定；允许的葡萄品种；每公顷最高产量；栽培方法；葡萄酒酿造方法；葡萄酒的最低酒精度；葡萄酒必须通过品尝检验；葡萄酒必须通过实验室分析。

　　AOP 概念最根本的是产品区域的界定，区域可以是下述类型的任意一种：一个地区，如 Bourgogne AOP（勃艮第）；某一地区内部的行政区，如 Chablis AOP；一组村庄，如 Côte de Beaune Villages AOP；村（教区），如 Beaune AOP；单个一级葡萄园，如 Beaune Toussaints Premier Cru AOP；单个特级葡萄园，如 Corton Charlemagne Grand Cru AOP。

　　从理论上来说，称谓越精确，葡萄酒应该越独特。葡萄生长的地方决定了 AOP，而不是葡萄酒的酿造地。例如，用生长在夏布利的葡萄酿造的葡萄酒，即可以标注为 Chablis AOP，即使葡萄酒是在勃艮第的其他地方酿造的，如黄金之丘（虽然葡萄酒必须在该区酿造）。

　　按照规定，AOP 不是葡萄酒质量的担保，但称谓越精确，则土地的高质量产品生产潜力的官方评级越高，并且适用的法律标准越严格。这可能会带来更好的质量，但更多取决于生产商和他们对质量的承诺。这个体系的缺点之一是单个称谓具有商品价值，例如，在夏布利，来自单个特级葡萄园的葡萄酒通常有两倍或三倍于仅标注行政区名称葡萄酒的价值，但后者可能也很好。当然，这并不支持"低等级"称谓的生产者从自己的土地上生产非常好的葡萄酒。

　　如上所述，不仅仅是被 AOP 葡萄酒界定的葡萄园区域，还有许多其他因素对葡萄酒的味觉、风格和独特性有贡献，所有这些都被体现在 AOP 法律中，其中的关键因素之一是葡萄酒是用哪一个或哪一些葡萄品种酿造的。在某些地区或行政区，AOP 法律仅对一个品种做出了限定（例如，所有 Chablis AOP 和几乎所有的其他勃艮第白葡萄酒必须用'霞多丽'酿造），而其他区域的种植者则有更广泛的选择，可以用许多不同品种的葡萄酒进行勾兑。但关键点之一在于，一般而言，允许用于生产 AOP 葡萄酒的品种，通常是该区域的传统品种；如果种植者希望使用非传统品种，他们通常不能使用某一个 AOP 名称销售葡萄酒，但可以使用某一个地理标识保护的名称，也可以使用法国葡萄酒这个名称。

AOP 规定可以对葡萄植株的种植密度做出要求。例如，波尔多地区公社型波亚克或圣埃斯泰夫称谓所种植的葡萄，其种植密度最低应为 6500 株/ha；而对行政区型梅多克或格拉芙称谓来说，要求的最低种植密度为 5000 株/ha。根据最新变化，对地区型 Bordeaux Supérieur 或 Bordeaux AC 而言，最低种植密度分别为4500 株/ha 和 4000 株/ha。

（EU）607/2009 第 25 条规定，PDO 葡萄酒要通过分析检验和感官检验。对AC 葡萄酒的品尝检验和实验室分析检验，许多地区以前就做过，包括波尔多地区，但不是成品酒的检验，葡萄酒评价是在其整个发育过程的中途进行的。也就是说，品尝的葡萄酒从未以品尝时的味觉销售过，对品尝后的葡萄酒来说，还要经过进一步在罐或木桶中陈酿、勾兑和装瓶前的准备，包括澄清、过滤和冷稳定。有人认为，这样的品尝检验并不能保证购买者能购得典型且可接受的葡萄酒，更不用说优质产品。然而，从 2008 年开始，立法的变化要求葡萄酒在装瓶时进行评价，评价结果表明，绝大部分葡萄酒是可接受的，被降级或不合格的葡萄酒非常少。当然，对降级或不合格的葡萄酒来说，只能进行上诉。评定委员会也否定了一些高质量的葡萄酒，例如，"Les Hauts de Pontet-Canet"是顶级波尔多列级酒庄庞特卡奈酒庄 2012 年份的"副牌"葡萄酒，但在 2014 年评定时，官方拒绝给予Pauillac AC（AOP），其法律地位被降为法国葡萄酒，EU 的官方分级仅为"葡萄酒"。本书作者曾经品尝过这款葡萄酒，确实是一款佳酿，这样的降级很可能是由于品酒小组不同意它作为波亚克称谓的典型酒品。葡萄酒被降级的其他著名生产商包括著名的"麝香干白葡萄酒（Muscadet）"生产商 Domaine de l'écu。目前有许多联合抵制 AOP 或等效的 PDO 规定的高质量生产商，其原因有很多，例如，因为品种要求有时会变化，他们可能种植或仍然保留"不正确的"葡萄品种；他们可能选择了不符合法律其他方面的规定，如种植密度或栽培技术。但所生产的葡萄酒可能确实非常好，即使有时并不典型。毫无疑问，有许多品质差的葡萄酒在标签上也有 AOP（AC），也有许多非常好的葡萄酒仅仅以"法国葡萄酒"（或其他国家等效的称谓）形式出售。

值得注意的是，第三国生产商有时会借用著名原产地的命名和标签条款，虽然这样标注的葡萄酒可能并未进口到欧盟。幸运的是，迫于欧盟的压力，几年前在澳大利亚和美国就停止使用如"Burgundy"和"Chablis"等术语，但"port"

依旧存在，特别是在加州和南非。术语"Premier Cru"和"Grand Cru"受法律保护，在法国具有特定意义，而在新世界国家毫无意义。在南非，一些贴有"Premier Grand Cru"商标的葡萄酒在销售，在撰写本书时，其售价约为 36 ZAR/瓶（按当时的汇率大约 1.9 £/瓶），其中的一种在《John Platter 南非葡萄酒指南》中被描述为具有"柔和的果香"。

22.2　品酒比赛和评判分数可以作为质量评定吗？

为了传达信息和为消费者提供"最佳买单"，专栏作家对各种葡萄酒的质量进行评价，发表于周报专栏、月刊杂志文章和年度葡萄酒指南的固定专栏中。在这些评价意见的形成者之中，一些人是专家品酒师，且在酒类问题上受过良好的教育，而另一些人则没有。正如第 20 章所述，还有专家品酒师小组参加葡萄酒杂志和年度品酒比赛举办的品酒活动，如国际葡萄酒挑战赛、《品醇客》世界葡萄酒大奖和国际葡萄酒烈酒大赛，品酒结果根据评分表或奖牌分级。这类品酒活动一般是采用盲品（Robert Parker 的《葡萄酒倡导家》和《John Platter 南非葡萄酒指南》的品酒不是这样的），对于潜在的购买者来说，这可能是一个有用的信息源。然而，有几个问题需要注意，特别是关于年度葡萄酒大赛。

（1）尤其是在大型比赛时，品酒小组成员要评价大量葡萄酒，获胜的可能是最大牌、最有名的葡萄酒。人们有时会这样谈论澳大利亚的葡萄酒：酒瓶上的奖牌越多，喝掉整瓶酒的欲望就越小。

（2）品尝的葡萄酒会受到品尝前运输的影响，有些好的特性可能在最好的条件下才能显示出来。

（3）年度葡萄酒大赛需要生产商/代理商缴纳报名费，因为这个原因或其他原因，许多生产商/代理商不参加这种大赛。对于用一款已经具有很高声誉的葡萄酒参加比赛的生产商来说，参加此类大赛获益甚少。

（4）在一些比赛中，大部分葡萄酒都能获奖，持怀疑态度的读者可能认为，这是因为比赛组织者寻求由奖牌获得者来支付瓶贴和其他宣传材料的费用。然而，意大利国际葡萄酒大赛的奖牌非常珍贵，获奖葡萄酒约为参赛葡萄酒的 5%。

（5）这种评价仅是对当时品尝的特定几瓶葡萄酒的表面印象，也许这才是最重要的。大生产商可能将大量葡萄酒（特别是白葡萄酒和桃红葡萄酒）保存在罐中，直至需要进入市场。装瓶需要资金，且瓶装货物占用空间，而且许多葡萄酒在罐中能保持其"更新鲜"的状态，这对芳香型白葡萄品种来说尤其如此，如'长相思'。因此，对于一年之中仅灌装几瓶"获奖"的葡萄酒而言，为了装瓶，每一款葡萄酒至少要进行调整和稳定，但各个罐中的葡萄酒可能发育情况不同，在装瓶前可能要进行勾兑。所以，发货的葡萄酒与获奖的葡萄酒可能不完全相同。

最后需要注意的是，评论家和裁判可能对葡萄酒的味觉有非常一致的看法，也可能会有相当大的分歧。2014 年，一个由三名专家品酒师（包括两名葡萄酒大师）组成的小组为《美酒世界》杂志评价了一系列欧罗索风格的雪莉酒，每一位小组成员给 Osborne Oloroso Solera India 的评分分别为 19 分、17 分和 15 分（20 分制），给 Delgado Oloroso 评分分别为 14.5 分、13 分和 5 分。另一个小组为该杂志的另一期品尝了 Jura 葡萄酒，每一位小组成员给 2011 Maison Pierre Overnoy/Houillon Arbois Pupillin 的评分分别为 15.5 分、8 分、3.5 分。两名影响力大的葡萄酒评论家对同一款波尔多葡萄酒（柏菲酒庄 2003，圣爱美隆一级酒庄）的不同看法非常引人注目：葡萄酒大师 Jamcis Robinson 将这款葡萄酒描述为"一款荒唐的葡萄酒，尤其使人联想到迟采'增芳德'，而不是一款波尔多红葡萄酒"，评分为 12 分/20 分；而 Robert Parker 将这款酒描述为"是一款超级丰满的葡萄酒，有矿物味，轮廓分明，高贵典雅"，评分为 98 分/100 分。本书以一件有趣的事情进入本章的下一节，在 2012 年圣埃美隆葡萄酒庄的分级中（下节讨论），柏菲酒庄是晋升为一级 A 等名庄的两个酒庄之一。

22.3　分级可以作为质量的官方评定吗?

分级制度为庄园葡萄酒的质量提供了一个官方评估，如上所述的圣埃美隆分级，它在波尔多地区非常重要。最著名的是 1855 年的分级，它对梅多克行政区的红葡萄酒（和位于格拉芙行政区的侯伯王酒庄一起）和苏特恩的甜型白葡萄酒进行了分级。这个分级方案是由葡萄酒经纪人制定的，主要是基于葡萄酒的价格。但有两个例外，一个是人们熟知的木桐酒庄，于 1973 年晋升为一级庄，另一个是很少人知道的佳得美酒庄，于 1861 年被增补到列级酒庄名单，该分级方案未被修订过。此后，波尔多其他几个行政区也进行了分级，使用许多评估标准作为基础，包括品酒。格拉芙行政区的葡萄酒分级一直持续到 1959 年才完成，而圣埃美隆的分级（理论上每 10 年重新分级）于 2012 年完成。圣埃美隆分级是将列级酒庄分为两类：一级特等和特等，一级特等进一步分为 A 和 B 两组。应该记住的是，大部分酒庄仍未被分级。

圣埃美隆分级的最新历史和传奇故事值得在此探讨。从分级的最高可能水平看，参评酒庄的规模大是非常重要的。对葡萄酒价格的影响，以及对酒庄声誉、形象和声望的影响，都不能被夸大。被分为一级特等 B 组酒庄的价值可能是未分级酒庄的 10 倍。圣埃美隆的葡萄酒最初在 2006 年完成了分级，当时预计下一次分级是在 2016 年。然而，2006 的分级结果在 2007 年 3 月被一家法院暂停，原因是四个被降级的生产商投诉，并对分级结果有争议，这个分级结果随后于 2007 年 11 月被法国最高行政法院恢复，但不可思议的是，2008 年 7 月 1 日被波尔多法院宣布无效。2008 年 7 月 11 日，法国政府利用紧急处置权暂时恢复了 1996 年的分级结果；2009 年 5 月，一项法律恢复了这个分级，并允许其编入 2006 年新晋升的酒庄。采用修订后的标准，2012 年完成了新的分级，至少从短时间看，尘埃似乎已经落地。

自 2008 年重新引入以来，波尔多梅多克和上梅多克的中级酒庄酒分级已获得相当大的尊重。每年，由独立品酒小组对酒庄提供的葡萄酒进行评估，同时，也会对某一年列入分级名单、但在其他年份未列入分级名单的庄园提供的葡萄酒进行评估。对 2013 年份来说，中级酒庄称谓被授予 251 个酒庄。

可能除了中级酒庄分级外，所有分级的关联性和有效性总是引起争议，尤其是当业主更换的时候。土地可能在原产地称谓的边界内进行交易，其质量可能提高或降低。有意思的是，1855 年一级酒庄[红葡萄酒分级：拉菲酒庄，拉图酒庄，玛歌酒庄，侯伯王酒庄，木桐酒庄（1973 年晋升）；甜型白葡萄酒分级：滴金酒庄]的优势直至今天实际上也没有出现争议。高的价格意味着更多的资金用于质量，而高质量意味着更高的价格。那些对分级的相关性有疑问的人还指出，位于波尔多波美侯行政区的两个庄园里鹏和帕图斯，虽然这个行政区从未分级，但这两个庄园的葡萄酒通常能达到几乎是最高的价格。里鹏庄园声望的提高非常令人震惊：1979 年是该酒庄以 "Le Pin" 为名称生产的第一年，也是在这一年，Thienpont 家族买下了这个庄园；2015 年，1982 年份的葡萄酒在这个地区的指导价为 4800 ￡/瓶；2008 年，1982 年份葡萄酒的售价中等，为 2000 ￡/瓶。

22.4　ISO 9001 认证可以作为质量保证吗？

ISO 9000 是由总部位于日内瓦的国际标准化组织（ISO）发布的一系列质量标准的识别代码，这个系列的核心标准是 ISO 9001:2008。它是一个质量体系标准，起到质量管理体系开发、实施和维护的典范作用。在撰写本书时，ISO 9001:2008 预计将被更新为 ISO 9001/2015，可能有更少的规定性要求。

ISO 9000 系列主要涉及的是一个组织所要完成的事情，如下所述。

（1）用户的质量要求。

（2）适用的法规要求。

（3）提高用户的满意度。

（4）在追求这些目标的同时，实现自身的持续改善。

　　拥护基于 ISO 9001:2008 开发的质量管理体系的人认为，新开发的质量管理体系可以被葡萄酒生产商用来有效控制生产和商业过程，以满足消费者的需要。实际上，质量管理体系定义了满足用户要求和实现质量改善的方式。ISO 9001:2008 要求实施备有文件证明的质量管理体系，这个体系以质量手册、管理和操作程序、质量记录为基础；第三方审计员或认证机构根据这些证明文件，能够客观和独立地评估遵守国际标准的情况，从而在全球范围内承认其质量管理方面的能力和素质。

　　ISO 9001 受到大约四成人的批评，因为其明显专注于通过在所有生产阶段防止不合格来达到用户满意。ISO 9001 的理念是，规则不允许被破坏，这样做才有可能得到优质产品。批评者认为，从 ISO 9001 的视角看，质量被视为是满足用户需求的东西，而不是用户的愿望。法国 Ibis 酒店的早餐有 ISO 9001 认证！但人们认为质量在悄无声息地下降。因此，许多一流生产商拒绝 ISO 9001 和它所代表的理念。葡萄酒是农产品，受每年生长季波动的影响，不能始终优质。虽然人们认为使用 ISO 9001 不能保证成品的质量，但通过认证的生产商毫无疑问地依靠标准，并且相信通过这样做，能生产"优质"产品（无论"优质"这个词有多么模糊）。在访问阿根廷的一家大型酒厂（葡萄酒厂）时，本书作者询问首席酿酒师关于他们可能采取的提高产品质量的步骤，其回答有点儿骇人："我们的顾客尽可以放心，我们的葡萄酒是最好的，因为我们有 ISO 9001 和 HACCP！"南非图尔巴一家著名葡萄酒厂（沙朗博格）的酿酒师 Dewalt Heyns 说："ISO 9001 实施的那一天就是我退休的日子。你不能进入葡萄园或葡萄酒厂，但要花费一生的时间来管理文件，唯一的益处就是建立跟踪和可追溯性的保障体系。"

　　葡萄酒厂可以进行 ISO 22000:2005 认证，ISO 22000:2005 是食品安全管理体系的国际标准。大的客户，如超市，可以要求生产者认证，因为它有助于满足食品安全方面的"尽职调查"要求。ISO 22000 将于 2017 年更新。

22.5　成名品牌可以作为质量担保吗？

　　客户对大品牌的信任是建立在他们的观念上的，也就是他们选择的品牌给他们提供了质量和一致性方面的担保，且产品或服务是解决他们个人需求和需要的一部分。对葡萄酒而言，成功的品牌具有大的市场占有率，在超市的货架上似乎无处不在。然而，很少能找到葡萄酒作家对其中一些葡萄酒所提供的品质和个性方面的善意评价，尤其是那些超级品牌。许多品牌都有定位于不同价位的多层次产品，以"奔富"（所有者为 Treasury Wine Estates）为例说明，其市场销售的葡萄酒价格低至 5 £/瓶、高至 350 £/瓶或更高（如 Penfolds Grange）。应该认识到，许多销售品牌化葡萄酒的公司都在不止一个国家以相同的品牌名称来生产这些葡萄酒。

很难确定一个历史悠久的生产商的葡萄酒是在何时转型到现代术语意义上的品牌化产品的，例如，玛歌酒庄是一个品牌吗？当然，著名的香槟酒酒庄现在已经形成品牌，且与"香槟酒"商标相关的质量感受也很高。但是，香槟本身是一个相对小的产区（目前面积为 33705 ha，虽然有可能增加），且象征高标准葡萄园和酒窖的香槟酒指导价也属正常，葡萄的价格也高。例如，2014 年收获季的葡萄，酒庄的支付价格为 5.17～6.06 £/kg（5170～6060 £/t，或按当时的汇率为 4048～4745 £/t）。读者可能希望将其与澳大利亚和南非 2013 年收获季所达到的价格进行比较，这在第 24 章有详细说明。

有趣的是，与产品质量的任何变化相比，品牌的兴衰更取决于营销预算和品牌建设活动。南非葡萄酒在英国的最大销售品牌是 Kumara，在撰写本书时，该品牌的所有人是 Accolade Wines，这个品牌是 Accolade Wines 从 Constellation Brands 购得的，Constellation Brands 收购了 Vincor，Vincor 又收购了 Western Wines，而 Western Wines 是最初的品牌所有人。Kumara 既没有葡萄园也没有葡萄酒厂，葡萄酒都是由一个经纪人采购。在被 Constellation Brands 收购后的一段时间内，Kumara 的发展严重衰退，导致其在英国的年销量从超过 300 万箱降至不足 200 万箱。南非葡萄酒在英国的销量下降了 11%，其主要原因就在于此。不管怎样，品牌的寿命是有限的，几乎毫无例外。20 世纪 70 年代那些美滋滋地喝着 Crown of Crowns、Hirondelle 和 Don Cortez 的酒客，早就转移到其他品牌上了。

最近 20 年，与旧世界的葡萄酒品牌相比，新世界的葡萄酒品牌在英国市场上的影响力要大得多。在撰写本书时，在英国销售的前 10 大品牌中有 9 个是新世界的葡萄酒。毫无疑问，波尔多是世界上最大的优质葡萄酒产区，拥有 113000 ha 葡萄园，超过整个南非，平均年产量约为 8 亿瓶，但在前 50 名中仅有一个品牌（考维酒庄）。对许多消费者来说，新世界提供的通常是一致性好、容易理解的葡萄酒，其果香浓郁，消费者愿意享用。

那么，品牌是否提供了本节第一段提到的一致性和质量保证？为了投资品牌建设和保持品牌，品牌所有人需要合理确定葡萄供应的连续性。对真正的葡萄酒爱好者来说，勾兑的概念往往带有负面含义，尽管几乎所有的葡萄酒在某种程度上都是勾兑而成的。但是，勾兑是创造和保持大品牌葡萄酒风格的核心。果实可能来自生产商自己的葡萄园、签订合同的种植者或现场收购，葡萄酒可能是在一个或几个葡萄酒厂酿造，不同构成的葡萄酒进行勾兑能保持葡萄酒的风格。然而，为了一致性而根据定义大量勾兑，意味着勾兑不能达到可能的最好质量，所以大量勾兑不能满足难以达到的标准。为了一致性而进行勾兑意味着特殊年份、地区，甚至是酿酒师（可能因为他们来了又走了）的个性统统被抹杀。葡萄酒是农产品，其风格和任何一个地区/行政区果实品质的变化将取决于每一年的气候模式。在差的年份，单个酒庄可能决定不生产其"顶级"葡萄酒，而葡萄产区的品牌将面临特殊的挑战。当然，通过努力来保持产品的一致性，可能需要对葡萄酒进行大量技术调整，如添加酸、单宁等。非品牌葡萄酒可能会做这样的调整，通过酿酒师的努力来生产特定的葡萄酒，而不是保持品牌所有人所要求的一致性。

最后，无论怎样都难以保证为消费者提供一致的产品，这驳斥了"品牌的力量在于其一致性"论点。由本书作者组织并实施的品尝表明，可能同样的几瓶品牌葡萄酒在风格和质量上都有相当大的差异。超市经常是从多个来源购进品牌产品，品牌可能多种多样，尤其是从一个市场到另一个市场。一些最著名的香槟酒品牌根据产品预定的市场来生产不同规格的产品。英国的采购商通常更喜欢经酒泥陈酿（法律规定至少 15 个月）、带有更多酵母自溶风味的香槟酒，而且比德国采购商要求的补液要少。因此，如果超市绕过固定的供货源通过其他渠道采购，就有可能在货架上找到一排排迥然不同的香槟酒。

22.6　价格可以作为质量指示吗？

可以认为市场是葡萄酒质量的最终决定者。如果葡萄酒出众，则指导价就高于较差的葡萄酒。即使在 2007 年尚未装瓶，2005 年（非常好的年份）最好的波尔多葡萄酒在伦敦也能以 450~600 £/瓶的价格进行交易，比不到一年前发布时的价格上涨了 50%。在接下来的几年，由于多种因素（葡萄酒和酒庄表现的不确定性和全球金融动荡），其价格起起落落。到了 2015 年，白马酒庄 2005 年份葡萄酒的交易价格为 300~400 £/瓶，远低于其发布时的价格。

市场是炒作和时尚的主体。值得注意的是，在 19 世纪后期，统领高价的是德国的葡萄酒，高于任何波尔多列级酒庄酒的价格。例如，著名的伦敦酒商贝瑞路德提供的 1896 年酒单：① "Rüdeshrimer Hinterhaus 1862"：200 TSh（10 £）/dz；② "拉菲 1870（Château Lafite 1870）"：144 TSh（7.20 £）/dz。拉菲葡萄酒是最贵的在售波尔多葡萄酒，年份为 1870 年，一个极佳的年份，类似最近的 1963 年。Peter Dominic 提供的酒单：① "金玫瑰酒庄 1959（Château Gruaud Larose 1959）"：18 TSh/瓶；② "温勒内日晷园晚收葡萄酒 1959 [Wehlener Sonnenuhr Spätlese（J. Bergweiler）1959]"：32 TSh（1.60 £）/瓶。1959 年在波尔多和德国都是极佳的年份。2015 年，Fine+Rare 提供的酒单：① "温勒内日晷园晚收葡萄酒 2008 [Wehlener

Sonnenuhr Spätlese（Joh Jos Prüm）2008]"：19 £/瓶；②"金玫瑰酒庄 2005（Château Gruaud Larose 2005）"：64 £/瓶；③"拉菲 2005（Château Lafite 2005）"：624 £/瓶。

　　有人认为，任何葡萄酒的价格都不可能超过市场所能承受的价格。生产商需要收回生产成本，并从中获利，但这并不意味着葡萄酒的价格必然反映单个产品生产成本的差异。如上所述，许多品牌都包含了一系列等级，且通常所有的葡萄酒都是在相同或大体相似的水平上定价，不管生产成本是多少。价格将取决于对市场的感知和保持品牌形象。正如人们所看到的，称谓也是有"商品价值"的，这反映了其形象，顶级的麝香干白葡萄酒（Muscadet）生产商只能梦想着达到一个普通的桑塞尔白葡萄酒所能达到的价格。

第 23 章　自然因素和产地的含义

本章论述葡萄酒可能产生的不同概念上的风格，审视典型性（这个词对优质葡萄酒来说几乎是独一无二的）和地域性的概念，还要讨论区域气候、中气候和微气候、土壤的影响，以及风土的概念。最后论述"年份"因素，以及每年的天气和其他变量对生产商每一年所酿造的葡萄酒的风格、质量和数量的影响。

23.1　概念上的风格

葡萄酒可以被认为是由三种不同概念上的风格构成的：品种带来的、果实带来的和地点赋予的。对许多消费者来说，葡萄品种就如同品牌一样，是风格和品味的说明，并通过酿造符合标签标注品种的基准特征的葡萄酒，来满足人们的期望。随着质量等级的提高，葡萄酒应该更多地表现品种特征。以果实特征为主的葡萄酒散发出大量一类香气，在好的葡萄酒中，二类香气和三类香气特征增强。以地点特征为主的葡萄酒可能更内敛，更多的个性和原产地特征表现在其复杂性上，而不是品种或果实特征的简单表现。

还有其他内涵的概念上的风格，据此葡萄酒可被分为如下几类。

（1）表现原料特征的葡萄酒：葡萄品种和地区。

（2）满足市场需求的葡萄酒：大品牌产品，其产品设计有时根据消费者小组的反馈，并集中群体的建议来选择或确认葡萄酒的风格。

（3）酿酒师概念的葡萄酒：通常是用不同葡萄品种或行政区的葡萄酒进行勾兑。例如，奔富庄园的葡萄酒、许多波尔多列级酒庄酒和超级托斯卡纳葡萄酒。

23.2　典型性和地域性

大约在 40 年前，人们一般认为葡萄酒的原产地是决定其风格的主要因素，在很大程度上也决定了葡萄酒的质量。历史上，根据一年的运气，成熟与否被认为是由神灵控制的。例如，波尔多列级酒庄酒等经典葡萄酒，因带有产地风土味而闻名于世，并且需要一代（约 30 年）甚至更长时间的陈酿；事实上，像 1870 年和 1928 年这样结构稳定的年份，顶级葡萄酒在 50 年内还没有成熟。每一个地区的葡萄酒都是以世代相传的方式酿造的，很少论及葡萄品种，因为当时人们对葡萄品种的了解要比现今少得多，而且种植的品种是这个区域的传统品种。'霞多丽'（历史上常称为'Pinot Chardonnay'）和'白比诺'常被混淆，冠以"白色的勃艮第高贵葡萄"。到了 1968 年，'维欧尼'成了一个濒临灭绝的品种，在法国的孔得里约和格里勒两地的酒庄仅剩下 14 ha。1971 年，澳大利亚第一款'霞多丽'单品种葡萄酒在猎人谷由酿酒师 Murray Tyrrell 酿造而成。新世界国家对英国和其他欧洲市场来说重要性不大，其葡萄酒产量有限，且大部分产品是在国内消费。

　　如今，列级酒庄酒取得了从未有过的成功，但目前所生产的任何一种风味更饱满、单宁较少的葡萄酒都不太可能持续陈酿 50 年。对日常饮用的葡萄酒来说，葡萄品种和品牌是葡萄酒的主导要素。在撰写本书时，澳大利亚已超过法国，成为英国葡萄酒市场排名第一的供应商，无论在葡萄酒的体积方面还是销售额方面。然而，在市场萧条期间，澳大利亚葡萄酒 2008～2014 年在英国的销售额下降了约20%。在英国销售的绝大多数澳大利亚葡萄酒，与澳大利亚东南部"超级产区"的葡萄酒相比，没有非常精确的地域性原产地，它从东到西蔓延了大约 1250 英里（2000 km），包括了新南威尔士、维多利亚和南澳的所有葡萄酒产区，占澳大利亚葡萄酒产量的约 95%。澳大利亚东南部产区的葡萄果实、葡萄醪和桶装葡萄酒可能被运输到几百英里以外的地方，为大的生产商提供充足的原酒，以生产多产区勾兑的葡萄酒。该地区葡萄成熟度好，酿造工艺合适，在大量充满果实风味和品种特征的葡萄酒中，有许多葡萄酒质量很好，还有一些质量非常好，但从定义上来说，缺乏地域感。当然，澳大利亚许多地区的葡萄酒具有地域感，而且能生产带有产地特征的葡萄酒。南澳最南部的库纳瓦拉相对冷凉，位于著名的红色石灰岩土壤带的中心，该地精心酿造的优质葡萄酒会告诉人们其产自何处，这里的'赤霞珠'葡萄酒独具特色，口感纯净，极富表现力，具有令人愉悦的薄荷香味和泥土味，轮廓分明。而来自西澳大利亚玛格丽特河的'赛美容'葡萄酒，则散发出令人愉快的独特青草香。

23.3　气候对优质葡萄酒生产的影响

　　如第 2 章所述，葡萄酒产区的气候对葡萄酒的风格和所产葡萄的质量具有很大影响，因而对所酿造的葡萄酒的质量也有很大影响。在较冷凉的产区，葡萄果实可能难以充分成熟，这类产区也可能经受差异很大的天气模式年变化，从而使葡萄酒的风格和质量有很大变化。产量的年度变化可能很大，这通常是由当年（有时是前一年）的天气条件造成的，包括因霜冻、冰雹和干旱造成的减产。如果光照和仲秋到秋末的热量不足，红色葡萄果实积累的风味物质不足，青草味、未成熟的单宁味和酸度可能非常强。

炎热地区对生产者来说也有气候上的问题，葡萄果实可能成熟非常快，使糖分水平（和 pH）很高，但风味物质发育时间不足，或过多的热量使风味物质降解。葡萄果实还可能受到日灼的影响。有助于解决日灼问题的一个方法是，在葡萄植株西侧保留较厚的叶幕以遮住果实免受下午炎热的光照。如果温度超过 38℃，葡萄果实中的糖分积累或多或少会停止，这是因为葡萄植株要利用本身所有的能量保持存活。如果葡萄树体有充足的水分，光合作用会继续进行，但其代谢速度随温度升高而加快，快于光合作用增加的速度。如果温度超过 43℃，葡萄植株就有变干的风险。在西澳靠近珀斯的皮尔地区，2007 年节礼日的温度高达 45℃，使 2008 年葡萄收获季的产量和质量受到毁灭性影响。

位于葡萄栽培边缘的地区，夏季温暖、秋天晴朗，有足够的阳光使葡萄慢慢成熟，同时葡萄能长时间保留在植株上，这些地区的生产者认为，这些条件不仅使风味物质积累最多，而且能生产自然平衡的果实。日温差大的气候条件也能产生类似的表现，冷凉的夜晚有利于颜色、酸度和风味物质的固定。需要注意的是，大的日温差不仅限于大陆性气候，如纳帕为海洋性气候，夏季和冬季之间的温差相对较小，但日温差很大。个别的中气候、特定葡萄园或葡萄园一部分的局部气候，也会影响所产葡萄果实的风格和质量。勃艮第黄金之丘的特级葡萄园位于窄坡中部的不同部位（部分取决于坡向），接近坡顶位置，过于冷凉且风大，靠近坡底位置，土壤排水性较差。葡萄植株小区叶幕内部的精确气候，也就是微气候，受许多因素的影响，如行向、坡向、周围的植被、覆盖作物、覆盖物等。

23.4　土壤的作用

如第 3 章所述，包括表土和底土在内的土壤，其物理、化学和生物学性质能影响成品葡萄酒的风格及质量。不同土壤类型最重要的物理特性就是其控制水分供应、保持水分和排水方面的性质，简单来说，排水差的葡萄园不会产出优质葡萄酒。土壤质地取决于碎石、沙粒、粉粒和黏粒所占的比例，土壤的这些组成部分影响葡萄植株吸收水分、养分和矿物质的能力。然而，葡萄园土壤的微生物群系也会影响葡萄植株吸收这些物质的能力、葡萄植株的抗病性、生长在特定位置的葡萄果实的某一种香味和味觉特征。土壤真菌也能移居到葡萄果穗上，所造成的感官影响已成为当前研究的主题。避免土壤压实也很重要，土壤压实会导致土壤缺氧，从而限制根的生长能力。

23.5　风　　土

简单地翻译不符合法语单词"风土"的含义，它涵盖了一个葡萄园所处位置的土壤类型和质量，以及葡萄园区的中气候和地形因素。人们也利用葡萄栽培实践的历史记录来改良风土，包括葡萄园的再成形，如修筑（除去）梯田、安装排水系统，以及通过添加化学物质和有机物质来改变土壤的化学及生物学特性。

土壤类型和排水性是风土概念的关键部分。历史上人们普遍认为，肥力差（低氮）、排水好的土壤最适于葡萄种植。然而，在波尔多地区的最新研究表明，含氮量相对高的土壤能增加芳香品种（如'长相思'）的香气。某种土壤类型在一些国家被认为不如其他类型，例如，在法国，人们一般认为沙质土和冲积土不能生产质量非常高的葡萄酒，冲积土最有可能从规定为"优级"的法定产区中删除；在圣埃美隆白马酒庄（一级特等 A 组），位于沙质土壤上的植株所产的果实绝不能用来酿造优质葡萄酒。而新西兰和阿根廷的一部分生产者可能非常不同意这样的土壤不能生产出酿造顶级葡萄酒的果实的观点。然而，其他土壤类型在法国通常更受青睐，包括碎石土、花岗岩土、黏土和石灰岩土，特别是后两者混合在一起的钙质黏土。

波尔多大学的 Gerard Seguin 教授对波尔多周围土壤的化学性质进行了土地标记研究，包括梅多克的顶级特级葡萄园和次一些的庄园。研究结果表明，顶级酒庄土壤的酸性碎石和卵石所占比例高，为 50%～62%，而与之相对应的次一些庄园仅有 35%～45%。顶级酒庄的土壤天然瘠薄，特别是 1 m 深度内的土壤具有经过改良的化学特征；因钾水平较高，土壤缺镁。Gerard Seguin 认为，这种不平衡加上因此造成的离子拮抗作用，使葡萄树体生长势弱、产量低。他认为最好的葡萄酒，即使是在同一个庄园，也来自这样的地块。顶级酒庄的土壤中磷酸和有机质水平也高，土壤的黏土含量升高，而沙粒含量减少。所有这些改良是因为酒庄所有者能够负担得起几十年来肥料、堆肥和其他土壤改良剂的投入，从而使土壤结构、渗透性和抗侵蚀性得到改善。

土壤的物理性质对形成顶级风土至关重要，尤其是土壤的排水性和根伸入深处土壤中储存的水量。最好的土壤排水容易，葡萄植株的水分供应受到控制，葡萄的根扎向深处，并且吸收更深处土壤中的矿物质和微量元素。暴雨过后，好的排水性非常重要，因为渍水土壤使葡萄的根通过表层根吸收水分，并且使树体生长势过强，容易遭受霉菌的侵染。Gerard Seguin 在上梅多克列级酒庄的研究表明，地下水位随生长季推进而下降。从果实开始转色的 8 月份开始，进入成熟阶段，地下水位低至不能供给葡萄植株水分。因此，在关键的夏末成熟期，除非有降雨，否则植株的能量都转入果实成熟，而非营养生长，也就是说，葡萄植株受到了轻度水分胁迫。

　　也就是在最近的 20 年, 新世界的生产商才真正开始讨论其风土。风土的概念过去被认为是旧世界的营销噱头, 对许多生产商来说现在仍然如此, 并且可能成为葡萄酒酿造不佳的借口。对这一代新世界生产商来说, 来自加州大学戴维斯分校或阿德莱德大学的最新研究成果表明, 许多有关旧世界葡萄酒的风土特征被归因于酿酒技术不佳或污染, 例如, 矿物味是由于二氧化硫过多, 皮革或马厩味是因为酒香酵母属酵母。在新世界国家, 仅有几个受偏爱的区域因特别出众而受到赞誉, 最好的例子就是南澳的库纳瓦拉, 其因红色石灰岩土壤带而闻名。顺便说一下, 库纳瓦拉的风土 (以及由此产生的市场优势、葡萄酒价格和土地价格) 所带来的重要价值, 已经成为长期边界争端的主题。然而, 风土的概念在许多新世界产区仍然不太重要, 其原因有如下三个。

　　(1) 灌溉。如上所述, 虽然灌溉在自然降水不足区必不可少, 但当葡萄植株容易获得表面水分供应时, 风土的表现会减弱。虽然滴灌很有效, 但会导致土壤紧实、根区浅, 且葡萄植株吸收的矿质离子和养分来自最近土壤所施用的追肥, 而扎根深的葡萄植株是从土壤的自然供给中吸收这些物质的。可能此处需要注意的是, 河岸葡萄的砧木 (及其种间杂种) 趋向于浅层扎根。不能说灌溉是一件坏事, 但需要仔细控制。阿根廷的一些生产商目前在同一个葡萄园既使用滴灌, 也使用漫灌, 漫灌促进根区更加扩大。本书将在第 25 章论述诱导葡萄树体中度水分胁迫的概念。

　　(2) 在许多地方, 仅有一代或两代葡萄酒酿造经历, 与欧洲经典产区 2000 年的酿酒经历形成鲜明对比。最近 25 年, 在主要新世界葡萄酒生产国, 酿酒葡萄的种植面积增加了很多。例如, 1990 年澳大利亚的种植面积仅有 42000 ha, 到了 2011 年, 面积增加至 154000 ha, 尽管在 2015 年降至约 135000 ha。

　　(3) 许多新世界国家的葡萄园规模非常宏大, 例如, 位于智利库里科谷 Viña San Pedro 葡萄酒厂的 Molina 葡萄园, 是由 1200 ha 彼此相连的土地组成的。下面要论述的勃艮第 7 个划定界限的葡萄园 (称作夏布利特级葡萄园), 总面积仅为 102.9 ha。图 23.1 所示为 Molina 葡萄园的一部分, 图 23.2 所示为 "La Moutonne", 它是夏布利特级葡萄园 Preuses 和 Vaudésir 的一部分。当新世界国家的大型葡萄园采用机械采收时, 不同风土的葡萄园 (如果有的话) 一般不会分开采收, 葡萄果实也就没有机会分开酿造。

　　许多新世界国家的生产商将风土的概念根植于心。新西兰尼尔森的沃拉斯顿庄园园主 Philip Woollaston 说: "我深信葡萄园位置对葡萄酒的质量和风格具有最重要的影响, 是位置决定了葡萄酒, 而不是品种和品牌; 品牌无任何意义, 位置是确定的, 不能变化, 而品牌会不断更新。" 在马尔堡附近地区, 圣克莱尔庄园生产的 "Pioneer Block" 系列葡萄酒, 根据葡萄园小区的编号进行单独发酵、装瓶,和销售，令人瞩目的是，这些利用相同工艺酿造的葡萄酒之间的差异非常显著。从更大范围来看，新西兰最大的生产商 Pernod Ricard 生产和销售由马尔堡的阿瓦特里河谷和怀劳河谷的风土决定的"Terroir Series"系列葡萄酒。

许多其他新世界国家也在转向生产具有风土特征的葡萄酒，尤其是价格水平高和超高的葡萄酒。阿根廷的何塞酒庄和塞巴斯蒂安·朱卡迪酒庄在优可谷开发了一系列表现单个葡萄园独特特征的葡萄酒。Finca Piedra Infinita 位于阿尔塔米拉的 La Consulta，海拔为 1100 m，土壤为冲积土，含有大的石灰岩沉积物；而附近的 Finca Canal Uco，位于同样的海拔高度，但土壤为深厚的冲积土。每一产地所生产的葡萄酒尽管采用同样的方法酿造，但味觉轮廓显著不同，都散发出风土的影响。

葡萄酒行业也有许多人对风土的概念提出了质疑。葡萄酒顾问、奔富酒园和林德曼前品牌经理 Mike Paul 认为，20 世纪 90 年代的新世界葡萄酒革命，见证了风土重要性的降低，并认为"澳大利亚已经证明了酿酒师是英雄，而风土只是其中的一个要素"。然而，通过品尝几款来自同一个年份，使用同一个品种、无性系和树龄的葡萄果实，葡萄植株采用同样的栽培技术管理，在同一个酒窖采用同样的酿造工艺生产的葡萄酒发现，风土对成品酒的风味具有深刻影响。例如，在夏布利行政区，7 个特级葡萄园连在一起位于村庄北面的一个山坡上，其海拔和坡向稍有不同，土壤基本上是富含化石的 Kimmeridgian 黏土，但有细微的差异。来自每一个葡萄园的葡萄酒，味觉不同，即使采用同样的酿造工艺也是如此。表 23.1 所示为被命名为夏布利特级葡萄园的概况，并指出了每个葡萄园所产葡萄酒的风味差异。

表 23.1　夏布利特级葡萄园概况

葡萄园名称	面积和葡萄酒的风格
Bougros	葡萄园面积 12.6 ha，位于特级葡萄园区的西端。所生产的葡萄酒充满活力、结实，有阳刚之气
Preuses	葡萄园面积 11.4 ha。所生产的葡萄酒口感多汁、独特，成熟、丰满，比其他特级葡萄园的葡萄酒更浓郁、圆润
Vaudésir	葡萄园面积 14.7 ha。成熟的葡萄酒具有相关的矿物质和香料风味，娇柔，口感非常复杂
Grenouilles	葡萄园面积 9.3 ha。酒体轻盈、精巧，果香非常突出，活泼、优雅
Valmur	葡萄园面积 13.2 ha。具有柔和的花香，在所有特级葡萄园中酒体可能最轻盈
Les Clos	葡萄园面积 26 ha，面积最大的特级葡萄园，被许多人认为是最好的葡萄园。所生产的葡萄酒既丰满又强壮，具有令人振奋的矿物味
Blanchot	葡萄园面积 12.7 ha。花香和矿物味突出，酒体结构精巧，新酒的结构可能很紧致，但随着成熟，具有美妙的复杂性

注：夏布利特级葡萄园总面积约 100 ha（其面积仅为梅多克一个大型酒庄的面积），由 7 个被命名为 AC 的特级葡萄园组成。

Barone Francesco Ricasoli 是优质单个葡萄园经典基安蒂红葡萄酒的生产商，他曾说："我不生产以原产地称谓命名的葡萄酒和以品种名冠名的葡萄酒，我只生产风土意义上的葡萄酒。"Ricasoli 的 Brolio 葡萄园的土壤绘图显示，该园有19 种不同的土壤类型，5 种主要地质构造，海拔从 250 m 到 450 m，每一小块地的葡萄单独采收，分别酿造，以尊重每一种风土的要求和完整性，这样的加工处理被世界各地以生产风土特征为主的葡萄酒生产者反复使用。

23.6　年份因素

如上所述，在任何一个地区，甚至是一个葡萄园，每一个年份在产量、风格和质量方面都各不相同。生长季早期的寒冷天气，尤其是萌芽期和接着几周内发生霜冻，或开花期的大风天气，能导致葡萄大幅度减产。夏末的冰雹能使果实，甚至树体损毁。这类问题并非欧洲独有，许多新世界产区也处于此类风险之中。例如，阿根廷最大的葡萄酒产区门多萨，可能受到寒冷、霜冻、大风和冰雹的危害。种植在斜坡上的葡萄园，霜冻的风险通常较小，是因为厚重而寒冷的空气沿着斜坡向下流动。当然，因某些天气因素造成的减产有可能使质量提高，但关键在于，果实产量受到限制的原因必须清楚，而且树体必须保持平衡。

虽然夏季充足的阳光很理想，但如果天气太热，果实质量就会下降。曝光的葡萄有可能发生日灼，且遭受日灼的果实会皱缩变干，从而使葡萄酒散发出蒸煮气味。酸度、糖分和酚类物质之间的平衡对优质葡萄酒生产至关重要。当温度高于 38℃，葡萄树体的代谢会停止，从而导致果实成熟度不够。人们通常希望在春季或夏初有少量降雨，因为如果葡萄树体过度胁迫，果实质量也会降低；最期望的是在收获前的几周内，有一段干燥、温暖的天气。如果夏季冷凉，虽然葡萄果实健康，但果实成熟度不够，这样的条件有可能产生高质量年份，2014 年的波尔多就是这种情况，是温暖而干燥的 9 月使一个原本没有希望的收获季变成了一个经典年份。然而，许多原本是好的年份都被秋雨所破坏，因为秋雨来临时葡萄还未采收。每一个年份的风格各不相同，从炎热年份的浑厚、丰满，到日照较少年份的轻盈、精美。不同葡萄品种果实的成熟时间不同，例如，'美乐'比'赤霞珠'大约早 10 d 成熟。以波尔多为例，如果 9 月末有降雨，'美乐'葡萄可能正在发酵，以该品种为主的葡萄酒可能非常好，而以'赤霞珠'为主的葡萄酒可能就没有那么好。不同的是，如果 8 月和 9 月初冷凉，且降雨很多，但随后的 9 月天气晴暖，并一直持续到 10 月，以'赤霞珠'为主的葡萄酒可能更胜一筹。

采收时的降雨可能如噩梦一般，在整个葡萄酒产区形成一种沮丧的情绪，因为引起灰霉病的灰葡萄孢菌很快就能在葡萄果实上繁衍，而且真菌在潮湿的环境中生长旺盛。从土壤中吸收的水分会使受侵染的葡萄膨胀，从而使处于果穗中间的葡萄挤压在一起，甚至破损，疏穗有助于减少这类问题。如果运送到葡萄酒厂的葡萄潮湿，就会稀释果汁。此时机械采收的好处就能显现，因为如果预报有雨的话，机械采收可以很快将葡萄采收完毕。如果预报有短时间降雨，且果实保持健康，种植者可以冒险推迟采收，寄希望于之后是晴暖的天气，以达到更高的成熟度。如果是手工采收，可以指示采收工将受损或腐烂的果实留在地上。如果采收时果实潮湿，必须进行有效的分拣，详见第 25 章。

　　年份因素给产地增添了时间感，反映当年气候的风格、风味和质量方面的变化，给特定产区或生产商的葡萄酒增添了另一层个性，这与其他饮品不同，其他饮品必须保证批次之间的风格和一致性。垂直品尝，也就是品尝多个年份的"同一种"葡萄酒（即使处于成熟的不同阶段），这始终是最迷人和最能显示葡萄酒特征的品酒经历之一，这是因为垂直品尝能揭示产品特征的变化。

第 24 章 优质葡萄酒生产的限制因素

人们经常听到葡萄种植者哀叹："大自然并不总是很友善，但它比政府、超市和银行要仁慈得多。"从根本上来说，葡萄是一种农产品，通过艺术和科学的方法被转化为非常受关注的葡萄酒。换言之，生产葡萄酒的商业和经济驱动力往往比自然力更能约束质量。本章论述可能限制葡萄酒质量的资金、技艺、法律和环境压力。

24.1 资 金

对所有葡萄酒生产商、种植者或酿酒师来说，其首要目的是盈利。实际上可以认为，无论公司大或小，利润最大化对吸引更多投资或其他资金至关重要，无论资金是来自股东还是来自金融机构。人们可能希望，更多的资金投入中至少有一部分是用于增强产品的个性和质量，因为这两者都会赋予产品以竞争优势。然而，很多时候是市场营销和促销的预算在增加。

增加利润可以通过以下方式实现。

（1）涨价：可能涉及产品的"重新定位"，当然，定价不能高于市场所能承受的水平。

（2）提高质量：可能会促进销售或价格上涨，但一般会涉及成本的增加，尽管通常是通过简单地改善加工工艺来实现。

（3）增加产量和销量：可能会导致质量下降，且在没有价格下行压力的情况下，市场可能不会接受这样的增长。

（4）提高产品的市场认知度：这可能涉及更多的营销支出，但可能导致涨价。

（5）降低成本：如下所述，可能会导致质量下降，但生产成本的降低可以通过提高生产效率实现。

24.1.1 种植者的资金限制

非葡萄酒生产商的种植者是将葡萄卖给他或她是会员的合作社，或者直接或间接卖给葡萄酒生产公司，支付的价格取决于许多因素，包括合同约定、市场行情、葡萄品种、果实质量和卫生状况。

　　种植者与葡萄酒生产商之间可能有长期合同，生产商通常要求种植者遵守约定的田间管理工作，并按照买方的规格生产葡萄。众所周知，在资金困难或供过于求的情况下，买方不会履行这样的合同。如果种植者试图寻求法律解决，买方很可能会在案件审理时破产。然而，如果没有这样的合同，种植者就会受市场的支配，这会带来灾难性后果。当市场价格下跌时，合作社成员同样不能幸免。

　　根据澳大利亚酿酒师协会的数据，2014 年全国仅有 12% 的酿酒葡萄种植者盈利。在一些区域，这个数字更小，例如，在南澳的 Riverland（南半球最大的葡萄酒厂贝瑞庄园所在地），据报道，仅有 1% 的种植者盈利。2014 年，澳大利亚种植者的葡萄平均价格是 441 A$/t。自 2001 年葡萄价格达到近 933 A$/t 的峰值以来，总体上一直在下降，除了 2008 年因干旱而升高。2009 年的价格已经很低，而 2014 年的平均价格更低，内陆地区某些品种的价格令人震惊，例如，来自墨累河岸地区的'霞多丽'为 220 A$/t（2009 年为 308 A$/t），滨海沿岸（Riverina）产区的'鸽笼白'为 157 A$/t（2009 年为 197 A$/t），Riverland 的'白诗南'为 187 A$/t（2009 年为 295 A$/t）。而著名优质区的种植者则获得了更高的价格，产自塔斯马尼亚的'黑比诺'在 2014 年价格最高，平均为 2672 A$/t，一些种植者甚至达到 3500 A$/t 以上，也许这些并不令人意外。所有这些价格数据都来自澳大利亚葡萄和葡萄酒管理局，并且是以澳大利亚元（A$）计价。图 24.1 所示为 2000～2014 年澳大利亚葡萄果实每年的平均价格。读者可能希望将上述葡萄价格与香槟地区 2014 年种植者所获得的价格进行对比，香槟地区在 5170～6060 €/t 之间（取决于葡萄园所在的村庄），相当于约 7755～9090 A$/t。

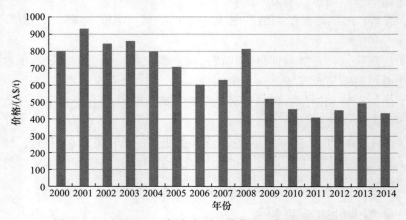

图 24.1　2000～2014 年澳大利亚葡萄果实每年的平均价格

　　过去 10 年，澳大利亚大部分葡萄种植者的损失非常惨重，有许多种植者破产，一些地区仍在挖除葡萄园，而在其他一些国家情况稍好一些。根据南非葡萄酒行业信息系统（SAWIS）的数据，2013 年南非葡萄种植者所获得的平均价格为 3800 ZAR/t（约为 407 A$/t），已经比 2007 年的低价 2781 ZAR/t 有所升高。但从 2008 年至 2013 年，南非的通货膨胀率（零售价格指数）合计为 57%，说明扣除物价上涨因素后的收入实际上已经降到了 2007 年的低点。

当然，种植者会指责葡萄酒厂收购葡萄时支付的价格低，使他们陷入绝境；而葡萄酒厂则指责其客户，特别是当地的大型超市集团和重要出口市场。出口量占澳大利亚葡萄酒销量的 60%，而 36% 是出口到英国市场（资料来源于 2014 年 12 月的葡萄酒出口批准报告，Wine Australia, 2015）。南非生产的葡萄酒有 57% 是出口销售，其中超过 21% 出口到英国，19% 出口到德国（资料来源于 SAWIS）。这两个国家的超市采购商以咄咄逼人著称。当然，许多欧洲地区的种植者也感受到了残酷压价的后果，随着欧盟将生产补贴转向用于出口营销预算，种植者的收入进一步减少。

在有资金压力时，必须节约资金。降低劳动力成本会使月度现金流迅速改善，但葡萄园的质量会迅速或缓慢下降。随着用于准备工作、土壤改良和病虫害控制方面的支出减少，收获的葡萄质量可能会降低。如果总收入下降，种植者就会倾向提高产量，以便有更多的葡萄出售，从而维持现金流。可以通过轻修剪、增加灌溉和不疏果来实现增产，以这种方式增加产量可能进一步降低果实质量（并使获得的价格更低）。在某些情况下，除了采收（手工采收）外，葡萄园的所有工作一并停止，从而严重影响葡萄质量。图 24.2 所示为无人管理的葡萄园（法国南部）。

24.1.2　生产商的资金限制

零售商给生产商施加无情的压力，要求生产商努力维持价格点、提供促销活动和提高利润，这意味着葡萄酒厂往往不得不在质量上做出妥协，所以必须制定恰当的交易规则和成本。葡萄酒厂可能很少挑选果实或根本不挑选，就像一些大型葡萄酒厂一样，10 t 自卸车将果实直接卸入破碎机的接收料斗中。图 24.3 所示为智利 10 t 自卸车正在卸果。发酵可能在较高的温度条件下进行（制冷所消耗的能源很贵）。事实上，葡萄醪和葡萄酒在葡萄酒生产进程中的每一个阶段都应加快速度，因为时间就是金钱。这样就涉及快速澄清和快速稳定技术，一些评论家认为这些技术可能有损于质量，如切向过滤和瞬时巴氏杀菌。葡萄酒的"橡木陈酿"过程也是可以控制成本的一个关键之处。

购买新木桶很贵，购买使用过的木桶又有风险，尤其担心可能受到酒香酵母、醋酸菌或灾难性的卤代苯甲醚的污染。当然，木桶陈酿的葡萄酒的成本不仅包括购买木桶的成本，所需的用工量也会增加，还有会增加因蒸发造成的葡萄酒损失。廉价葡萄酒承担不起木桶陈酿的高成本，所以研发了多种橡木陈酿替代方法，包括橡木粉、橡木粒、橡木屑、橡木棍、橡木框和橡木板。表 24.1 所示为各种橡木产品的使用量和每升葡萄酒橡木的大概成本。

表 24.1　各种橡木产品的使用量和每升葡萄酒橡木的大概成本

产品名称	常用规格	大致用量	单价	每升的成本
大桶板（法国）	2200 mm×100 mm×12 mm	200～250 L/块	17.50 £	0.07 £
橡木桶条（法国）	240 mm×22 mm×7 mm	1 条/3 或 4 次桶	21.80 £	0.097 £
小桶板（法国）	960 mm×50 mm×7 mm	35～40 L/块	3.80 £	0.095 £
橡木方（法国）	50 mm×50 mm×7 mm（2.5 m²/包）	1200 L/包	75.25 £/包	0.062 £
橡木屑（法国）	7～10 mm	1.5～2 g/L	6.27 £/kg	0.0125 £
橡木屑（美国）	7～10 mm	1.5～2 g/L	2.09 £/kg	0.004 £
橡木粒（法国）	2～3 mm	1～1.5 g/L	6.95 £/kg	0.010 £
橡木粉（用于发酵）	粉状	600 g/t（葡萄）	4.15 £/kg	0.003 £

使用橡木屑（使用量为 1.5～2 g/L）陈酿的葡萄酒，每升葡萄酒的橡木总成本不足新木桶、1 次木桶和 2 次木桶陈酿 1 年后等量混合葡萄酒橡木成本的十分之一，大概是 0.10 £/L，与木桶陈酿成本的 1.2 £/L 形成鲜明对比。

当然，葡萄酒在橡木桶中陈酿时，葡萄酒、木材和环境之间会相互作用，葡萄酒会通过木材的微孔蒸发、进行受控的氧合作用，以及吸收橡木产物。但木材在容器的内部就不会发生这种情况，如钢罐内置橡木板材。微氧合作用（通过微氧合作用，少量气体以气泡形式进入钢罐的葡萄酒中）是一种旨在模拟葡萄酒在木桶中呼吸的方法。但是，使用橡木屑、橡木粒、橡木刨花或橡木粉代替橡木桶陈酿的效果可能很差，这类橡木产品经常会带来不协调的甜味和柔软多汁的风味，有时还会带来粗糙的质地。提倡使用替代橡木的产品结合微氧合处理的人认为，该工艺未必不如木桶陈酿，应更好地控制橡木产品的添加量和使用的灵活性，包括恰当的添加时间。第 25 章的讨论会再回到木桶陈酿问题上。

24.2　技能和勤奋

不难想象，在 21 世纪葡萄酒生产的高科技世界中，所有参与者都受过良好教育，而且在与其特定工作领域相关的事项上都具有很高的技能。在高质量的生产商那里当然如此，因为其葡萄酒订购价格高，确实需要参与者在每一个方面都要一丝不苟地完成。而在质量水平较低的葡萄酒厂，缺乏培训、技能较差、不勤奋等方面都很明显。葡萄园工作大多是由承包商承包，然后再雇用低薪的作业人员，这些雇工仅接受过最低限度的培训，其中还有日工形式的移民工。因为在工作中没有责任心或权属感，并且收入与成品不挂钩，工人表现不佳。作业人员在工作时可能仅知道他们在做什么，但不知道为什么要这样做。南非一个普通全职葡萄园工人每周的收入是 620 ZAR（按照撰写本书时的汇率，大约是 34.00 £）。毫无疑问，一些葡萄园呈现的是在葡萄酒界所能见到的最低标准的葡萄栽培作业，这一观点得到了其他葡萄酒作家的支持。修剪是一项需要技能的工作，而且要将葡萄植株看作是有机体，但这项作业通常是由计件工人承担，他们至多是按照给他们下达的简单公式操作，如保留 12 个节位。优质葡萄只能产自树体平衡的葡萄植株，而细致修剪是达到树体平衡的关键要素之一。当进入新世界国家的葡萄园时，经常能看到灌溉管被堵或破裂，导致一些区域淹水，而附近的土地和葡萄植株逐渐变干。

技能和勤奋在葡萄酒厂同样非常重要，即使是最博学和挑剔的酿酒师，也不会出现在大型葡萄酒厂的所有作业中，而"酒窖工"和实习生可能会因为无知、粗心或懒惰而危害质量。清洁也非常重要，但为了消除卤代苯甲醚污染的风险，无论如何要避免使用氯基清洗剂。如果除梗-破碎机失调或操作不小心，问题就会随之而来。例如，如果使用除梗机，设备应该移除并弹出全部果梗，这一点尤为重要。质量差的除梗机可能将果梗打碎，导致葡萄酒的果梗味突出、酒体非常粗糙，这是因为葡萄酒中有果梗单宁。如果破碎机的滚轴失调，压力可能过大，从而压碎葡萄种子，并将苦涩的物质释放到葡萄醪中。

保持盛酒罐完全装满非常重要，或直接在葡萄酒的表面放置浮动盖，否则会因酵母、真菌、醋酸菌或氧化作用而在葡萄酒表面形成膜。木桶必须保持洁净，且在使用之前要杀菌。人们普遍认为，在木桶陈酿的第一年，必须进行定期添桶，但也有一些酿酒师质疑这个观点，前提条件就是桶塞一定要塞紧，而且木桶要滚到 2 点钟的位置。所有的人都认为氧化是葡萄酒最大的威胁。过滤机必须定期排除干净，必要时要更换过滤材料。过滤不好会导致葡萄酒有硬纸板味。装瓶过程要快也很重要。灌装时随着大罐变空，为防止葡萄酒氧化，装瓶工应该用惰性气体覆盖葡萄酒。虽然酒瓶是以收缩塑料薄膜包装的形式放在托盘上到达工厂，但在使用前要再次清洗。如果已经发现卤代苯甲醚（见第 21 章）存在于所谓干净的托盘中，在新酒瓶到达灌装线时，即使是低水平的污染，也会使瓶装葡萄酒失去果香。

24.3　法　　律

法律上的考量可能会制约葡萄酒的质量，特别是在欧盟内部，这似乎很奇怪，直到人们了解到，葡萄酒法规中规定的许多葡萄栽培方法和酿造工艺是在咨询之后达成的，这也许是迫于大型生产商的压力。可以认为，控制生产成本，以及由此而来的控制生产方法，是这些规定背后的主要推动力。正如第 22 章所述，法规中没有的方法或工艺是被禁止的。特别是小型生产商常会感到，在这样的法律约束下工作，限制了他们的创造个性和提高质量的创意，至少当他们想以 PDO 葡萄酒的名义销售自己产品时会受到限制。因此，一些生产商选择不以 PDO 的名义销售自己的葡萄酒，而是贴上地理标志保护标签或简单的"葡萄酒"标签，如法国葡萄酒。然而，为了避免失去显赫且宝贵的 PDO 地位（如 Hermitage AOP），其他生产商确实采取措施使自己的葡萄酒"标准化"，以确保通过合规性检验、技术分析检验和品尝时的特征检验。

24.4　环　　境

在葡萄酒行业中，目前优先考虑的是减少对环境的破坏，如果可能，还要有利于环境。令人为难之处在于，这样的考虑可能对质量产生负面影响。当然，许多环境方面的考虑具有积极影响。在 20 世纪 60～80 年代，人们在进入葡萄园时好像都会看到常规的预防性喷施化学药剂或使用有利于"增产"的化学肥料。如今，一大批质量意识强、环境友好的种植者正在实行"病虫害综合管理"。近 20 年来，全世界有机和生物动力学葡萄酒生产商的数量大幅度增加。此外，葡萄行间大量采用覆盖作物，葡萄园里听到的声音主要是"有益"昆虫轻柔的嗡嗡声！值得注意的是，在质量意识强的庄园，葡萄园的卫生标准比以往任何时候都要高，葡萄树体更加平衡，果实质量也有提高。

然而，现今的流行语是"降低对环境的影响"、"减少碳排放"和成为"碳中性生产者"，零售商和分销商越来越多地要求供应商采取行动来实现这个目标。当然，许多环境问题得到了积极的改善，即使碳中性身份是通过简单地购买碳排放额度达到的。例如，硅藻土和过滤板等传统过滤材料虽然效果很好，但因其残余物被排放到垃圾填埋场而变得不太受欢迎。同样，因为需要支付葡萄酒在销售区而不是在生产区瓶装或其他包装的费用，以及使用质量更轻的容器而不是玻璃瓶灌装，所以价格会升高。

历史上，大量葡萄酒的运输通常是船运，由目的地国家的酒商装瓶。几个世纪以来，葡萄酒是以木桶装的形式进行船运，但在 20 世纪，开始使用其他运输方式，包括廉价葡萄酒的船用钢罐、SAFRAP（有内衬的低碳钢）集装箱和公路酒罐车。当然，生产商必须为葡萄酒的运输做好准备、调整和保护，而灌装工要为装瓶做好准备。毫无疑问，葡萄酒在运输过程中常会变质，而葡萄酒的完整性往往会因装瓶酒商处理不当而受损害。所以在 20 世纪下半叶，尤其是对优质葡萄酒来说，至少应该在葡萄酒原产地区域或最好在生产葡萄酒的庄园进行装瓶，这样的趋势越来越明显。1972 年颁布了波尔多列级酒庄酒必须在酒庄装瓶的规定，尽管几十年来大多数酒庄已经实现了全部或部分产品在酒庄装瓶。如今，根据法律，某些 AOP（AC）葡萄酒或国家层面同等的葡萄酒必须在其生产地区装瓶。

一箱 12 瓶 × 750 mL 的静止葡萄酒质量为 15～16 kg，其中 9 kg 是液体的质量，其余是酒瓶、包装材料等的质量。在这种情况下，箱内还有很多"浪费"的空间，所以散装船运、在目的地装瓶会降低运输质量和所需的空间，表面上看这对环境是有显著意义的。如上所述，散装形式运输的葡萄酒在运输过程中需要稳定（可能包括额外加入二氧化硫），达到目的地后需要进一步处理，并添加二氧化硫准备装瓶。大多数质量意识强的生产商和几乎所有的评论家认为，最小限度的处理是高质量的关键。散装葡萄酒，特别是柔和的白葡萄酒的转移，可能导致新鲜感的损失，无数夏布利葡萄酒不在夏布利装瓶而是在更南面的黄金之丘装瓶的例子已经证明了这一点。

十多年前，人们开始将一些便宜的葡萄酒装入轻质塑料瓶中，这种瓶子有玻璃瓶的感觉。玻璃酒瓶的质量约为 400 g，而塑料瓶的质量仅有 54 g。毫无疑问，塑料瓶不利于葡萄酒的品质，因为与玻璃不同，玻璃是完全不渗透的惰性材料，而塑料允许少量的氧气进入。塑料还会吸收风味物质，而且葡萄酒中的酸还会腐蚀塑料。对塑料瓶包装的葡萄酒来说，二氧化硫水平肯定升高，并造成果香的损失。塑料瓶装葡萄酒的货架期也会缩短。因为这些问题，加上消费者的负面感受，这种容器在市场上的表现并不成功，虽然塑料工业为促进包装的"环境效益"做出了巨大努力。尽管在强度方面会有一些问题，在某些情况下，还会降低对有害紫外线的过滤程度，但引入质量轻的玻璃瓶也许是一个更积极的举措。

第 25 章　优质葡萄酒生产

本章论述优质葡萄酒生产的一些关键因素。如果要达到大体符合天然产品的质量水平，则从葡萄园和葡萄酒厂规划开始，一直到装瓶和储存产品，整个过程的每个阶段都需要认真对待。基本原则最重要，但关注细节也很关键。本章阐述了达到优质的核心策略，但所涵盖的问题远未详尽。

25.1　葡萄园产量

产量问题，包括允许产量和实际产量，以及产量对葡萄酒质量的影响，是一个能引起广泛讨论的话题。传统观点，特别是在旧世界国家流行的观点认为，限制产量能提高所生产果实的质量。如前所述，这一观念体现在 AOP 规定中，"原产地"级别越高，产量限制越严格。

产量通常用 hL/ha、hL/ac 或 t/ac（特别是在澳大利亚）表示。表 25.1 所示为波尔多地区基本允许产量，需要注意的是，该地区 2005～2014 年总体平均产量为 48 hL/ha。

表 25.1　波尔多 AOP 基本允许产量　　　　　　　（单位：hL/ha）

地区	产量	2014 年产量
波尔多 AOP——白葡萄酒（地区）	67	65
波尔多 AOP——桃红和淡红葡萄酒（地区）	62	60
波尔多 AOP——红葡萄酒（地区）	60	57
波尔多高级 AOP——红葡萄酒（地区）	50	51
上梅多克 AOP（行政区）	48	
玛歌 AOP（村）	45	
苏特恩 AOP（村）	25	

注：法国国家产地和质量监控局规定的基本单产每年可能有变化。

对种植者来说，有几个方法可以限制产量，包括种植密度、冬季修剪、在允许使用灌溉的国家通过亏缺灌溉使树体受到胁迫、疏果。然而，强制低产可能对质量有害，特别是生长势旺的地块，也包括树体平衡问题不明显的葡萄园。杜夫酒庄在波尔多投资的葡萄园表现非常好，该庄园经理 Frédéric Bonnaffous 说："葡萄树体必须保持平衡，如果将产量限制到 20 hL/ha，葡萄酒会非常浓郁，不会有风土的表现。"尽管如此，对于高质量葡萄酒生产的最佳产量，也没有普遍共识，甚至是在单个行政区也是如此，而且在任何情况下，大多数种植者都必须在质量和经济生产水平之间权衡利弊。一些种植者以可能允许的最大产量或可达到的产量为目标，而不考虑对质量的负面影响。在澳大利亚，除非以顶级葡萄酒为目标，否则大多数种植者会说，低于约 4 t/ac（约 10 t/ha）的产量对大多数品种来说都不盈利。对红葡萄酒来说，这个产量相当于 60～72 hL/ha，甚至超过勃艮第产区最基本的（地区的）法定允许产量。

　　株产量与每公顷产量一样重要。虽然种植者可能声称产量低，但如果许多植株已经死亡或正在死亡，则有生产能力植株的株产量可能相对较高。在法国，AOP 法则规定，如果死亡植株的数量少于总植株数量的 20%，则适用正常的每公顷允许产量；如果死亡植株数量超过 20%，则允许产量相应降低。

25.2　种　植　密　度

　　每公顷葡萄植株数量越多，则每株葡萄对自然资源的竞争越激烈，特别是水分。在降雨量有限或亏缺灌溉条件下，葡萄树体受到轻微的胁迫。生长势受到限制后，植株的能量转向使数量有限果实的成熟。为了争夺水源，葡萄植株将根向土壤深处延伸，在土壤深处吸收矿物质和微量元素。

　　如第 4 章所述，种植密度取决于几个因素，包括法律规定和地形限制、方位和葡萄园位置的其他方面、劳动力成本和机械的使用。在波尔多的部分葡萄园，包括梅多克的许多葡萄园，葡萄种植密度为 10000 株/ha；在勃艮第的一些葡萄园，如罗曼尼康帝酒庄的葡萄园，种植密度提高到 12000 株/ha，正如 Frédéric Bonnaffous 所言："显然，种植密度取决于土壤条件。每公顷种植的葡萄植株越多，则果实质量越好。这就如同将一个重物移到山顶，如果人越多，则每个人分担的质量就越少，所以每个人也不会太累。"

　　一些小的、质量意识强的生产商秉承密植的观念，进一步加大种植密度，例如，波尔多布莱依的骑士酒庄，其葡萄园的种植密度高达 33333 株/ha。因为骑跨式拖拉机的车轮每次作业时总是沿着相同的路径行驶，所以在密植葡萄园进行机械化作业能造成土壤压实问题。一些种植工设计了专门的机械来避免这个问题，或者用马牵引农机具，因为每次作业马蹄是在不同的位置着地。定期中耕使氧气返回到土壤中，或者采用种植覆盖作用（谷类作物、豆科作物和草）的方法来帮助缓解土壤压实问题。

在波尔多上梅多克行政区，种植密度为 10000 株/ha，通常，基本允许产量为 48 hL/ha，平均株产为 0.48 L。在一些新世界国家，种植密度可能稀至 1080 株/ha，如果产量为 45 hL/ha，则平均株产为 4.5 L。然而，在一些新世界国家，产量非常高，从历史上看都很令人吃惊，有一些区域，如澳大利亚的 Big Rivers 种植区，在 2006 年之前，产量超过 200 hL/ha 很常见，如果种植密度按照 2000 株/ha 计算，株产量可能达到 10 L。目前，Big Rivers 种植区的产量在 90～100 hL/ha。为了提高种植密度，一些种植者又在现有的两行葡萄之间再种植一行葡萄，因而使每公顷的葡萄株数翻番。图 25.1 所示为新西兰中奥塔哥地区采用行间加植种植方式的葡萄园。

25.3　葡萄树龄

人们普遍认为，尽管幼龄葡萄植株一般能保持平衡，但不能产出高质量的葡萄果实，然而某些品种，如‘长相思’，甚至‘黑比诺’，也能酿造具有典型品种风味的葡萄酒。人们还普遍认为，虽然年龄较老的葡萄植株产量较低，但能产出最好的酿酒葡萄果实。葡萄植株年龄大约在 20 年后，生长势减弱，平衡开始重建。然而，对于在什么年龄葡萄植株才变得成熟，什么年龄的葡萄植株才是老葡萄树，人们还没有达成共识。在法国葡萄酒的标签上经常能看到“老藤（vieilles vignes）”字样，或德国葡萄酒标签上的“老藤（alte reben）”字样，但这一术语并非法律定义。有意思的是，香味和风味确实来自于品种，而不是通常认为的来自老的葡萄植株，老藤可能更多的是赋予风土特征。许多顶级生产商，包括波尔多的列级酒庄酒的生产商，用于优质葡萄酒生产的葡萄不包括幼龄植株所产的葡萄。一些人将树龄小于 7 年的植株定义为“幼龄植株”，另一些人用 10 年来界定。在德国摩泽尔地区中心地带的露森庄园，庄主 Ernie Loosen 将陡坡上死亡或濒于死亡的植株逐一重植，因而保持了较大的葡萄园平均年龄，他认为这一因素是其优质葡萄酒备受赞誉的主要贡献者。还有一些地方，生产者可能选择将整个地块重植，如图 25.2 所示（照片摄自圣埃美隆）。

25.4　冬季修剪和树体平衡

对大多数种植者来说，冬季修剪是限制产量和培养理想叶幕的主要方法。葡萄植株剪留的节数越多，其潜在产量越高，留节范围为 6～40 节。修剪非常重的人可能会额外多留一节或两节，以防可能因霜冻造成的枯死。一些种植者还有很严格的公式，如每株葡萄剪留 10 节；另一些种植者倾向于将葡萄植株作为个体考虑，并根据每一株葡萄的树龄、健康状况和生长势来决定合适的剪留节数。总的来说，目的都应该是达到树体平衡，也就是果实和营养生长之间的平衡。衡量树体平衡的一个简单方法是称量植株的剪枝质量，并与上一个收获季植株所产果实的质量比较，果实质量应该是剪枝质量的 5～10 倍，高于这个值，说明产量过高（并应该重剪）；小于这个值，说明生长势过强，应该剪留更多节数。细致的修剪和整形（包括接下来的夏季修剪、除副梢和除叶）也有助于保持健康的叶幕，降低白粉病和霜霉病等孢子传播病害发生的可能性。如果在冬季修剪时保留的节数很多，会导致叶幕过密，因此细致的修剪和整形非常重要。

25.5　树体胁迫及树体平衡和养分平衡

葡萄植株和人一样，在轻度压力下工作最好，但这是一个传统观点，目前正受到挑战。很显然，种植者不能控制过多降雨，但在允许灌溉的国家和地区，果实质量主要受葡萄植株灌水量的影响，种植者可以选择进行亏缺灌溉。土壤中的中子探头或使用更简便的蒸发盘，都可以作为需水的指示。受到胁迫的葡萄植株能使根合成脱落酸，并将之运输到叶片，并误导叶片做出反应，仿佛发生干旱一样，新梢生长停止，所有的能量都转向果实成熟。中度水分胁迫能使品种特征物质硫醇的前体（在发酵过程中释放出来）浓度增加一倍或两倍。部分根干燥是最近研发的灌溉技术，也就是给葡萄植株一侧的根提供的水分不足，而另一侧正常灌溉，在根出现任何伤害之前，颠倒灌溉模式。然而，与许多葡萄栽培问题一样，葡萄树体胁迫和亏缺灌溉作为提高质量手段的观念还远未被普遍接受。例如，新西兰马尔堡地区圣克莱尔庄园（该庄园的葡萄酒曾多次获奖）园主 Neal Ibotson 认为，受胁迫的植株果实质量差，这一观点（特别是'长相思'）得到了 Greywacke 牌葡萄酒所有者云雾之湾葡萄酒厂前首席酿酒师 Kevin Judd 的赞同。

葡萄果实质量不仅受葡萄树体是否受到胁迫的影响，而且受何时树体遭受胁迫的影响。如前所述，'长相思'不受胁迫更好，特别是期望葡萄酒中有吡嗪的香味时。未受到胁迫的'赤霞珠'也会生产出吡嗪占优的葡萄酒。虽然对'长相思'来说吡嗪是所期望的，但对'赤霞珠'来说并不是这样，主要是因为单宁也受到水分过多的不利影响。人们普遍认为，持续的水分胁迫并不可取，因为这会造成根生长细弱，限制葡萄植株吸收矿物质的能力。

很明显，对种植者来说，了解葡萄受到的胁迫水平很重要。确定胁迫水平的一个极佳方法是使用压力室测量正午的叶片水势或茎水势，或者用这种方法测量黎明前的水势，因为此时葡萄树体被认为是处于平衡状态的。种植者也可以利用叶柄分析来判断葡萄植株的养分和矿物质是否充足，一个生长季可以进行两次叶柄分析，即盛花期和转色早期。如果缺乏微量元素养分，如锌、锰或铁，可以通过叶面喷施补救，通常很快就能看到效果，因为这些微量元素养分很容易被固定在土壤中，不能被植物利用。

对那些能承担得起的种植者来说，最新研发的技术包括精细葡萄栽培和葡萄园作图，这类技术是使用多光谱空中摄影和红外成像来显示葡萄园缺水或缺养分的区域，所获得的信息被传输到葡萄园的控制系统，然后根据需要调整，并补充到需要的葡萄植株区域。利用复杂的滴灌系统，甚至可以改变每一株葡萄的给水量，所有这些都可以通过葡萄园管理者办公室中的计算机控制。

25.6　疏　　果

疏果是在果实成熟前将其从葡萄植株上去除。在确保葡萄植株至少结出所需数量的果实之后（经受住了旱季气候、病虫害的风险），如果对超过预期产量的植株进行疏果，则使葡萄植株的能量转向使果实充分成熟，从而获得数量较少的优质果实。如果要进行疏果，可以在转色期或转色期刚结束时进行，因为此时能清晰地看出，应该保留哪些果实。赞同疏果者认为，风味物质和糖分浓度会得到提高；而许多葡萄种植者质疑这个观点，认为如果一定要疏果，葡萄树体平衡会被打破，疏果只不过是一种人为降低产量的方法。爱士图尔酒庄前所有人 Bruno Prats 的话常被人引用："这就像同时踩油门和刹车。"

25.7　采　　收

采收时间和方法对果实质量具有重要影响。种植者或生产商做出何时采收的决定取决于许多因素，包括季节参数、天气预报、灰霉菌侵染的风险、葡萄果实的糖酸平衡、果皮和种子单宁的成熟度、香气和香气前体的形成。当然，因为采收不能在瞬间组织起来，所以要使用细致的分析和复杂的预测工具。

历史上，特别是在旧世界国家，许多种植者更愿意早采收。实际上，采收过早，即使葡萄果实糖分水平达到了要求，酚类物质的成熟度也不足。种植者还担心秋季降雨，因为秋雨会因稀释作用而使采收的果实质量变差，有的果实还会腐烂，所以提前进行"保险的"采收。为了保证葡萄果实达到最低可接受的成熟度，AOP（AC）规定包括一项适用于大部分地区的"官方规定的葡萄采收时间"，这是每年都在变化、在采收开始之前发布的一个日期。但是，如今的种植者更多的是在等待酚类物质成熟度符合要求，但在温暖和炎热气候区，即使在糖和酸达到期望水平之后，酚类物质可能也不能达到成熟，这样就会导致葡萄酒的酒精度过高，喝起来太冲。来自新西兰中奥塔哥地区飞腾酒庄的 Blair Walter 说，他正在有意识地尽早采收，并不担心葡萄可能带有生青味。Jeff Synnott（以前在附近的艾菲酒庄，现在在怀帕拉之西酒庄）对此表示同意："我们对成熟和质量的概念不知何故变得困惑起来。"智利伊拉苏酒庄首席酿酒师 Francisco Baettig 在 2015 发表演讲时表示："目前，我正力寻求更多的香味，且并不担心'赤霞珠'具有生青味，因为草本植物味是其特征的一部分……。为了达到更多的清新感，我也提前 10 d 采收。不仅是提前采收，我灌溉得也很多，因为我不想使葡萄植株受到太多的胁迫。"

25.7.1　机械采收

一些葡萄栽培者认为，为了在恰当的时间采收合乎标准的果实，必须使用机械采收。机械采收一天的采收量相当于 40～80 名采收工人的采收量。机械采收机采收技术在最近 25 年得到了非常大的改善，目前的采收系统通常使用弓杆振动器，玻璃纤维杆使葡萄结果区的果穗向右移动，然后迅速向左移动，利用质量加速和突然减速的原理，葡萄很容易与穗梗分离，而穗梗的骨架部分则留在葡萄植株上。质量轻的浆果，包括弹丸果、干果和鸟啄果，因质量不足而留在穗梗上。果实起初被收集在由相互连接的浅筐构成的输送装置上，输送装置以与采收机向前移动相同的速度向后移动。通过两种方法去除杂质（非葡萄果实物质）：在紧挨托盘上方旋转的叶轮除去大的非葡萄果实物质，真空系统除去叶片等轻质物质。目前一些最新设计的机械采收机能以整穗形式采收。

机械采收拥护者列举的优点如下：①机械采收速度快，种植者可以在葡萄达到最佳成熟度时使用机械采收；②采收的果实比不熟练工和/或计件工采收的干净；③机械以可控制的速率进行采摘，所以在加工过程中不会延误，这样就比人工采收有优势，因为人工采收可能导致分选和除梗-破碎排队，这会造成果实变质；④机械采收机可以在夜间工作，并将符合要求的冷凉果实发送到葡萄酒厂；⑤采收成本一般比手工采收低一半，尽管要摊销采收机的成本。

25.7.2　手工采收

尽管近年来有了相当大的改善，但机械采收还会造成少部分葡萄果实损伤。受过训练的采收工可以根据要求挑选果实，并将之采收到小箱子中，有的箱子仅能装 12 kg 的果实，这样也能减少果实的损伤。如果酿酒师希望将单个风土的小块地的果实分开酿造，则手工采摘是唯一的选择。如果酿造白葡萄酒，则需要整穗压榨，以及随着红葡萄酒酿酒师至少部分利用整穗葡萄发酵趋势的增加，也必须手工采收。

25.8　果　实　运　送

最理想的运输方式是用小容器将葡萄运输至葡萄酒厂，这样葡萄就不会因为自身的质量而被压碎。葡萄应该在采收后尽快加工，一些顶级生产商的目标是在采摘后 1 h 之内将葡萄破碎。葡萄待加工时间越长，腐败或氧化的风险越高。在炎热气候区，葡萄变质过程比冷凉地区要快得多，所以这一点尤为重要。因为包括果蝇在内的昆虫会很快攻击破损的葡萄，如果推迟加工，应该用干冰保护盛果实的箱子，这样有助于预防果实变质。

25.9　挑选和分拣

分拣的目的是去除不成熟的果实和腐烂变质的果实。分拣可以经几个点进行：①当葡萄还长在植株上时进行淘汰，如果采用机械采收，此时淘汰非常重要；②采收工挑选，可以指示采收工采收哪一种果实，留下哪一种果实；③在位于葡萄行端的拖车式移动房屋的台面上分拣，果实是由移动传送带台面两侧的人手工分拣；④果穗或机械采收的浆果到达葡萄酒厂后，由移动传送带台面或振动台两侧的人手工分拣；⑤在手工采收的情况下，除梗后进行分拣。

目前，有几种设计的机械分选机，包括根据质量识别健康果实和受损果实的分选机，当人工成本和工人的技术是主要问题时，这种分选方法特别划算。光学分选机的使用在逐渐增多，但其高成本可能限制了其在小型酒庄中的使用。根据葡萄果实密度分选的机械"Tribaie"，在中型生产商中的试验非常成功。目前，世界上有 120 台这样的分选机在用。振动台或移动传送带分选仍是各种大小生厂商广泛使用和高效的分选方法。图 25.3 所示为阿根廷人正在进行手工分拣的照片，图 25.4 所示为振动分选台分选，图 25.5 所示为 AMOS INDUSTRIE 的 Tribaie 密度分选机。

25.10　泵/重力的利用

各种泵广泛应用于葡萄酒厂的装罐、泵送（如果使用的话）、倒灌和装瓶等。泵是一种物理上极具刚性的液体移动方式，用泵移动葡萄醪特别不好，因为能打碎种子并导致溶解氧增加。最新设计的蠕动泵比传统的叶轮泵与离心泵要温和得多。图 25.6 所示为各种叶轮泵和离心泵，图 25.7 所示为蠕动泵。然而，葡萄酒厂应该设计或改造，尽量通过重力使液体能更温和地移动。例如，破碎后的果实能排入小罐，然后用起重机将小罐提升，以重力加料的方式将葡萄醪转移到发酵罐，或者在酿造白葡萄酒时，转移到压榨机中。在红葡萄酒生产过程中，如果发酵罐在地面之上足够高，在压榨时，水平压榨机或垂直压榨机可以移动到每个罐的入料口，并装入葡萄醪，这样果皮的移动最小。

25.11　发酵控制和发酵容器的选择

整个发酵期间控制温度非常重要。虽然大型发酵罐的温度控制系统目前已很常见，但在发酵的特定阶段，调节发酵至所需要的温度（通常是冷却，但有时是加热）仍然面临挑战。因为热量上升会使整个罐内温度不同，而最希望的是发酵温度整齐一致。虽然木桶散热面积所占的比例更大，但木桶发酵同样也有问题，木桶发酵非常需要环境冷却系统和加湿系统。例如，白葡萄酒通常要求在冷凉的条件下发酵（10～16℃），特别是香气浓郁风格的白葡萄酒，而酒体饱满的风格需要稍微温暖的条件（17～20℃）。然而，如果欲使红葡萄的颜色和风味浸提得更好，酿酒师可能希望在 30～32℃发酵，特别是在发酵初期到中期阶段。低于发酵"中止"温度的温度耐受范围不是很宽，而发酵温度过高会带来蒸煮味，这样的情况很常见。曾经，炎热的秋天极具挑战性，会导致发酵中止，现在此类问题已经少得多。在高效的温度控制系统出现之前，波尔多列级酒庄出现发酵中止的记录有很多，这种现象得到改善始于 20 世纪 60 年代的侯伯王酒庄和拉图酒庄，但直到 20 世纪 70 年代，在其他酒庄才不常见。但仍有一些庄园，在其用水泥制成的老旧立方体罐中没有温度控制设备。

如第 8 章所述，发酵罐可以用不锈钢制作，也可以用木材或混凝土制作。直到几年前，不锈钢仍是大多数酿酒师的首选材料，但最近有回归木材或混凝土的趋势。不锈钢罐容易清洗和保养，但必须注意避免某些发酵中的还原问题。混凝土罐过去大多为长方体形，现在可以按照葡萄酒厂的规格设计，而且有多种可能的外形。图 25.8 所示为圣埃美隆一级特等 A 组白马酒庄的发酵罐，图 25.9 所示为玛歌村列级酒庄荔仙酒庄的发酵罐，图 25.10 所示为阿根廷优可谷的朱卡迪家族酒庄的 Anfora 罐（双耳罐）。混凝土具有非常好的隔热性能，如果没有衬里（除了喷一薄层塔塔粉外），也有微量氧气渗透。许多酿酒师在使用不锈钢罐进行微氧化时常说，混凝土罐不需要微氧化。鸡蛋形混凝土罐使葡萄酒处于循环状态，在生产微陈酿型白葡萄酒时，触氧量增加，尤其会影响白葡萄酒的质地。

25.12　气体的使用

在葡萄酒酿造过程的许多阶段，可以使用惰性气体来保持新鲜度、防止氧化和其他变质。常用的气体是氮气、二氧化碳，使用氩气也在逐渐增多。二氧化碳非常易溶于葡萄酒，使用二氧化碳气体可使成品葡萄酒在舌上有"刺痛感"，在红葡萄酒酿造过程中尤其要避免。而氮气的分子量低、扩散快。因此，这两种气体混合在一起使用更有优势。

在盛装葡萄果实、破碎的葡萄或发酵的葡萄之前，可以向水平罐压榨机和发酵罐充入惰性气体。未装满的罐也可以用气体覆盖，在倒灌和装瓶时，空的容器也可以充入气体。将空气从罐中排出需要大量气体，每生产一箱（9 L）澳大利亚葡萄酒，所使用的气体量平均为 10 L，对优质葡萄酒来说，气体的使用量增加到600 L。

25.13　木　　桶

对那些从橡木陈酿中获益的葡萄酒来说，毫无疑问，木桶比第 12 章和第 24章所讨论的橡木处理要好得多。木桶对葡萄酒风格和质量的影响取决于许多因素，包括木桶大小、橡木（或其他木材）种类和产地、包括烘烤在内的制作工艺、在木桶中存放的时间、木桶的储存场所。同时，使用厚度为 22 mm 的细纹理橡木，也就是所谓的酒庄木桶陈酿，与使用厚度为 27 mm 的"出口"橡木桶陈酿相比，两者之间也有显著差异。大部分质量意识强的生产商更喜欢从几个制桶商那里购买木桶，因为每一个制桶商都有自己的"独特风格"，它会给正在成熟的葡萄酒带来微妙的差异，并赋予葡萄酒以更大的构成范围，从而影响最终的勾兑酒的质量。来自每一个特定森林地带的橡木都具有自己的"风土"特点，生产商可以指定符合要求的特定橡木来源，从而赋予每一桶葡萄酒以需要的特征。图 25.11 所示为圣埃美隆拉赛格酒庄用产自 Paris-Hlatte 橡木制作的木桶。

表 25.2 详细列出了 2015 年 225 L 新橡木桶的大概价格。木桶陈酿的成本不仅包括木桶的成本，还与葡萄酒的损失、所有操作所需的用工和包括时间、空间在内的成本有关。木桶装满葡萄酒后，木材会吸收 4～5 L 的葡萄酒。因蒸发散失，需要定期填满木桶，尽管一些酿酒学家质疑这一做法在木桶被密封情况下的效果。每年的蒸发损失总计为 2%～4%，主要取决于木桶储存场所的温度和湿度。大多数酿酒师要定期进行换桶，在木桶中陈酿 18～21 个月的葡萄酒，大概要进行 6 次换桶，换桶也会造成葡萄酒少量损失。然而，也有一些生产商因相信尽可能降低

处理次数能保持葡萄酒的完整性而减少换桶次数。最后，当木桶被排空后，还会损失 1~2 L 葡萄酒。因此，在 18 个月的木桶陈酿期间，葡萄酒的损失总计为 14 L，约占木桶容积的 5%。

表 25.2　橡木桶的参考价格

容积/L	类型	橡木来源	价格	每升葡萄酒的橡木桶成本 [a]
225	波尔多出口橡木桶	法国	560 £[b]	2.48 £
225	波尔多出口橡木桶	美国	420 £	1.86 £
225	酒庄用橡木桶	法国	660 £	2.93 £
300	运输用橡木桶	法国	710 £	2.36 £
500	运输用橡木桶	法国	1010 £	2.02 £
300	运输用橡木桶	70%法国，30%欧洲	555 £	1.85 £

a 所引用的每升葡萄酒的橡木桶成本价来自简单的计算，并且新桶使用一次后就核销掉。当然，木桶可被再次使用（第二次、第三次、甚至第四次使用）。然而，加上文中详述的处理和葡萄酒损失成本后，在新木桶中陈酿的成本约等于表中所列的每升葡萄酒的橡木桶成本；b 以木材风干 2 年计算，3 年风干的橡木更贵。

25.14　从罐或木桶中间挑选优质葡萄酒

顶级葡萄酒的生产需要在整个酿造过程中进行挑选——从葡萄到达葡萄酒厂开始直至成品葡萄酒的勾兑。最理想的做法是，排除装有幼树果实或葡萄园中质量差的果实所酿葡萄酒的罐或木桶，或者不是装有高标准葡萄酒的罐或木桶。被排除的葡萄酒能以"优级葡萄酒"销售，也可以将之降一个等级，如果葡萄酒的质量确实逊色，还可以销售给批量生产商作为勾兑酒的一部分。在挑选和勾兑过程中，要采纳 Michel Rolland 等酿酒顾问的建议，因为他们的建议非常宝贵。

25.15　储　　存

无论刚装瓶后的葡萄酒质量如何，接下来酒瓶的储存方式会对开瓶饮用时的质量产生重大影响。一些葡萄酒在上市销售前都有法定的最低陈酿期，例如，里奥哈陈年特酿红葡萄酒至少要瓶储 2 年（包括至少 2 年的木桶陈酿，总陈酿时间至少 5 年）。然而，许多生产商希望葡萄酒在从酒窖中取出出售之前，至少要有短时间的瓶储，即使法律上并不要求这样做。

葡萄酒瓶储的储存条件需要特别合适，即使葡萄酒专门设计为即饮型，如果暴露在过度的光、热或冷的环境中，也会对葡萄酒造成不能恢复的损害。表 25.3

详细列出了合适的储存条件。

表 25.3　葡萄酒的储存条件

储存条件	现象
暗环境	光通常也是热量的来源，暴露于光线中的瓶装葡萄酒可能会遭受"光击"，使白葡萄酒的颜色变暗，红葡萄酒的颜色严重褐变
放置	为了保持软木塞湿润，从而使软木塞在瓶颈处膨胀，酒瓶应该水平放置。塑料瓶塞或螺旋盖瓶盖的酒瓶应保持直立
恒温	不容易达到恒温。恒温有助于达到成熟可控和成熟平衡，软木塞随温度变化引起的膨胀和收缩，使软木塞有失效的风险
温度为 13℃	这个温度常称作"酒窖温度"，相差两度不会出现大问题。如果温度远高于这个温度，葡萄酒成熟得更快，也更不均匀。温度恒定比实际温度更重要
避开强烈的气味	气味可以通过瓶塞被吸收

第 26 章　葡萄酒的采购

本章讨论在挑选、转售葡萄酒时，贸易采购商可能会考虑的一些因素。本章将思考超市在整个葡萄酒市场的重要作用，以及专业葡萄酒供应商的复兴。同时，讨论关键价格点和贸易采购商就风格与个性必须做出的决定。最后，介绍葡萄酒的规格和必要的分析。大部分市场的举例都来自英国，但世界各地的读者将这些例子应用到自己的国家应该没有什么难度。根据国际葡萄与葡萄酒组织的数据，英国是世界上第二大葡萄酒进口国（按货值计算），2013 年的总货值为 37 亿欧元，仅次于美国的 39 亿欧元，但如果按体积计，德国仍为第一大进口国，进口量约为 15.4 亿升（货值 26 亿欧元），而英国的进口量为 13.1 亿升。简单地说，德国进口的主要是廉价葡萄酒。

从历史上看，葡萄酒的市场营销和销售是葡萄酒商人的领域，他们向贸易客户和/或民众提供葡萄酒，而货源来自于长期建立的人脉联系。他们的酒单上绝大多数是法国和德国的葡萄酒，对许多葡萄酒特别是更贵的葡萄酒来说，他们所列的"酒单"会被隐藏在顾客的视线之外。不仅是新手，大多数顾客在面对穿着细条纹西装的绅士时，很可能都会感到害怕，因为他们很好地展示了其出众的学识。今天，情况已大不相同，虽然也有一些优秀的地区酒商，但他们的优势是提供估价为 8 £或以上的葡萄酒，而这类葡萄酒正是主宰市场销量的超市热卖品。超市使葡萄酒亲民，购物容易，女性愿意光顾，所以销量直线上升。然而，目前生产商/供应商都感到很悲观，尽管整个英国市场在 2007 年之前实现了连续几十年的持续和稳定的增长，但从 2007 年起，销量下降了 14%，详见表 26.1。表 26.2 所示为 2013 年和 2008 年 10 个最重要来源国在英国销售"排行榜"上的位置。

表 26.1　英国 2007～2014 年葡萄酒销量

年份	销量/（箱，×1000）*
2014	140365
2013	142489
2012	144290
2011	147129
2010	151474

续表

年份	销量/（箱，×1000）*
2009	154117
2008	151295
2007	164202

* 9 L/箱，每箱 12 只标准瓶。

资料来源：本书作者根据 IWSR/Vinexpo/OIV 引用的数据推算。

表 26.2　2013 年和 2008 年葡萄酒按来源国在英国的销量

2013 年			2008 年		
排位	国家	销量/（箱，×1000）*	排位	国家	销量/（箱，×1000）*
1	澳大利亚	24286	1	澳大利亚	29708
2	法国	17352	2	美国	15785
3	意大利	17200	3	法国	14192
4	美国	14825	4	意大利	12153
5	西班牙	13566	5	南非	9954
6	南非	11091	6	智利	7047
7	智利	10790	7	西班牙	6493
8	新西兰	4551	8	德国	4005
9	德国	3416	9	新西兰	2102
10	阿根廷	2376	10	阿根廷	1267

* 9 L/箱。

26.1　超市的统治地位

对葡萄酒爱好者来说，这是一个非常令人神往的画面：超市采购商来往于家庭式小酒厂之间，院落中有正在躲避生人的鸡，葡萄园里有忠实的护园狗；在主人渴望的目光注视下，采购商在细细地品味着葡萄酒，突然，他的脸上浮现出满意的笑容，大声说着："我找到了，"然后略带傲慢地告诉心花怒放的主人："这就是我想要的，所有的我都买走。"

在现实世界里并不是这样的。在葡萄酒生产商中间流传着一个笑话：超市采购商正在对一种葡萄酒进行仔细评价，鼻子在酒杯中进进出出，时而转杯时而品尝，然后是长时间的沉思；托腮挠头，欲言又止；最后说道："对不起，利润太少！"

某一种葡萄酒能否被列入采购清单，不仅取决于真实产品，有时还有对生产商设备的审查，而且还取决于折让清单、前期投资、促销预算、宣传资金、市场支持、零售端的额外费用、可追溯折扣等。

在德国，每销售两瓶葡萄酒，其中大约有一瓶是从 Aldi 和 Lidl 两家连锁超市售出。在英国，根据尼尔森公司调查，2008 年超市的葡萄酒销售额占葡萄酒总销售额的 68%、占总销售量（体积）的 70%；而到了 2014 年，两项指标分别下降至 62% 和 60%。然而，这些数据受到了质疑，因为尼尔森公司仅记录了电子销售终端的数据。对英国市场来说，这个结果可能是非常失真的描述，虽然它几乎包括了所有的超市销售，但专业的独立机构和在线葡萄酒商的销售非常少。因此，这使人们认为，优质葡萄酒市场很小；每个人购买的葡萄酒大部分都来自超市；每瓶葡萄酒的价格非常低；大品牌主导市场。

"公众所得到的就是公众想要的"，这句话来自 20 世纪 70 年代 Jam 乐队的一首流行歌曲，这一点是千真万确的，尤其是对许多缺乏想象力的超市而言。尽管目前超市自夸有更多种不同标签的产品，但 20 年前所提供的葡萄酒的多样性的确要比今天多得多。以法国西南部为例，那时，英国顾客很容易找到一些各种风格、特色鲜明的葡萄酒。例如，Jurançon，它是用'小芒森'和'大芒森'酿造的甜型、带有辛辣和热带水果味的葡萄酒；Gaillac 白葡萄酒，口感稍冲，主要是用当地品种'Len de l'EI'、'Mauzac'和'Ondenc'勾兑而成；MadIran，具有浓郁的茴香味，主要是用'泰纳特'酿造而成；Irouléguy，颜色深、涩感强，也主要是用'泰纳特'酿造而成，等等。如今，这些葡萄酒在货架上的位置已被无所不在的澳大利亚东南部的'霞多丽'和'Cabernet-Shiraz'，以及许多贴有不同商标的葡萄酒所占据，包括超市自己的品牌。但事实上，这些酒瓶中装的是相似的葡萄酒，因为它们是由一个或多个"超级"葡萄酒工厂生产，红葡萄酒果香浓郁、柔和，白葡萄酒同样是果香浓郁、柔和。著名产区同样不在名单之列，例如，与波尔多的葡萄酒产量（每年大约 8 亿瓶）和该产区的世界重要性相比，列入超市酒单上的葡萄酒数量非常少。

当然，超市也将表现地区特点的许多优质葡萄酒列入酒单，这样采购员通常会更有安全感。超市会避开那些具有可能导致退货、特征容易被误解的葡萄酒，正如超市品尝室墙壁上的采购员备忘录所写："拒绝有沉淀物的葡萄酒"和"拒绝暗红色或黄褐色的葡萄酒"，尽管这样的葡萄酒可能是经典范例。值得注意的是，某些超市确实有一个特别精致的（即使很小）"精品酒窖"，在旗舰店可以买到这类顶级葡萄酒。

英国最大的邮购零售商是 Laithwaites，它以多个名称进行贸易，包括许多葡萄酒"俱乐部"，如英国航空公司葡萄酒俱乐部。目前，Laithwaites 的贸易遍布全球，营业额超过 3.5 亿英镑。葡萄酒协会是一个会员制合作组织，有超过 123000 名活动会员，截至 2015 年 1 月财政年度，销售额约为 0.905 亿英镑，会员年均消费 730 英镑，包括酒庄发布的非成品葡萄酒的"公开出价"。目前，在线销售对上面两家零售商也很重要，在线销售正在挑战全球常规的销售方式，虽然互联网销售仅占全球葡萄酒市场的 5%。

近几十年来，独立供应商又重新出现。他们对产品的热爱所产生的动力，并不亚于为追求利润和股东价值最大化所产生的持续驱动力。不受城市金融机构的限制，在有众筹的情况下，他们很少依赖银行和传统融资渠道，可以在质量和个性的基础上自主购买各种风格的葡萄酒，有些独立供应商选择投资其产品供应商。最近被 Majestic 收购，但由 250000 名"天使投资人"出资的 'Naked Wines'，2014 年营业额增长 40%，在撰写本书时，这一数字为 7000 万英镑。

26.2　价格点/利润

葡萄酒有许多关键的价格点，生产商和零售商突破它们很危险。因此，在挑选可能列入酒单的葡萄酒时，他们主要考虑销售价格点和利润率。这是一个令人难过甚至沮丧的事实，在撰写本书时，根据信息资源有限公司（IRI）和尼尔森公司推算的数据（读者应该注意到上文的提示），750 mL 装的瓶装葡萄酒在一家英国超市的平均售价为 5.41 £/瓶。许多专业酒商销售的平均价格是 5.60 £/瓶。但是，如果将整个销售市场作为一个整体，除了在酒馆、酒吧、俱乐部和饭店外，其销售的平均价格仍然只有 5.46 £/瓶（再次显示了超市的统治地位）。值得注意的是，每瓶平均售价最高（7.37 £）的国家是新西兰，其在英国销售排行榜上排名第 8 位，相对靠后，但消费者的质量感受很高，特别是用'长相思'和'黑比诺'酿造的葡萄酒。随着消费税的定期提高，零售商期望供应商提供资金，这对生产商利润的压力比以往任何时候都要大。零售商的利润率是可观的，没有可以引用的平均数字，但许多零售商实现了 30%～40%的利润回报，实际上他们可以在一年中特定的几周内提供 25%的全面折扣。尼尔森公司和国际葡萄酒及烈酒研究所的数据说明，在英国销售的葡萄酒中，有 60%的葡萄酒是以"促销"价格销售，但必须要说的是，为了能进行这样的促销，许多"标价单"上的价格都被大幅提高。超市和他们的许多顾客已陷入促销怪圈，消费者正在变成廉价货的瘾君子，他们知道所有东西的促销价格，而价值则无关紧要。当然，即使消费交易的利润看起来要高得多，一家大型酒吧和酒吧餐厅企业（以玻璃杯的形式提供多种选择的葡萄酒）的公开账目显示，它们正以 55%的利润回报运行。

26.3　为商店和顾客挑选葡萄酒

在选择一款品质极佳但不知名的葡萄酒时，常会听到独立酒商说："如果找不到懂酒的买家，我很乐意自己享用它。"由于互联网在一定程度上给独立酒商提供了一个全国性而非受限制的本地市场，独立酒商的数量在经历了几年的下降后再次增加。然而，对许多独立酒商来说，了解自己的客户，深谙他们的愿望，挑选符合客户愿望的葡萄酒才是成功的关键。很多专业供货商还研究其客户概况，甚至是适合他们的品牌专卖店。葡萄酒的选择反映了顾客的感受性需求和消费模式。通常由饭店的批发供应商起草的酒单，必须重视客户群、个人资料，当然还有菜单。

26.4　风格和个性

任何葡萄酒单都应该有范围较宽的风格和价格。按照市场销售人员的说法，低价位或"入门级葡萄酒"不存在个性的概念，但经济化的销售就可能将果香浓郁的纯净葡萄酒销售给视葡萄酒为普通商品的人。对单个品种酿造的葡萄酒来说，特点一定要明显；两个品种勾兑的葡萄酒应该表现两个构成品种的特点并形成和谐的整体。确实像新世界和欧洲许多国家目前的情况一样，葡萄生产过剩已经导致用于这类葡萄酒酿造的健康果实的大量供应。即使标签上标明了原产地，也不能保证葡萄酒会表现该区域的特征，如零售价略高于 5 £/瓶的 Minervois 葡萄酒，就是一种饮料，如果期望它带有一点儿朗格多克-鲁西雍地区的特点，并不现实。然而，即使葡萄酒的价格相对较低，欺骗性标签仍然存在。从历史上看，正是那些名声显赫的称谓使葡萄酒价格很高，而且经常被盗用，但现在这种情况非常少见。目前，来自如威尼托那样著名产区的流行品种，如"Pinot Grigio"（目前在英国是最畅销的品种），很可能成为"不真实"标注的对象，因为意大利"Pinot Grigio"的销量远高于该国的生产量。

随着价格区间的提高（谨记，大多数消费者永远不会离开所谓的"入门级"），可获得的风格和关于地区、行政区和生产者身份的可能性就会增加。真正能体现地区特征的价格很大程度上取决于该地区本身，例如，消费者有可能会找到零售价大约为 8 £/瓶、呈现真正的'白诗南'鲜桃味、活泼轻快、带有都兰地区武弗雷产区经典矿物味的 Vouvray（一种白葡萄酒）。典型而纯正的 Pouilly Fumé（一种白葡萄酒），其产地是在卢瓦尔河上游的中央葡萄园区，应该具有燧石般轻柔的烟熏味，活泼、清脆而优雅；一款具有荨麻和醋栗风味特点的低调'长相思'，它的起价是 13 £/瓶或更多。从大约这个价格点开始，葡萄酒应该表现真正的个性，并使人激动和兴奋：这是一款什么葡萄酒？为什么如此之好？确切的产地在哪里？

26.5　连　续　性

如今的许多消费者都希望产品能连续供应，实际上这与季节性的概念有很大关系，对新一季的羔羊肉、樱桃或豌豆抱有热切期待是难以实现的。这种情况同样适用于葡萄酒，11 月份饮用 9 月份还长在植株上的葡萄酿造的博若莱新酒的兴奋感早就消失了。从零售商或饭店的角度来说，产品缺乏连续性可能是一件令人头痛之事，在更换酒单时还会增加成本，等等。

历史上，批发商会囤积大量新酒和成熟的葡萄酒，从而能在很大程度上平衡对其客户的供应。如今，生产商越来越多地直接给大的贸易客户供货，或者使用代理服务或销售办事处，而不是库存。然而，现代客户要求供应的连续性和稳定的价格。在一个年份的现有库存中，通过制定计划和资金投入可以实现供应的连续性。但是，期望保证年复一年的连续性并不现实。葡萄酒是一种农产品，因而受天气、病害和其他自然因素的影响，这些因素可能导致葡萄酒的数量和质量产生相当大的年度变化，这种情况在旧世界国家尤其如此。例如，与 2013 年的数据相比，2014 年意大利减产 14%，导致意大利失去了作为该年世界上最大葡萄酒生产国的地位。表 26.3 所示为 2010～2014 年"十大生产国"的葡萄酒产量。

表 26.3　　"十大"葡萄酒生产国和产量　　　　（单位：10 万 L）

国家	产量				
	2014 年	2013 年	2012 年	2011 年	2010 年
法国	46698	42004	41548	50757	44381
意大利	44739	52029	45616	42772	48525
西班牙	41620	45650	31123	33397	35353
美国	22300	23590	21650	19140	20887
阿根廷	15197	14984	11778	15473	16250
澳大利亚	12000	12500	12260	11180	11420
南非	11316	10982	10569	9725	9327
中国	11178	11780	13511	13200	13000
智利	10500	12820	12554	10464	8844
德国	9344	8409	9012	9132	6906

资料来源：OIV 报告。

然而，新世界国家也受产量巨大变化的影响。例如，因生长季受到持续干旱、霜冻和丛林大火造成的烟污染的影响，2007 年澳大利亚酿酒葡萄总收获量为 139 万 t，这个数字低于 2006 年的 190 万 t，相当于生产的葡萄酒总量从 2006 年的 14.1 亿 L 降至 2007 年的 9.55 亿 L，下降了 30%以上，2013 年的数字是 175 万 t。很明显，这对市场供应连续性的威胁是非常真实的。大型生产商通常将前几个年份的商品酒剩余库存保存在罐中，以便在需要帮助应对年度产量变化时投放市场。然而，不能低估对可满足关键价格点的产品数量的影响。

26.6　个别葡萄酒的替换范围

在挑选包含在一定范围内的葡萄酒时，采购商需要考虑已经被列入酒单的其他葡萄酒，除非现有葡萄酒被直接去掉，否则新选择的葡萄酒将与现有的葡萄酒不兼容。客户不太可能仅仅因为临时上市而购买更多，很可能是只有售出了一种已经供货的葡萄酒，才会增加一种葡萄酒。在较高的价格点，每种葡萄酒需要具备的不仅是质量，还要有个性，并通过展现一些同类产品所不具备的东西来赢得它在酒单上的位置。

26.7　专　营　权

对任何零售商或饭店来说，围绕大品牌或知名品牌形成一个酒单很容易。这样的酒单可能令人舒适，但缺乏个性和购买欲，没有任何竞争优势，除非卖方能够给出一个有吸引力的价格。虽然大品牌所有者可以为促销和宣传提供资金，但这必须与这些活动的内在成本相平衡。选择竞争对手还没有产生兴趣的个性化葡萄酒，能够带来竞争优势和可观的利润，因为消费者没有直接的价格比较，这对于那些葡萄酒价格三倍于超市货架的饭店来说很重要（因为消费者不愿意支付这样高的价格）。建立专属于零售商的固定供货渠道（始终遵守反竞争立法条例）虽被证明具有挑战性，但值得这样做。生产商通常会为大量采购商品的采购商准备一种替代标签，或者零售商可能希望拥有自己标签的所有权。采购商自有品牌是目前保证专营权的一种非常重要的手段。当然，可以按照客户的规格来准备葡萄酒。值得注意的是，生产商可能同样希望提供一种替代标签，作为一种以低于通常标签的价格来处置过量库存的方法，而不会使葡萄酒厂自己的品牌地位贬值。"Cleanskin"（无生产厂或酿酒师名字）葡萄酒在澳大利亚特别受欢迎，商标上仅标注最低限度的法律信息，通常是葡萄品种名称，消费者认为自己以低价买到了顶级葡萄酒厂的产品，但在许多情况下，所售葡萄酒的质量很差，葡萄酒厂可能都不希望以自己的名称命名。

26.8　规　　格

　　生产符合采购商规格的葡萄酒似乎是一个非常时髦的现象，但这种现象在几个世纪以来一直以技术含量很低的方式出现。简单来说，就是生产商想让自己生产的产品在销售市场上尽可能地吸引人。例如，波尔多的葡萄酒长期以来一直出口到英国，300 年来（1152～1453 年）生意兴隆，当时波尔多属英国。然而，消费者经常发现，相对于他们的味觉，葡萄酒太清淡。因此，用一些产自更温暖的罗纳河谷、颜色更深、酒体更饱满的葡萄酒进行勾兑这一传统就出现了，这一做法称作 hermitagé，尽管添加的葡萄酒不太可能来自艾米达吉产区的顶级葡萄园。同样，木桶中的葡萄酒在装船前会添加少许与波尔多相邻的康涅克地区的葡萄蒸馏酒，以增加其酒精度，有助于葡萄酒在海上航行期间的稳定。因此，为了上市交易，葡萄酒的风格就被调整了。勃艮第的葡萄酒也是如此，但通常是为了迎合英国人的口感进行调整，这样，博讷火车站就成为生产链条上的一个重要环节，因为这里接收了大量酒体饱满的廉价葡萄酒，这些葡萄酒来自更南端的温暖地区，尤其是罗纳河谷，与用产量过高的葡萄酿造的、酒体通常很薄的葡萄酒勾兑在一起。如此，葡萄酒就被调整为适应采购商（酒体饱满）和卖方（降低成本）的规格。

　　目前，超市和许多专业供货商，尤其是在考虑某一个采购商自己的品牌时，可能对风格和工艺组成方面有更详细的说明，特别是关于乙醇、酸度和残糖水平。随着现代生产技术在大型葡萄酒厂的应用，满足各种要求几乎没有什么挑战。例如，生产颜色较深、单宁柔和的低价位红葡萄酒，使这些目标实现的技术包括闪蒸和热蒸；同样可以规定容器和瓶塞，在英国，几家超市规定，其葡萄酒生产商/供应商要使用螺旋帽或其他合成瓶塞。

26.9　技术分析

　　直到最近，世界上将葡萄酒提交仅进行一次基本分析的小生产者不计其数，其中的一些葡萄酒确实非常好，而另一些则明显较差。也许在葡萄酒酿酒过程中使用的测量设备仅有质量秤、容量计、温度计和一些水表。通过微分计算密度，即开始时的葡萄醪质量和发酵后的葡萄酒体积，确定成品葡萄酒的酒精度，达到标签标注所需要的精度。

目前，所有的葡萄酒都需要至少进行一次基本的实验室分析，以确保它们符合生产和销售国的法律，包括在适用的情况下对 PDO 葡萄酒的特殊要求。有意思的是，欧盟规定要求，PDO 葡萄酒必须接受"葡萄酒行为"测试。撰写本书时，在英国销售的葡萄酒，其标签上必需的唯一"技术"信息是乙醇含量和乙醇比例，精度为 0.5%。此外，从 2005 年 11 月开始，标签上必须说明过敏源信息，也就是该葡萄酒含有二氧化硫（亚硫酸盐）。从 2012 年 7 月 1 日开始，根据（EU）No. 1169/2011 规定[修订后为（EU）No. 78/2014]，过敏源信息又包括了鸡蛋和牛奶产品（常用作澄清剂）。一般来说，不需要成分标签。从市场角度来说，这可能是一件好事，因为葡萄酒被认为是一种天然产品。欧盟规定详细列出了 50 个允许添加的添加剂（美国允许的添加剂总计 65 个）。当然，在欧盟的规定中明确规定了可能存在于或添加到葡萄酒中许多化学物质总量的法定上限。应该注意，欧盟某些成员国有更多限制。第三国有他们自己的规定，如果没有详细的分析，生产者就会面临违规的风险。葡萄酒中存在的一些化学物质可能来源于酿造过程中的添加物，有一些来自葡萄或葡萄酒本身的代谢，而其他的则是污染物。例如，赭曲霉毒素 A（OTA）是由真菌中的一些种产生的，这些真菌侵染许多作物，包括谷类、咖啡和葡萄，这种毒素会导致肝脏和肾脏损伤，而且是可能的致癌物质。欧盟(EC)No. 1881/2006 明确规定了葡萄酒中 OTA 的法定上限，为 2 μg/L；其同样规定了葡萄酒中铅的上限，为 0.3 mg/L。欧盟（EC）No. 401/2006 为食物中的霉菌毒素分析制定了抽样程序，当然也包括葡萄酒。

表 26.4 所列为分析参数，包括英国超市通常要求检验的参数。在比较葡萄酒分析结果时，确保参数使用相同的度量表示很重要。例如，总酸通常表示每升葡萄酒中酒石酸的克数。但在法国和其他一些国家，总酸通常表示每升葡萄酒中硫酸的克数（为了将以酒石酸表示的数据转化为以硫酸表示，必须除以 1.531）。

表 26.4　用于葡萄酒分析的参数

参数	参数
2,3,4,6-四氯苯甲醚/（ng/L）	浊度（福尔马肼浊度单位）
2,4,6-三溴苯甲醚/（ng/L）	硫化氢/（μg/L）
2,4,6-三氯苯甲醚/（ng/L）	铁/（mg/L）[a]
4-乙基苯酚/（μg/L）	乳酸/（g/L）
乙醛/（mg/L）	铅/（mg/L）[a]
酒精/[%（体积分数），20℃][a]	镁/（mg/L）
砷/（mg/L）[a]	苹果酸/（g/L）
抗坏血酸/（mg/L）[a]	赭曲霉毒素 A/（μg/L）
细菌/CFU	光密度（420 nm 和 520 nm）

参数	参数
苯甲酸/（mg/L）	五氯苯甲醚/（μg/L）
苦味（苦味单位）	pH[a]
酒香酵母	钾/（mg/L）[a]
钙/（mg/L）[a]	蛋白稳定性[a]
热值/（kJ/100 mL，kcal/100 mL）	还原糖/（g/L）
二氧化碳/（g/L）	银/（mg/L）
冷稳定性[a]	钠/（mg/L）[a]
容量/mL	山梨酸/（mg/L）[a]
铜/（mg/L）[a]	密度[a]
密度/（g/L）	无糖干浸出物/（g/L）[a]
脱色	总（可滴定）酸/（g/L）[a]
溶解氧/（mg/L）	总干浸出物/（g/L）
氨基甲酸乙酯	总酚/（mg/L）
滤过率	总潜在酒精度/[%（体积分数）]
游离二氧化硫/（mg/L）[a]	总残糖/（g/L）[a]
果糖/（g/L）	总二氧化硫/（mg/L）[a]
葡萄糖/（g/L）	挥发酸/（g/L，以乙酸计）[a]
甘油/（g/L）	酵母/（CFU）

a 英国超市通常要求带有分析结果的证明文件。

附录 I WSET®葡萄酒系统品尝法

外观			
	透明度/亮度		清澈—模糊/透明—无光泽（缺陷？）
	强度		浅—中—深
颜色	白葡萄酒		柠檬绿—柠檬黄—金黄色—琥珀色—棕色
	桃红葡萄酒		粉红色—浅橙色—橙色—洋葱皮色
	红葡萄酒		紫色—红宝石色—暗红色—黄褐色—棕色
	其他		例如，挂杯/酒泪、沉淀、起泡性、气泡
嗅觉			
	状态		无污染—有污染（缺陷？）
	强度		弱—中（－）—中—中（＋）—强
	香味特征		例如，果香、花香、香料香、蔬菜味、橡木香、其他
	成熟度		年轻—中度成熟—完全成熟—过熟/已过最佳适饮期
味觉			
	甜味		干—近于干—半干—半甜—甜—极甜
	酸度		低—中（－）—中—中（＋）—高
单宁	水平		低—中（－）—中—中（＋）—高
	性质		例如，成熟/柔和对未成熟/青梗，粗糙对细腻
酒精度	非加强葡萄酒		低—中（－）—中—中（＋）—高
	加强葡萄酒		低—中—高
	酒体		轻盈—中（－）—中—中（＋）—饱满
	风味强度		淡—中（－）—中—中（＋）—浓郁
	风味特征		例如，果香、花香、香料香、蔬菜味、橡木香、其他
其他考察项目			例如，结构、平衡、其他
			起泡葡萄酒（慕斯）：纤弱精巧—乳脂般均匀—猛烈
	回味		短—中（－）—中—中（＋）—长

续表

结论
质量评价

质量水平	有缺陷—差—可接受—好—非常好—超群
评价的根据	例如，结构感、平衡性、浓郁度、复杂性、绵长度、典型性

适饮性/陈酿潜力的评价

适饮性/陈酿潜力等级	太新—目前可以饮用，但有陈酿潜力—现在饮用，不适于陈酿或进一步陈酿—太老了
评价的根据	例如，结构感、平衡性、浓郁度、复杂性、绵长度、典型性

广义的葡萄酒

原产地/品种/其他	例如，位置（国家或地区）、葡萄品种、生产方法、气候影响
价格区间	便宜—中等价位—高价位—极高价位—超高价位
陈酿时间/年	回答数量而不是范围或年份

注：在用横线"—"分隔开的那几行术语中，学员必须而且仅可选择其中的一个选项；在"例如"后面用顿号隔开的那几行术语，所列的选项是学员可能想要评论的举例，学员不需要对每款葡萄酒就每一个选项进行评论。

附录Ⅱ　WSET®葡萄酒词汇表

风味描述要求

准确：从组群的角度思考

全面：不要仅仅依靠所列出的描述用语，以描述风味质量和本质为目的

一类香气/风味组群：葡萄果实的风味

要点	描述用语	
这些风味过淡或浓郁？ 简单/中性或复杂？ 通用或具体？ 新鲜或蒸熟/烤熟？ 未成熟、成熟或过熟？	花香	合欢，金银花，甘菊，接骨木花，天竺葵，花丛，玫瑰，紫罗兰，鸢尾
	绿色水果	苹果，醋栗，梨，梨味硬糖，番荔枝，榅桲，葡萄
	柑橘类水果	葡萄柚，柠檬，酸橙（果汁或橙皮），橘皮，柠檬皮
	核果类水果	桃，杏，油桃
	热带水果	香蕉，荔枝，芒果，甜瓜，西番莲果，菠萝
	红色水果	红醋栗，蔓越橘，红树莓，草莓，红樱桃，红李子
	黑色水果	黑醋栗，黑莓，黑树莓，蓝莓，黑樱桃，黑李子
	干果	无花果干，李子干，葡萄干，白葡萄干，樱桃酒，果脯
	草本植物	青椒（甜椒），青草，番茄叶，芦笋，黑醋栗叶
	香草	桉树，薄荷，药材，薰衣草，茴香，莳萝
	辛香料	黑/白胡椒，甘草，杜松

二类香气/风味组群：酿造过程产生的风味

要点	描述用语	
这些风味来自酵母、苹乳发酵、橡木或其他？	酵母（酒泥、自溶、酒花）	饼干，面包，烤面包，油酥糕点，法式甜面包，面包面团，奶酪，酸奶
	苹乳发酵	黄油，奶酪，奶油，酸奶
	橡木	香草，丁香，肉豆蔻，可可果，奶油硬糖，烤面包，雪松，烧焦木，烟熏，树脂
	其他	烟熏，咖啡，燧石，湿石，湿木，橡胶

三类香气/风味组群：随时间进程产生的风味

要点	描述用语	
这些风味表明是有意氧化、果味成熟或瓶内陈酿？	故意氧化	杏仁，杏仁蛋白糖，椰子，榛子，核桃，巧克力，咖啡，奶妃糖，焦糖
	果味成熟（白葡萄酒）	杏干，橘子酱，苹果干，香蕉干等

续表

这些风味表明是有意氧化、果味成熟或瓶内陈酿？	果味成熟（红葡萄酒）	无花果，梅干，焦油，煮熟的黑莓，煮熟的黑樱桃，煮熟的草莓等
	瓶内陈酿（白葡萄酒）	汽油，煤油，桂皮，生姜，肉豆蔻，烤面包，果仁味，麦片，蘑菇，干草，蜂蜜
	瓶内陈酿（红葡萄酒）	皮革味，森林地表，泥土，蘑菇，雪松，烟草味，植物味，湿树叶，咸辣，肉味，农家庭院味

其他：甜味、酸度、单宁、酒精和结构

有节制地使用，以形成一个更完整的描述 不要用低—中—高等代替	甜味	绝干，微干，干，甜，过甜，浓甜
	酸度	尖酸，生酸，酸，清爽酸，清新酸，弱酸
	酒精	软绵，轻，单薄，温，辣，烈，灼热
	单宁	成熟，柔弱，未成熟，生，果梗，粗糙，较紧致但略带颗粒感，紧致，有细密纹理的，柔滑
	结构	坚硬，强硬，矿质，油腻，奶油质，黏附感

结论
质量评定
利用证据：不要仅给出选项，每一个评论都必须有证据支持
要全面：评论对质量有贡献的所有要素
（注：在一些文件中，考官也要求其他的结论评语。请阅读应试者评定指南的细节）

要点	要素	
葡萄酒的成分是如何平衡的？	结构平衡	酸度，乙醇，单宁 风味，糖
	其他	• 强度，回味长度　• 复杂度，纯净度 • 表现力　　　　　• 陈酿潜力

注：WSET®四级葡萄酒词汇表旨在为学员提供提示和指导，它并不全面，也无须记忆或盲目墨守；此表辅助WSET®葡萄酒系统品尝法。

术　　语

乙醛（acetaldehyde）：乙醇氧化的产物，低浓度下加强葡萄酒的香味，但在高浓度下赋予葡萄酒以"类似雪利酒的气味"。

醋酸杆菌属（*Acetobacter*）：杆菌科（Bacteriaceae）的一个属，可将乙醇氧化为乙酸。

酸（acid）：葡萄和葡萄酒的基本成分，赋予葡萄和葡萄酒以新鲜感及刺激感。酒石酸和苹果酸占葡萄有机酸总量的 69%～92%，葡萄中的有机酸还有柠檬酸、乳酸、琥珀酸和乙酸。经苹乳发酵，苹果酸被转化为更柔和的乳酸，苹乳发酵自然倾向于发生在酒精发酵之后。

金属搭扣（agrafe）：字面意思为 U 形钉。用于香槟酒生产，在第二次发酵过程中用来固定和保持瓶塞在原位，在皇冠盖封口之前使用。

酒精（alcohol）：酵母中的酶将糖分发酵产生的产物，也可以在发酵过程中或发酵后加入中性形式的酒精来生产加强葡萄酒，通常用体积分数表示。见乙醇（ethanol）。

酒精度[alcohol by volume（abv）]：给定体积含酒精饮品中的酒精（乙醇）含量的度量，用体积分数表示。

花色苷（anthocyanins）：多酚类物质的一类，存在于红葡萄的果皮中（和其他果实与花中），是红葡萄酒颜色的主要贡献者。

法定产区（Appellation Contrôlée, AC）：法国评级体系内的法律地位[根据欧盟葡萄酒原产地命名保护（PDO）法规]，以保证指定葡萄酒的原产地和特定生产标准。见原产地命名保护（Appellation d'Origine Pritégée, AOP）。

原产地命名保护（Appellation d'Origine Pritégée, AOP）：法国最高的葡萄酒等级，从 2012 年开始逐渐代替原来的 AOC（AC）等级。

调配（assemblage）：法语术语，指的是将不同罐或小容器中的葡萄酒勾兑在一起形成最终的勾兑物。

涩/涩的（astringent）：触觉，主要是在品尝红葡萄酒时产生的感觉，可以被描述为干、酸、口腔收敛。葡萄果皮和种子中的酚类物质是产生这种感觉的原因。

穗选葡萄酒（Auslese）：字面意思为"挑选采收"。德国的优质葡萄酒种类，指的是迟采葡萄酒，葡萄成熟度高于酿造晚收葡萄酒的葡萄，见晚收葡萄酒（Spätlese）。

自溶（autolysis）：葡萄酒和固体酵母物质相互作用，形成一种独特的、类似面包或饼干的风味，带酒泥陈酿葡萄酒促进自溶特点的形成。例如，香槟酒成熟过程中在瓶中发生的自溶，或其他一些白葡萄酒在罐中或木桶中所发生的自溶。见酵母自溶（yeast autolysis）。

巴林糖度（Balling）：见白利糖度（Brix）。

木桶陈酿（barrel-ageing）：在木桶中熟化，以增添橡木、香草和烘烤风味，并使氧合作用可控。

橡木桶（barrique）：盛放 225 L 葡萄酒（300 瓶×750 mL/瓶）的小橡木桶，传统上是在波尔多使用，目前在世界各地大量使用。

搅动（bâtonnage）：法语术语，指的是在葡萄酒酿造过程中，搅动木桶中的酒泥，以改善葡萄酒的结构、增加风味。

波美度（Baumé）：用于度量密度，常用于法国，主要是葡萄果实糖分的浓度，是潜在酒精度（体积分数）的指示。

逐粒精选葡萄酒（Beerenauslesen）：一种德国葡萄酒，是用逐粒精选的过熟葡萄或贵腐化的葡萄浆果酿造而成。葡萄富含的糖分达到不可能完全被发酵的程度，从而使葡萄酒成为天然甜型。只有在非常好的年份才有可能酿造这种葡萄酒。精选过熟干化葡萄酒（Trockenbeerenauslesen）是用像葡萄干一样的脱水葡萄酿造而成的。

皂土（bentonite）：一种黏土，可用于澄清[见澄清（fining）]。皂土还具有其他许多用途，包括作为石油工业钻头的润滑剂、池塘的防水层和灌肠剂。

小塑料杯（bidoule）：安装在皇冠帽上的小塑料杯，开口端朝向香槟酒瓶，添加再发酵液之后用之封瓶，帮助存留沉淀物和除渣。

白葡萄白香槟酒（Blanc de Blancs）：香槟酒完全是用白葡萄酿造而成，可能是 100%的'霞多丽'。其他起泡酒生产商有时也使用这个术语，但有可能使用不同的白葡萄品种。

红葡萄白香槟酒（Blanc de Noirs）：香槟酒完全是用红葡萄酿造而成，如'黑比诺'和/或'莫尼耶比诺'，这种风格的香槟酒为白色。某些新世界国家的生产商将这个术语用于桃红起泡葡萄酒。

酒窖（bodega）：西班牙语术语，指的是用来熟化葡萄酒的葡萄酒厂、葡萄酒窖或储藏库。

灰葡萄孢菌（*Botrytis cinerea*）：能以破坏性的灰霉病形式侵染葡萄果实的真菌，或者在某种气候或天气条件下，以有益的"贵腐病"形式侵染葡萄果实，适合生产甜型葡萄酒，如苏特恩白葡萄酒和逐粒精选葡萄酒。见逐粒精选葡萄酒（Beerenauslesen）。

白利糖度（Brix）：用于度量密度，主要是指葡萄果实糖分的浓度，常用于美国，1°Brix 相当于 100 g 溶液中有 1 g 蔗糖（质量分数）。

天然干型（brut nature）：无补液装瓶的香槟酒。

大橡木桶（butt）：在利用"索莱拉系统"生产雪利酒的过程中，用于熟化葡萄酒的 550 L 美国白橡（*Quercus alba*）木桶。

形成层（cambium）：植物体内能够产生新细胞（包括韧皮部）的细胞层。见韧皮部（phloem）。

枝条（cane）：葡萄植株的成熟新梢，能越冬，呈黄褐色。根据所采用的整形方式，在冬季将枝条剪短。

叶幕（canopy）：葡萄树体的地上部分，包括新梢、叶片和果实。

帽（cap）：发酵过程中漂浮在红葡萄酒中的果皮。

被膜（capsule）：曾经用铅，现在用箔纸或塑料膜封盖，以保护软木塞和瓶颈。有时也用蜡封，特别是年份波特酒。

二氧化碳（carbon dioxide, CO$_2$）：发酵副产物。利用传统法、转移法或查马法（Charmat）酿造起泡葡萄酒时，酿酒师收集葡萄酒中的二氧化碳气泡，并注入很便宜的起泡葡萄酒中。

碳浸渍（carbonic maceration）：一种发酵方法，它是利用黑色葡萄的整个果穗进行发酵，在覆盖二氧化碳的情况下，单个浆果内部发生酶促变化，引起与酵母无关的初始发酵，之后是酵母转化糖的过程。许多酒体轻盈、果香浓郁的红葡萄酒就是采用这种方法酿造而成的。

木桶（cask）：用于葡萄酒发酵或成熟的木制容器（通常为圆柱形），有各种大小。根据产区习惯，通常是用不同种类的橡木制作。

离心机（centrifuge）：用来分离葡萄醪或发酵后将葡萄酒与酒泥或其他固体分离的机器。

加糖（Chaptalisation）：在发酵早期将蔗糖或浓缩葡萄汁添加到葡萄醪或葡萄汁中，以提高酒精度。在冷凉气候区，葡萄所含的糖分有时不能酿造酒体平衡的葡萄酒。这种方法以 Jean Antoine Chaptal 博士的名字命名，他是拿破仑时期法国的内政部长。

查马法（Charmat）：起泡葡萄酒的酿造方法之一，用于 Prosecco 和许多廉价葡萄酒的生产，该法的第二次发酵在罐中进行，以发明者 Eugène Charmat 的名字命名。

缺绿症（chlorosis）：因土壤缺铁而导致的葡萄植株紊乱，一般发生在富含石灰的土壤中，可以引起叶片失去颜色变为黄色。最终，由于光合作用减弱，产量可能下降。

无性系（clone）：遗传上完全相同的单一亲本通过无性繁殖方法所得到的有

机体群体。

法典（CODEX）：由 OIV 编制的国际性目录，详细列举了允许用于葡萄酒酿造和储存的化学品、有机和气体产品。

冷浸渍（cold soak）：发酵前的冷浸渍，这个过程是水浸提，而不是酒精将新鲜果肉、果皮和种子中的化合物提取到葡萄醪中，其目的在于使葡萄酒的颜色更好、香气物质增加和果香味更浓郁。

胶体（colloids）：不会沉淀出来也不能通过过滤去除的超微颗粒，所以可能会导致葡萄酒浑浊。

菌落形成单位（colony-forming unit, CFU）：是一个度量值，通常是指每毫升样品（液体食品的情况下）所含有的微生物（细菌、酵母菌和真菌）的活细胞数量。注意：单个活细胞可以通过二分裂来繁殖。

浓缩葡萄醪（concentrated grape must）：通过加热使其体积减小至原体积的20%，如果是"精馏过的"，其酸度也被中和。也可以使用糖进行加糖。见加糖（Chaptalisation）。

鸡蛋形混凝土罐（concrete egg）：以古代双耳罐为模型设计的鸡蛋形混凝土罐，在葡萄酒厂使用得越来越多，2001 年首次由罗纳河的 Michel Chapoutier 委托设计了这种罐。

同源物/同类物（congeners）：葡萄酒中的呈色和呈味物质。

管理委员会（Consejo Regulador）：国家政府授权的西班牙地方管理委员会，负责原产地命名的分级和实施，地方的种植者和酿酒师在管理委员会中担任代表。

龙干（cordon）：从葡萄树体主干上延伸出来的永久水平臂。

落花落果（coulure）：葡萄植株上的花坐果很少，一般是由于开花时不利的天气条件。见小果粒（millerrandage）。

杂交种（crossing）：用一个欧亚种葡萄品种的花粉使另一个欧亚种葡萄品种受精所得到的品种。

优质/上等（cru）：用来描述被视为优质/上等的葡萄园或村庄的法语术语。

中级酒庄酒（Cru Bourgeois）：波尔多梅多克和上梅多克区所产的红葡萄酒的分级，该分级每年修订。

列级酒庄酒（Cru Classé）：波尔多生产的葡萄酒质量属性的官方分级。最著名的分级诞生于 1855 年，当时对梅多克区和位于格拉芙区的侯伯王酒庄（Château Haut Brion）的红葡萄酒和苏特恩甜型白葡萄酒进行了分级。

破碎（crushing）：将葡萄打破准备发酵的过程。

冷冻榨汁（cryoextraction）：采摘成熟的葡萄，清洗干净，冷冻至结冰，然后压榨结冰的葡萄，得到的冷葡萄醪含有高浓度、浓缩的风味物质。

红葡萄酒触皮时间（cuvaison）：红葡萄酒与果皮接触所花费的时间。

密封罐法（cuve close）：用于起泡葡萄酒酿造的查马法（Charmat）或罐发酵法的另一个名称。

初榨葡萄汁/香槟酒（cuvée）：有许多不同含义。它可以指香槟酒或某一混合物第一次压榨所得到的葡萄汁，以及任何葡萄酒的果汁成分。

澄清（débourbage）：发酵前或发酵后将葡萄醪或葡萄酒中的固体（酒泥）沉淀。

除渣（dégorgement）：传统法酿造起泡葡萄酒临近结束时从瓶中去除酵母沉淀物。

倒灌并回混（délestage）：是一项酒窖作业，将罐中的红葡萄酒完全排出，然后将正在发酵的葡萄酒返回到果皮帽上。与泵送相比，很多人认为这是一个更温和的过程，能赋予葡萄酒更柔和的酒体，单宁聚合更好、颜色更深。

种植密度（density of planting）：给定土地面积所种植的葡萄株数，在欧洲通常表示为每公顷种植的葡萄株数。

每日（diurnal）：字面意思为"白天期间"。每日温差描述一天之中从高到低的温度变化，通常随着离海距离的增加而增加。

补液（dosage）：除渣之后，根据所要求的风格，采用传统法酿造的加糖起泡葡萄酒要将酒瓶加满。见传统法（traditional method）。

干浸出物（dry extract）：葡萄酒中所有的非挥发性固体物质。

旱地农业（dry land farming）：在半干旱地区不使用灌溉而进行的耕种方法，使用抗旱砧木通常是必要的。

除梗机（egrappoir）：从葡萄上去除穗梗的机械，之后，果实可能被破碎。

冰葡萄酒（eiswein）：德国式餐后甜葡萄酒，用仍长在葡萄植株上的结冰葡萄酿造而成，果实中所含的水分结冰（但糖分和溶解的固体物质未结冰），这样就能从结冰的葡萄中压榨出更加浓缩的葡萄醪，酿成的葡萄酒非常甜，且酸度高。

陈酿/培育（élevage）：葡萄酒装瓶前的"培育"或成熟过程。

酯类（esters）：酸和醇反应所形成的化合物，能赋予葡萄酒梨味糖果或香蕉气味。

乙醇（ethanol）：葡萄酒或其他含酒精饮品中的酒精，可以表示为 C_2H_5OH 或 CH_3CH_2OH。

发酵（fermentation）：在酵母作用下将糖转化为酒精。

发酵锁（fermentation lock）：安装在罐或木桶的顶部装置，允许二氧化碳逸出，但阻止空气的进入。

过滤（filtration）：允许葡萄酒通过介质，以去除细菌和固体，该处理一定要小心，以免除去风味物质。

澄清（fining）：在装瓶前将微小的棘手物质（胶体）从葡萄酒中去除，可用于澄清的物质包括皂土、白蛋白（蛋清）、明胶和鱼胶。

闪蒸（flash détente）：将葡萄醪加热到85℃，然后转移到高压真空室，在真空室液体蒸发；葡萄果皮解构后，将真空室快速冷却到32℃。该处理赋予红葡萄酒以适宜的颜色、浓郁的果香及柔和的单宁。

黄酮（flavones）：无色结晶三环化合物，其衍生物是植物色素。

福尔马肼浊度单位（Formazine turbidity unit）：ISO所采用的、利用光散射法测量液体中的微粒。

加强（fortification）：发酵前、发酵过程中或发酵结束后将酒精添加到某种葡萄酒中，如雪利酒和波特酒。

自流汁（free-run juice）：自然从固体、破碎机、压榨机或罐中排出的果汁。

果糖（fructose）：酿酒葡萄果肉中所含的两种糖分之一（另一种是葡萄糖），随着果实成熟，果糖水平升高，比葡萄糖味甜，所以对餐后甜葡萄酒酿造很重要。

葡萄糖（glucose）：酿酒葡萄果肉中所含的两种糖分之一（另一种是果糖），没有果糖味甜。

风土味（goût de terroir）：字面意思为"泥土味"。用来形容葡萄酒表现出产地环境特征的描述。

特级葡萄园/特级葡萄酒（Grand Cru）：字面意思是"大的增长"。法语术语，指的是所生产的葡萄酒质量属性或葡萄园被官方评为优质/上等。但在勃艮第，该术语指的是特级葡萄园。

优质葡萄酒（Grand vin）：用来描述来自于一个生产商的"顶级"葡萄酒的通用术语，暗指是挑选最好的葡萄酒。

疏果（green harvesting）：转色期之后，有时是在正常采收之前疏除果穗，以促进保留果穗的发育和成熟。

转瓶机（gyroplatte）：用于起泡葡萄酒生产"转瓶"过程中的机械化排渣托盘。见转瓶（rémuage）。

公顷（hectare）：陆地面积的一种度量单位，1 ha = 10000 m^2 = 2.47 acre。

种间杂种（hybrid）：两个不同葡萄种的杂交后代，如欧亚种葡萄（Viti vinifera）和美洲葡萄（Vitis labrusca）杂交。

鱼胶（isinglass）：用鱼制作的澄清剂。

小房葡萄酒（Kabinett）：德国葡萄酒的一类，用成熟但未过熟的葡萄酿造，不进行加糖处理，通常酒体较轻、风格精细。

硅藻土（kieselguhr）：用作过滤助剂的粗粒硅藻土粉，硅藻土过滤可去除包括酒泥在内的粗粒固体。

副梢（lateral shoot）：从芽（位于绿色新梢上）长出的侧梢，副梢消耗葡萄树体的养分，通常要去除。

酒泥（lees）：沉淀物，包括发酵过程结束后沉于罐底或木桶底部的死亡酵母细胞。粗酒泥为粗粒沉淀物，较轻；细酒泥可能在初次倒灌时就沉淀了。

软木塞（liège）：香槟酒装瓶时所使用的传统软木塞。

补液（liqueur d´expedition）：含有葡萄酒和蔗糖的液体或精馏的浓缩葡萄汁，用于除渣后加满瓶内发酵的起泡葡萄酒。见除渣（dégorgement）。

再发酵液（liqueur de tirage）：是糖（或精馏的浓缩葡萄汁）和酵母的混合液，在装瓶时将其添加到基酒中，以诱发传统法酿造起泡葡萄酒过程中的第二次发酵。

浸渍（maceration）：将葡萄的固体部分浸泡在其果汁中，可以采取发酵前的冷浸渍，或者在红葡萄酒酿造基础上进行发酵后浸渍。浸渍有助于浸提风味物质，对红葡萄酒来说，浸渍还有助于色素和单宁的浸提。

苹乳发酵（malolactic fermentation, MFL）：发生在酒精发酵结束后（偶尔也在酒精发酵过程中）的发酵，通过苹乳发酵，细菌将粗糙的苹果酸转化为柔和的乳酸。几乎毫无例外，苹乳发酵在红葡萄酒上是期望的；对白葡萄酒来说，酿酒师可能促使苹乳发酵，也可能阻止苹乳发酵，取决于葡萄酒风格的需要。

榨渣（marc）：葡萄压榨后剩下的果皮、穗梗和种子，可以蒸馏成白兰地。

葡萄酒大师（master of wine, MW）：作为葡萄酒大师协会的会员，要通过严格的理论和品尝考试，并完成学位论文。撰写本书时，全世界约有 340 位葡萄酒大师。

香槟酿造法（méthode champenoise）：现已不复存在的术语，被"传统法"所取代。

硫醇（mercaptans）：一类具有臭味的挥发性化合物，可能存在于葡萄酒中，是一种还原表现。见还原（reductivity）。

中气候（mesoclimate）：特定葡萄园位置的气候。

微气候（microclimate）：葡萄植株叶幕内部的气候。

小果粒（millerrandage）：因授粉差而导致坐果少，且随后浆果停止发育。见落花落果（coulure）。

葡萄醪（must）：未发酵的葡萄汁、种子、果皮和果肉。

葡萄醪调整（must adjustment）：在发酵前添加各种物质，以确保期望的化学平衡，如通常在炎热气候区可能添加酒石酸（增酸），在冷凉气候区可能需要降酸。

葡萄醪浓缩机（must concentrators）：用来去除葡萄汁中水分的机械。在多雨年份可能很有用。

葡萄醪强化（**must enrichment**）：在发酵前或发酵早期进行处理，以提高葡萄醪中的糖分含量，从而使葡萄酒的酒精度升高。因葡萄勉强成熟，在冷凉气候区可能会进行葡萄醪强化。

葡萄醪含糖量（**must weight**）：葡萄醪密度的度量。在生产上，葡萄醪密度是破碎后的葡萄果实中或葡萄汁中所含糖分水平的指示。见波美度（Baumé）、白利糖度（Brix）、奥斯勒度（Oechsle）。

停酵（**mutage**）：添加酒精以停止发酵，用于甜型加强葡萄酒的酿造。

纳克（**nanogram**）：1 g 的十亿分之一。

节（**node**）：葡萄茎上的一个点，叶片、芽或新梢起源于此。

无补液（**non dosé**）：无任何补液（dosage）的装瓶香槟酒。

贵腐病（**noble rot**）：有益形式的灰葡萄孢菌（*Botrytis cinerea*）。

橡木（**oak**）：用于发酵和/或成熟葡萄酒的首选木材种类，增强特性，减弱风味。根据酿酒师的目标和资金限制，可以使用木桶、木条或木片。

奥斯勒度（**Oechsle**）：用于度量葡萄汁或葡萄醪密度，估测葡萄酒的最终酒精度，常用于德国。

葡萄酒酿造学（**oenology/enology**）：葡萄酒酿造的科学。

粉孢子（**oidium**）：真菌病害（*Uncinula necator*），俗称白粉病（powdery mildew）。

国际葡萄与葡萄酒组织（**Organisation Internationale de la Vigne et du Vin, OIV**）：是一个政府间组织，被认为是葡萄与葡萄酒领域科学和技术的指引，其成员国产量占世界葡萄酒产量的 85%以上，但不包括美国、加拿大、墨西哥和中国。

欧罗索雪利酒（**Oloroso**）：雪利酒的一种风格，这种风格的雪利酒是在未完全装满的木桶中陈酿，因而葡萄酒被故意氧化。

光学分选台（**optical sorting table**）：代替手工分选台、快速且高效的葡萄分选方法。随着葡萄沿传送带移动，电子眼分析葡萄的图像，通过与预先设定的标准比较进行选择（接收或丢弃）。

氧化（**oxidation**）：是由空气与葡萄酒接触所造成的。被氧化的葡萄酒发干且很苦。

巴氏杀菌（**pasteurisation**）：加热葡萄酒的处理，目的是通过杀死微生物以确保葡萄酒稳定。

果胶酶（**pectolytic enzymes**）：用于分解和破坏果胶浑浊的蛋白质，以改善葡萄酒的澄清度。

果柄/花柄（**pedicel**）：单个花朵或浆果的梗。

总穗梗（**peduncle**）：支撑花序或果穗的茎。

霜霉病（**peronospera**）：感染葡萄的真菌病害（*Plasmopara viticola*），一般称

作 downy mildew。

微泡（pétillance）：葡萄酒中的少量二氧化碳，赋予葡萄酒以清爽感。

叶柄（petiole）：叶片的茎。

pH：极性溶液中氢离子（H^+）浓度的度量，因此是溶液的酸度。pH 是按照 0～14 数值范围测量的，7 为中性，小于 7 为酸性，大于 7 为碱性。

酚类物质（phenol）：包括多酚在内的化合物的一类基本组成成分。见多酚（polyphenols）。

酚类物质成熟度（phenolic ripeness）：也称作生理成熟度，指的是葡萄果皮、种子和穗梗中所含单宁的成熟度，这些单宁有助于颜色、风味和香味。

韧皮部（phloem）：呈管状结构的专业化植物细胞，携带光合作用所产生的糖分和植物叶片新陈代谢所产生的其他产物，并将这些物质从葡萄植株的叶片运输到主干和根，最重要的是将糖分运输至葡萄果实并储存。

光合作用（photosynthesis）：植物体的生物合成过程，通过光合作用，二氧化碳和水反应形成碳水化合物（淀粉和糖）。对利用太阳能的光合作用来说，使植物叶片呈色的化合物——叶绿素是至关重要的。

葡萄根瘤蚜（*Phylloxera vastatrix* 或 *Daktulospharia vitifoliae*）：穴居于根的蚜虫，在 19 世纪后期，首先毁灭了欧洲的葡萄园。

生理成熟度（physiological ripeness）：见酚类物质成熟度（phenolic ripeness）。

皮克（picogram）：1 g 的万亿分之一。

踩皮/压帽（pigeage）：将发酵过程中形成的葡萄果皮帽压下去，以防止果皮干燥并促进色素物质和单宁的释放。踩皮既可以人工也可以机械。

木桶（pipe）：容量为 534 L 或 550 L 的罐木桶，在葡萄牙的杜罗河谷用于波特酒的生产。

聚合/聚合作用（polymerisation）：将小的单宁分子连接在一起形成长链单宁的过程，在"倒灌并回混"期间，促进这个过程，使单宁更柔顺。见倒灌并回混（délestage）。

多酚（polyphenols）：存在于葡萄果皮中的一类化合物，包括花色苷和单宁。见花色苷（anthocyanins）和单宁（tannins）。

压榨酒（press wine）：浸渍后通过压榨葡萄果皮得到的葡萄酒，压榨酒可以用于勾兑。

压榨（pressing）：葡萄酒酿造过程中的一项作业，通过压榨，果汁从葡萄的果皮和其他固体物质中被压榨出来。

泵送（pumping over）：见淋汁（remontage）。

香槟酒架（pupitre）：木制的架，在起泡葡萄酒酿造过程中，将酒瓶的瓶颈向下插入其中，以进行转瓶过程。见转瓶（rémuage）。

吡嗪/吡嗪类（pyrazines）： 赋予某些葡萄酒以生青味、胡椒味和草本特征的化合物。'赤霞珠'和'长相思'是能够证明这些特征的两个葡萄品种，无论是在气味上还是在口感上。

葡萄酒庄园（Quinta）： 客栈或乡村别墅，但在葡萄牙经常被用作葡萄酒庄园的名字。

穗轴（rachis）： 葡萄果穗的主轴茎，果柄与之相连。

倒灌（racking）： 将葡萄汁或葡萄酒从一个容器转移至另一个容器，剩下酒泥或沉淀物，这样就使液体澄清。

精馏的浓缩葡萄汁（rectified concentrated grape must, RCM）： 通过处理去除所有非糖成分的葡萄醪，所得到的澄清果汁可以用于葡萄酒和浓缩葡萄醪增糖。

还原反应/还原（reduction/reductivity）： 葡萄酒酿造过程中的一个缺点，导致硫化氢、硫醇和二硫化物味。

折光仪（refractometer）： 用于在葡萄园测量指示葡萄成熟度的葡萄醪密度的光学仪器。

淋汁（remontage）： 红葡萄酒发酵过程中的一个工序，当葡萄醪从罐底被排出后，再将葡萄醪喷淋于漂浮的果皮帽，其目的在于从果皮中浸提色素、单宁和风味物质，有时也能混入空气。

转瓶（rémuage）： 起泡葡萄酒酿造过程中的一个工序，通过转动和振动，将酒瓶中的沉淀物排入瓶颈。

反渗透（reverse osmosis）： 一项液体净化技术，利用半透膜来去除液体中的微粒。

抽汁（saignée）： 字面意思为"放血"。生产桃红葡萄酒（和加深红葡萄酒颜色）的一个方法，浸渍 4~20 h 后，当果汁中来自红葡萄果皮浸渍的色素量达到预期时，将其排出，然后像白葡萄酒酿造一样进行发酵，也就是不带果皮发酵。

风干（seasoning）： 橡木桶生产过程中的一段时间，也就是木板可以置于户外的那段时间，目的是排出粗糙单宁和其他不需要的产物，也能降低木桶渗漏的可能性。

索莱拉（Solera）： 用于雪利酒成熟和生产的一套系统，涉及大量木桶的使用，新酒和老酒储存在木桶中，然后进行勾兑，以保证风格的一致性。

晚收葡萄酒（Spätlese）： 字面意思为"晚收"，是用晚收的葡萄酿造，葡萄醪中未加糖。见加糖（Chaptalisation）。

发酵中止（stuck fermentation）： 酒精发酵在所有糖分转化之前就过早停止。

蔗糖（sucrose）： 不是葡萄果实的天然构成成分，但可用于葡萄酒酿造中的加糖处理。见加糖（Chaptalisation）。

糖/糖分（sugar）： 以果糖和葡萄糖的形式存在于葡萄果实中，能以蔗糖形式进行葡萄醪强化。

二氧化硫（sulfur dioxide, SO₂）：广泛用于葡萄酒酿造的化合物，起到防腐、消毒和抗氧化的作用。

甜葡萄原汁（süssreserve）：甜的未发酵葡萄汁，可以在装瓶之前添加，以使葡萄酒增甜，常用在德国和英格兰。

次级葡萄汁（tailles）：在起泡葡萄酒酿造过程中压榨葡萄所得到的后一部分葡萄汁，通常认为质量次于初榨葡萄汁。

单宁（tannins）：这是一个不精确的术语，包括结合和沉淀蛋白质的多酚，存在于葡萄果皮、穗梗和种子（缩合单宁）中，橡木制品也含有单宁（水解单宁）。单宁在口腔中具有涩感，特别是在牙龈上。

酒石酸盐（tartrates）：酒石酸氢钾或酒石酸钙的晶体沉淀物，可能是在葡萄酒成熟或储存期间形成的。酒石酸氢钾天然存在于所有葡萄酒中，其大部分在装瓶前被去除，但还有一些以无害的酒石酸盐晶体形式残留。

染色葡萄（teinturier）：指的是所结的葡萄为红色果肉，有时用来给淡色葡萄酒增添色泽，'紫北塞'和'紫大夫'是非常著名的两个品种。

风土（terroir）：法语术语，它将一个特定葡萄园中的土壤、微气候、地形和环境的观念，以及其对葡萄树体影响的结果汇集在一起。

传统法（traditional method）：酿造高质量起泡葡萄酒和香槟酒的方法，利用瓶内第二次发酵，并最终通过排入瓶颈和喷出过程去除酵母沉淀物。

缺量（ullage）：葡萄酒与木桶顶部或瓶中软木塞之间的气体空间。

单品种葡萄酒（varietal）：用一个葡萄品种的果实酿造的葡萄酒。

罐（vat）：用于葡萄酒发酵、储存或陈酿的大容量容器，历史上是用木材制成的，目前通常是用其他材料制作，包括水泥、混凝土和不锈钢，一些罐是封闭的，而另一些罐是顶部开口的。

转色/转色期（veraison）：指的是葡萄果实成熟过程的开始，转色时果皮变软、颜色开始变化。随着转色期开始，浆果的生长主要是因为细胞膨大而不是细胞分裂，糖分增加、酸度下降。

清酒（vins clairs）：是指起泡葡萄酒酿造过程中第一次发酵所产生的静止葡萄酒。

葡萄树体平衡（vine balance）：指的是葡萄树体的一种状态，即葡萄树体新梢生长所引起的生长，营养足够，但又不过分，叶面积能使葡萄树体所负载的果实充分成熟。

天然甜葡萄酒（vins doux naturel, VDN）：字面意思是"天然白葡萄酒"，是法国南部的一种葡萄酒，通过添加葡萄蒸馏酒中止发酵，因而留下很多残糖。绝大多数是用红葡萄（'黑歌海娜'）酿造，其颜色和色调随陈酿方式而变化。

黄葡萄酒（Vin Jaune）：葡萄酒在木桶中陈酿几年，期间不添桶，使之氧化，是法国 Jura 地区的特产。

葡萄树体胁迫（vine stress）：是因葡萄树体在生长季未得到充足的水分所导致。可以对葡萄树体故意施以胁迫，以将能量集中到生产果实上，而不是新梢和叶片的生长。

葡萄属（Vitis）：葡萄科（Vitaceae）中结葡萄果实的一个属。

欧亚种葡萄（Vitis vinifera）：葡萄属（Vitis）的欧洲种。世界上几乎所有的葡萄酒都是用其果实酿造而成的，已知的品种数量至少为 10000 个，如'霞多丽'、'赤霞珠'。

挥发酸（volatile acidity）：存在于所有葡萄酒中，是由乙醇氧化为乙酸（醋中的酸）产生的。少量有助于香味，过量引起"醋"的嗅觉和味觉。

木质部（xylem）：运输水分和养分的植物组织。

酵母自溶（yeast autolysis）：是一个复杂的化学过程，发生于发酵结束后的带酒泥（死亡的酵母细胞）葡萄酒陈酿期间。其在香槟酒酿造上特别重要，因为能赋予香槟酒以"饼干"香味和"奶油"口感。

酵母（yeast）：是单细胞微生物，所产生的酶能将糖分转换为酒精。天然存在于葡萄果皮上和葡萄酒厂已建好的建筑物中，也可以添加其人工培养形式。

文 献 目 录

Allen, M., Bell, S., Rowe, N. and Wall, G. (eds) (2000) *Proceeding ASVO Seminar, Use of Gases in Winemaking*. Australian Society of Viticulture and Oenology, Adelaide.

Allen, M. and Wall, G. (eds) (2002) *Proceeding ASVO Seminar, Use of Oak Barrels in Winemaking*. Australian Society of Viticulture and Oenology, Adelaide.

Bakker, J. and Clarke, R.J. (2012) *Wine Flavour Chemistry*, 2nd edn. Wiley-Blackwell Publishing, Oxford.

Bartoshuk, L. (1993) Genetic and physiological taste variation: what can we learn from animal models and human disease? In: *The Molecular Basis of Smell and Taste* (eds, Chadwick, D., March, J. and Goode, J.), pp. 251-267. John Wiley & Sons, Chichester.

Bird, D. (2010) *Understanding Wine Technology*, 3rd edn. DBQAPublishing, Nottingham.

Castrioto-Scanderberg, A., Hagberg, G.E., Cerasa, A., *et al.* (2005) The appreciation of wine by sommeliers: a functional magnetic resonance study of sensory integration. *Neuroimage*, **25**, 570-578.

Chatonnet, P., Dobourdieu, D. and Boidron, J.N. (1995) The influence of *Brettanomyces/Dekkera* sp. Yeasts and lactic acid bacteria on the ethylphenol content of red wines. *American Journal of Enology and Viticulture*, **46**, 463-468.

Cambell, C. (2004) *Phylloxera*. Harper Perennial, London.

Considine, J. and Frankish, E. (2014) *A Complete Guide to Quality in Small Scale Wine Making*. Academic Press – Elsevier, Oxford.

Crossen, T. (1997) *Venture into Viticulture*. Country Wide Press, Woodend, Australia.

Elliott, T. (2010) *The Wines of Madeira*. Trevor Elliott Publishing, Gosport.

EU (1999) Council Regulation (EC) No. 1493/1999 on the common organisation of the market in wine. *Official Journal of the European Communities*, **L 179**, 1-101.

EU (2008) Council Regulation (EC) No. 479/2008 on the common organisation of the market in wine, amending Regulations (EC) No. 1493/1999, (EC) No. 1782/2003, (EC) No. 1290/2005, (EC) No. 3/2008, and repealing Regulations (EEC) No. 2392/86 and (EC) No. 1493/1999. *Official Journal of the European Union Communities*, **L 148**, 1-61.

EU (2009a) Council Regulation (EC) No. 491/2009, amending Regulations (EC) No. 1234/2007 establishing a common organisation of agricultural markets and on specific provisions for certain agricultural products (Single CMO Regulation). *Official Journal of the European Communities*, **L 154**, 1-82.

EU (2009b) Commission Regulation (EC) No. 606/2009, laying down certain detailed rules for implementing Council Regulation (EC) No. 479/2008 as regards the categories of grapevine products, oenological practices and the applicable restrictions. *Official Journal of the European Communities*, **L 193**, 1-59.

EU (2011a) Commission Regulation (EC) No. 538/2011, amending Regulations (EC) No. 606/2009 laying down certain detailed rules for implementing Council Regulation (EC) No. 479/2008 as regards the categories of grapevine products, oenological practices and the applicable restrictions. *Official Journal of the European Communities*, **L 147**, 6-12.

EU (2011b) Commission Regulation (EC) No. 670/2011, amending Regulations (EC) No. 607/2009 laying down certain detailed rules for implementation of Council Regulation (EC) No. 479/2008 as regards protected designation of origin and geographical indications, traditional terms, labeling and presentation of certain wine sector products. *Official Journal of the European Communities*, **L 183**, 6-13.

EU (2012) Commission Regulation (EC) No. 203/2012, amending Regulations (EC) No. 889/2008 laying down certain detailed rules for implementation of Council Regulation (EC) No. 834/2007, as regards detailed rules on organic wine. *Official Journal of the European Communities*, **L 71**, 42-47.

Foulonneau, C. (2002) *Guide Practique de la Vinification*. 2nd edn. Dunod, Paris.

Frankel, C. (2014) *Land and Wine: The French Terroir*. The University of Chicago Press, Chicago.

Galet, P. (2000a) *General Viticulture*. Oenoloplurimédia, Chaintré.

Galet, P. (2000b) *Grape Diseases*. Oenoloplurimédia, Chaintré.

Galet, P. (2000c) *Grape Varieties and Rootstock Varieties*. Oenoloplurimédia, Chaintré.

Gladstones, J. (2011) *Wine, Terroir and Climate Change*. Wakefield Press, Adelaide.

Halliday, J. and Johnson, H. (2006) *The Art and Science of Wine*, 2nd edn. Mitchell Beazley, London.

Hanson, A. (1982) *Burgundy*. Faber, London.

Iland, P., Bruer, N., Ewards, G., Weeks, S. and Wilkes, E. (2004a) *Chemical Analysis of Grapes and Wine: Techniques and Concepts*. Winetitles, Adelaide.

Iland, P., Bruer, N., Ewart, A., Markides, A. and Sitters, S. (2004b) *Monitoring the Winemaking Process from Grapes to Wine: Techniques and Concepts*. Winetitles, Adelaide.

Iland, P., Grbin, P., Grinbergs, M., Schmidtke, L. and Soden, A. (2007) *Microbiological Analysis of Grapes and Wine: Techniques and Concepts*. Winetitles, Adelaide.

ITV (1991) *Protection Raisonnée du Vignoble*. Centre Technique Interprofessionnel de la Vigne et du Vin, Paris.

ITV (1995) *Guide d'Établissement du Vignoble*. Centre Technique Interprofessionnel de la Vigne et du Vin, Paris.

ITV (1998) *Matérials et Installations Vinicoles*. Centre Technique Interprofessionnel de la Vigne et du Vin, Paris.

Jackson, R.S. (2008) *Wine Science (Principles and Applications)*, 3rd edn. Academic Press – Elsevier, San Diego.

Johnson, J. and Robinson, J. (2013) *The World Atlas of Wine*, 7th edn. Octopus Publishing, London.

Karlsson, B. and Karlsson, P. (2014) *Biodynamic, Organic and Natural Winemaking*. Floris Books, Edinburgh.

Legeron, I. (2014) Natural Wine: An Introduction to Organic and Biodynamic Wines Made Naturally. Cico Books – Ryland Peters & Small, London.

Magarey, P., MacGregor, A.M., Wachtel, M.F. and Kelly, M.C. (2000 – reprinted 2013) *The Australian and New Zealand Field Guide to Diseases, Pests and Disorders of Grapes*. Winetitles, Adelaide.

Margali, Y. (2013) *Concepts in Wine Technology*, 3rd edn. The Wine Application Guild, San

Francisco.

Michelsen, C.S. (2005) *Tasting & Grading Wine*. JAC International, Limhamn.

Ministry of Agriculture, Fisheries and Food (1997) *Catalogue of Selected Wine Grape Varieties and Clones Cultivated in France*. ENTAY (Établissement National Technique pour I'Amélioration de la Viticulture), INRA (Institute National de Recherche Agronomique), ENSAM (École Nationale Supérieure Agronomique de Montpellier), ONIVINS (Office National Interprofessionnel de Vins).

Nicholas, P. (ed.) (2004) *Soil, Irrigation and Nutrition*. South Australian Research and Development Institute, Adelaide.

Nicholas, P., Magarey, P. and Wachtel, M. (eds) (1994) *Diseases and Pests, Grape Production Series Number 1*. Winetitles, Adelaide.

OIV (2015a) *International Code for Oenological Practices*. OIV – Organisation Internationale de la Vigne et du Vin, OIV, Paris.

OIV (2015b) *International Oenological Codex*. OIV – Organisation Internationale de la Vigne et du Vin, OIV, Paris.

Parker, R. (2005) *The World's Greatest Wine Estates*. Dorling Kindersley, London.

Penning Rowsell, E. (1979) *The Wines of Bordeaux*. 4th edn. Penguin, Harmondsworth.

Peynaud, E. (1987) *The Taste of Wine*. John Wiley, New York.

Rankine, B. (2004) *Making Good Wine*. Macmillan, Sydney.

Redding, C. (1833) *The History and Description of Modern Wines*. Whittaker, Treacher, & Arnot, London.

Reynolds, A.G. (2010a) Managing Wine Quality Vol. 1. Viticulture and Wine Quality. Woodhead Publishing, Cambridge.

Reynolds, A.G. (2010b) *Managing Wine Quality Vol. 2. Oenology and Wine Quality*. Woodhead Publishing, Cambridge.

Ribéreau-Gayon, P., Glories, Y., Maujean, A. and Dubourdieu, D. (2006a) *Handbook of Enology Vol. 2 – The Chemistry of Wine: Stabilization and Treatments*. John Wiley & Sons, Chichester.

Ribéreau-Gayon, P., Dubourdieu, D., Donèche, B. and Lonvaud, A. (2006b) *Handbook of Enology Vol. 1 – The Microbiology of Wine and Vinifications*. John Wiley & Sons, Chichester.

Robinson, J. (ed.) (2015) *The Oxford Companion to Wine*. 4th edn. Oxford University Press, Oxford.

Robinson, J., Harding, J. and Vouillamoz, J. (2012) *Wine Grapes*. Allen Lane, London.

Saintsbury, G. (1920) *Notes from a Cellar Book*. Macmillan, London.

Schuster, M. (1989) *Understanding Wine*. Mitchell Beazley, London.

Seguin, G. (1986) 'Terroirs' and pedology of wine growing. *Experentia*, **42**, 861-871.

Smart, R. and Robinson, M. (1991) *Sunlight into Wine*. Winetitles, Adelaide.

Tamine, A.Y. (2013) Membrane Processing – Dairy and Beverage Applications. Wiley – Blackwell, Chichester.

Vigne et Vin (2003) *Guide Pratique, Viticulture Biologique*. Vigne et Vin, Bordeaux.

Vigne et Vin (2004) The Barrel: Selection, Utilization, Maintenance. Vigne et Vin, Bordeaux.

Wilson, J. (1998) *Terroir*. Mitchell Beazley, London.

Wine Australia (2015) *Wine Exports Approval Report, December 2014*. Wine Australia, Adelaide.

相 关 网 站

以下网站是精心挑选的，且包含了对读者有价值的信息。很显然，这些网站并不详尽。

美国葡萄酒经济学家协会（American Association of Wine Economists，AAWE: http://www.wine-economics.org）：为非盈利组织，位于纽约。每年出版三期期刊，网站有与葡萄酒经济学主题密切相关的研究论文链接。

葡萄酒教育工作者协会（Association of Wine Educators: http://www.wineeducators.com）：是专业性协会，其成员从事葡萄酒教育领域工作。网站有成员名录，许多成员是葡萄酒生产和葡萄酒评价领域不同方面的专家。

澳大利亚葡萄酒研究所（The Australian Wine Research Institute: http://www.awri.com.au）：该研究所的目的是提升澳大利亚葡萄酒产业的竞争优势，对葡萄酒的成分和感官特征进行研究，承接分析服务，并为产业发展提供支持。网站有大量免费信息。

波尔多葡萄酒行业协会（Conseil Interprofessionnel du Vin de Bordeaux，CIVB: http://www.bordeaux.com/uk）：波尔多是世界上最大的优质葡萄酒产区，CIVB 是波尔多葡萄酒行业的代表，为波尔多葡萄酒行业提供建议，并管理波尔多葡萄酒行业。网站很活跃，有许多关于波尔多和波尔多葡萄酒方面的有用信息。

葡萄酒作家协会（Circle of Wine Writers: http://www.cricleofwinewriters.org）：是葡萄酒作家和传播工作者的协会，成员来自世界各地。

《品醇客》（*Decanter*: http://www.decanter.com）：是葡萄酒方面的期刊，月刊，主要针对消费者，葡萄酒行业人员和葡萄酒生产商也广为阅读。网站有很多专题新闻。

《饮料商业杂志》（*The Drinks Business*: http://www.thedrinksbusiness.com）：月刊，主要关注含酒精饮料行业的商业领域，刊载关于葡萄酒产区、动态、品牌和深入讨论挑战的综合报告。

格兰杰，基思（Grainger, Keith: http://www.keithgrainger.com）：该网站有关于本书第一作者的联系信息。

哈珀斯（*Harpers*: http://www.harpers.co.uk）：是有关英国葡萄酒贸易的期刊。网站有一些最新文章的摘要。

葡萄酒大师协会（The Institute of Masters of Wine: http://www.masters-ofwine.org）：葡萄酒大师（MW）资格被认为是在葡萄酒综合基础教育方面所达到的最高水平。网站有协会成员的名单。

法国葡萄与葡萄酒研究所（Institute Français de la Vigne et du Vin: http://www.vignevin.com/）：研究所为法国的葡萄种植者和酿酒师提供技术信息。网站（法语）有该所出版物的详细信息。

国际葡萄与葡萄酒组织（Organisation Internationale de la Vigne et du Vin, OIV: http://www.oiv.int）：是一个政府间组织，被认为是葡萄与葡萄酒领域科学和技术的指引，其成员国产量占世界葡萄酒产量的85%以上，但不包括美国、加拿大、墨西哥和中国。网站提供最新的新闻和许多有用的统计资料。

新西兰酿酒葡萄种植者协会（New Zealand Winegrowers: http://www.nzwine.com）：新西兰酿酒葡萄种植者协会网站有关于产业的重要信息，包括统计资料、概况、报告和与生产商的链接。

普兰普顿学院（Plumpton College: http://www.plumpton.ac.uk/department/wine-and-wine-research/21）：位于英国的萨塞克斯郡，开设许多葡萄酒课程，包括葡萄栽培、葡萄酒酿造和葡萄酒商贸专业的全日制及非全日制学位课程。

TiZwine（http://www.tizwine.com）：位于新西兰，是有关新西兰葡萄酒和世界葡萄酒新闻的重要信息源。

加州大学戴维斯分校（UC Davis: http://wineserver.ucdavis.edu）：该校的葡萄栽培和葡萄酒酿造系40年来一直处于研究的最前沿。

波尔多第二大学葡萄酒学院（Université Victor Segalen Bordeaux 2, Faculté d´Oenologie: http://www.isvv.univ-bordeauxsegalen.fr/en）：它是葡萄与葡萄酒科学的研究机构，也是法国卓越的葡萄酒酿造研究中心。

威利（Wiley: http://www.wiley.com）：本书英文原著的出版商网站，该网站有出版物的详细信息和许多资源的链接。

智利葡萄酒协会（Wines of Chile: http://www.winesofchile.org）：智利葡萄酒协会代表90家智利葡萄酒厂，该网站是新闻、统计资料和报告的来源。

南非葡萄酒协会（Wines of South Africa: http://www.wosa.co.za）：南非葡萄酒协会代表南非葡萄酒出口商，该网站有最新的新闻和统计资料链接。

葡萄酒及烈酒教育基金会（Wine & Spirit Education Trust: http://www.wsetglobal.com）：葡萄酒及烈酒教育基金会设计并提供葡萄酒课程，它是行业奖励机构，其资质由英国资格暨课程管理局根据资质和学分制体系认可。该基金会是国际性的，在全世界60多个国家有核准项目的供应商。

Winetitles（http://winetitles.com.au）：是澳大利亚的一个出版社，出版有关葡萄酒的书籍、期刊和研讨会论文。

葡萄酒、葡萄园和葡萄酒厂设备展

下面所列的是欧洲、中国及澳大利亚一些最重要的葡萄酒和葡萄种植/葡萄酒酿造设备展。对于那些希望拓展品酒体验的人来说，葡萄酒展意味着有一个宝贵的机会可以在同一个场合短时间内品尝无数种葡萄酒；对生产商和葡萄栽培或葡萄酒酿造专业的学生来说，设备展是与新进展保持同步的最宝贵的方式。

1. 英国

伦敦国际葡萄酒及烈酒博览会（London Wine Fair, http://www.londonwinefair.com）。在伦敦奥林匹亚展览中心举办，通常是在 5 月份第三周的星期二、星期三和星期四举办，是一个纯贸易展会。

2. 法国

波尔多国际葡萄酒及烈酒展览会（Vinexpo, http://www.vinexpo.fr）。每半年一次，6 月份在波尔多举办，是一个超大型纯贸易葡萄酒展会。

波尔多国际葡萄酒酿造暨葡萄果蔬设备展览会（Vinitech-Sifel, http://www.vinitech-sifel.com）。每半年一次，每年的 11 月末或 12 月初，当不举办 Vinexpo 时，即在波尔多举办，是法国主要的葡萄种植和葡萄酒酿造设备展。

3. 德国

杜塞尔多夫国际葡萄酒及烈酒展览会（Prowein, http://www.prowein.com）。3 月中旬在杜塞尔多夫举办，会期为期 4 天，是一个纯贸易展会。近年来得到业内很大重视，被许多人视为欧洲最好的葡萄酒贸易展会。

4. 意大利

米兰国际葡萄种植技术展览会（Enovitis, http://www.enovitis.net）。11 月在米兰举办，是意大利最重要的葡萄园和葡萄酒厂设备展。

维罗纳国际葡萄酒及烈酒展览会（Vinitaly, http://www.vinitaly.com）。4 月初在维罗纳举办，会期为期 4 天，是一个纯贸易展会，目前为止是意大利最重要的葡萄酒盛事。

5. 西班牙

西班牙国家葡萄酒展览会（Fenavin, http://www.fenavin.com）。5 月份在雷阿尔（Ciudad Real）举办，是最近建立的展会，聚焦于西班牙的葡萄酒。

6. 中国

亚太地区国际葡萄酒及烈酒展览会（Vinexpo Asia Pacific, http://www.vinexpo.com）。5 月末在香港举办，会期为期 4 天，是远东地区葡萄酒贸易的主要展会。

7. 澳大利亚

澳大利亚葡萄酒展览会（Winetech, http://www.winetechaustralia.com.au）。在阿德莱德举办，是澳大利亚主要的葡萄种植和葡萄酒酿造设备展。

中英文名词（词组）对照

脱落酸　abscisic acid
乙醛　acetaldehyde
乙酸　acetic acid
醋酸腐败　acetic spoilage
醋酸杆菌属　*Acetobacter*
酸　acid
加酸/增酸　acidification
酸/酸度　acidity
通气/充气　aeration
余味　aftertaste
陈酿潜力　ageing potential
金属搭扣　agrafe
白垩土　albariza
白蛋白/清蛋白　albumin
酒精　alcohol
醛类　aldehydes
紫北塞　Alicante Bouschet
阿尔萨斯　Alsace
老藤　alte reben/vieilles vignes
氨基酸　amino acids
葡萄科　Ampelidaceae
双耳细颈罐　amphorae
动物　animals
年生长周期　annual growth cycle
嗅觉缺失　anosmics
花色苷　anthocyanins
炭疽病　anthracnose
干化　appassimento
法定产区　Appellation Contrôlée（AC）
原产地命名保护　Appellation d'Origine Pritégée（AOP）
钙质黏土　argilo calcaire
精氨酸　arginine
氩气　argon

香味/香气　aroma
喷水系统　aspersion system
调配　assemblage
同化/同化作用　assimilation
阿斯蒂汽酒　Asti
涩味　astringent taste
托卡伊奥苏甜葡萄酒　Aszú, Tokaji
刺激/触感（味觉）　attack（taste）
穗选葡萄酒　Auslese
澳大利亚葡萄和葡萄酒管理局　Australian Grape and Wine Authority
澳大利亚葡萄酒研究所　Australian Wine Research Institute
自溶　autolysis
细菌　bacteria
细菌性疫病　bacterial blight
平衡　balance
巴林糖度　Balling
官方规定的葡萄采收时间　ban de vendage
巴罗洛葡萄酒　Barolo
巴罗萨山谷　Barossa Valley
木桶　barrel
木桶陈酿　barrel ageing
木桶　barrique
玄武岩　basalt
筐式压榨机　basket press
间歇式压榨机　batch press
搅动　bâtonnage
波美度　Baumé
博若莱红葡萄酒　Beaujolais
逐粒精选葡萄酒　Beerenauslesen
皂土　bentonite
贝瑞路德　Berry Bros and Rudd
小塑料杯　bidoule

生物动力学的　biodynamic
国际生物动力学葡萄栽培协会　Biodyvin
鸟　birds
苦味/苦　bitterness
黑麻疹病　black measles
葡萄黑腐病　black rot
葡萄黑斑病　black spot
勾兑　blending
勾兑酒　blends
盲品　blind tasting
酒体　body
波尔多　Bordeaux
波尔多液　Bordeaux mixture
硼　boron
灰葡萄孢菌　*Botrytis cinerea*
大橡木桶　botti
木桶陈酿/成熟　bottle ageing/maturation
瓶/酒瓶　bottles
装瓶　bottling
酒香　bouquet
弓杆振动器　bow-rod shakers
品牌　brands
酒香酵母　*Brettanomyces*
亮度　brightness
白利糖度　Brix
溴代苯甲醚　bromoanisoles
泡沫　bubbles
烟酒与火药管理局　Bureau of Alcohol, Tobacco, Firearms and Explosives（BATF）
勃艮第　Burgundy
灌木葡萄　bush vines
大橡木桶　butt
采购商自有品牌　buyers' own brands（BOB）
采购商规格　buyers' specifications
品丽珠　Cabernet Franc
赤霞珠　Cabernet Sauvignon
钙　calcium
形成层　cambium
长枝整形　cane training
叶幕管理　canopy management
（果皮）帽/酒帽　cap（of grape skins）

二氧化碳　carbon dioxide
碳排放　carbon footprint
碳浸渍　carbon maceration
碳中性身份　carbon neutral status
酪蛋白　casein
阳离子交换树脂　cation resins
一种西班牙起泡酒　Cava
中奥塔哥　Central Otago
离心分离　centrifugation
夏布利　Chablis
白垩/白垩土　chalk
香槟酒/香槟地区　Champagne
加糖　Chaptalisation
霞多丽　Chardonnay
查马法　Charmat method
趋化性　chemotropism
氯代苯甲醚　chloroanisoles
氯酚　chlorophenols
黄叶病　chlorosis
柠檬酸　citric acid
波尔多深色桃红葡萄酒　clairet
克莱尔谷　Clare Valley
透明度　clarity
黏粒/黏土　clay
无生产厂或酿酒师名字的葡萄酒　cleanskin wines
气候　climate
无性系选种　clonal selection
果穗　cluster
女贞细卷蛾　cochylis
冷浸渍　cold soak
冷稳定　cold stabilisation
胶体　colloids
颜色　colour
颜色渐变　colour gradation
卡曼达蕾雅葡萄酒　Commandaria
比赛　competitions
浓缩葡萄醪　concentrated grape must
国际葡萄酒大赛　Concorso Enologico Internazionale
鸡蛋形混凝土罐　concret eggs

状况（嗅觉）　condition（nose）

顾问（葡萄酒酿造）　consultants（winemaking）

接触处理　contact process

接触性防治法（葡萄园）　contact treatments（vineyard）

连续法（起泡葡萄酒）　continuous method（sparkling wine）

连续压榨　continuous press

冷凉气候区葡萄栽培　cool climate viticulture

铜　cupper

硫酸铜　cupper sulfate

龙干整形　cordon training

软木塞　cork

落花落果　coulure

扇叶病毒　court-noué/fan leaf

覆盖作物　cover crop

塔塔粉　cream of tartar

奶油香起泡葡萄酒　crémant

培养层　criaderas

错流过滤　cross-flow filtration

杂交种　crossing

中级酒庄酒　Cru Bourgeois

列级酒庄酒　Cru Classé

破碎　crushing

冷冻榨汁　cryoextraction

孢子传播病害　cryptogamic diseases

立方体罐　cuboid vats

库里科谷　Curicó Valley

密封罐法　cuve close

初榨葡萄汁/香槟酒　cuvée

细胞分裂素　cytokinins

葡萄根瘤蚜　*Daktulosphaira vitifoliaee/ Phylloxera vastatrix*

降酸　de-acidification

澄清　débourbage

《品醇客》　*Decanter* Magazine

《品醇客》世界葡萄酒大奖　*Decanter* World Wine Awards

亏缺灌溉　deficit irrigation

除渣　dégorgement

度日　degree day

德克拉酵母　*Dekkera*

倒灌并回混　délestage

德米特国际　Demeter-International e.V.

密度　density

葡萄酒中的沉淀　deposits in wine

深度过滤　depth filtration

除梗机　destemmer

发育/发展（嗅觉）　development（nose）

Diama 瓶塞　Diam closure

磷酸氢二铵　diammonium phosphate

硅藻土　diatomaceous earth

二氧化硫　disulfides

日温差　diurnal temperature range

休眠　dormancy

补液　dosage

双篱架　double hedge

杜罗河　Douro

霜霉病　downy mildew

排水（土壤）　drainage（soil）

沥出/沥干（葡萄酒）　draining（wine）

无人机　drones

果蝇属　*Drosophila*

果蝇科　Drosophilidae

干旱　drought

干冰　dry ice

旱地农业　dry land farming

硅藻土过滤机　earth filter

蛋清　egg whites

1855 年的分级　1855 Classification

冰葡萄酒　eiswein

电渗析　electrodialysis

一种雪利酒　en rama

强化　enrichment

酶　enzymes

埃斯卡病　esca

蠹虫　escolito

酯类　esters

加热的钢罐　estufas

乙醇　ethanol

乙酸乙酯　ethyl acetate

4-乙基愈创木酚　4-ethylguaiacol

4-乙基苯酚　4-ethylphenol

葡萄花翅小卷蛾　eudemis

欧盟规定/欧盟法律　EU regulations

欧洲黄蜂　European hornets

葡萄顶枯病　*eutypa* dieback

品尝考试　examination tastings

浸提/提取　extraction

发酵　fermentation

膜酵母　film yeast

过滤　filtration

资金限制　financial constraints

下胶/澄清　fining

回味（味觉）　finish（taste）

菲诺雪利酒　Fino

固定颜色　fixing colour

闪蒸　flash détente

瞬时巴氏杀菌　flash pasteurization

金黄化病毒　flavescence dorée

黄酮　flavones

类黄酮　flavonoids

风味　flavor

酒花　flor

花　flower

加强葡萄酒　fortified wines

大橡木桶　foudres

自流汁　free-run juice

法国国家农业研究院　French National Institute for Agricultural Research/Institut National de Recherche Agronomique（INRA）

霜冻　frost

果糖　fructose

果香为主的葡萄酒　fruit-driven wines

结果带/结果区/果穗区　fruiting zone

真菌病害　fungal diseases

加亚克（葡萄品种名）　Gaillac

佳美　Gamay

明胶　gelatine

遗传修饰　genetic modification

吉尼瓦双帘　Geneva Double Curtain（GDC）

土臭素　geosmin

香叶醇　geraniol

琼瑶浆　Gewürztraminer

赤霉素　gibberellins

葡萄糖酸　gluconic acid

葡萄糖　glucose

谷胱甘肽　glutathione

甘油　glycerol

糖脂　glycolipids

口感　goût anglais

风土味　goût de terroir

嫁接　grafting

特级葡萄园/特级葡萄酒　Grand Cru

优质葡萄酒　Grand Vin

花岗岩/黄岗岩土　granite

葡萄/葡萄果实　grape

碎石　gravel

格拉芙　Graves

重力加料　gravity feed

疏果　green harvesting

歌海娜　Grenache

灰霉病　grey rot

硬砂岩土　greywacke

愈创木酚　guaiacol

古约特整形　Guyot

石膏　gypsum

转瓶机　gyroplattes

冰雹　hail

卤代苯甲醚　haloanisoles

手工采收　hand picking

滞空时间　hang time

有孢汉逊酵母属　*Hanseniaspora*

采收　harvesting

上梅多克　Haut-Médoc

危害分析与关键控制点　HACCP

热浸提　heat extraction

直升机　helicopters

母鸡果和小鸡果　hens and chickens

水平板框压榨机　horizontal plate press

水平气囊压榨机　horizontal pneumatic press

猎人谷　Hunter Valley

种间杂种　hybrids

杂交　hybridisation

硫化氢　hydrogen sulfide

水解　hydrolysis

液体比重计/比重计　hydrometer

过氧合　hyper-oxygenation

冰葡萄酒　icewine

地理标识保护　Indication Géographique Protegée（IGP）

惰性气体　inert gas

成分标签　ingredient labeling

内置板材　inner staves

不锈钢罐　inox vats

昆虫　insects

国家产地和质量监控局　Institut National de I´Origine et de la Qualité

强度　intensity

国际葡萄与葡萄酒组织　International Organisation of Vine and Wine/Organisation Internationale de la Vigne et du Vin（OIV）

国际葡萄酒挑战赛　International Wine Challenge

国际葡萄酒烈酒大赛　International Wine and Spirit Competition

离子交换　ion exchange

病虫害综合管理　integrated pest management（IPM）

铁　iron

灌溉　irrigation

鱼胶　isinglass

2- 异丙基 -3- 甲氧基吡嗪　2-isopropyl-3-methoxypyrazine

ISO 品酒杯　ISO tasting glass

国际葡萄酒及烈酒研究所　International Wine & Spirits Research（IWSR）

赫雷思　Jerez

《John Platter 南非葡萄酒指南》　*John Platter South African Wine Guide*

硅藻土　kieselguhr

克勒克酵母属　*Klokera*

实验室分析　laboratory analysis

乳酸　lactic acid

瓢虫　ladybirds

一种石制容器　lagar

停滞阶段（葡萄浆果发育）　lag phase

一种起泡葡萄酒　Lambrusco

迟采/延迟采收　late harvest

叶水势/叶片水势　leaf water potential（LWP）

酒泥　lees

酒柱　legs

绵长度（品尝）　length（taste）

明串球菌属　*Leuconostoc*

软木塞　liége

木质素　lignin

石灰　lime

石灰岩/石灰岩土　limestone

线（质量）　line（quality）

再发酵液　liqueur de tirage

卢瓦尔　Loire

七弦琴　lyre

浸渍　maceration

大气候　macroclimate

充分氧合　macro-oxygenation

马德拉/马德拉葡萄酒　Madeira

葡萄珠蚧　*Margarrodes vitis*

镁　magnesium

马拉加葡萄酒　Malaga

马贝克　Malbec

苹果酸　malic acid

苹乳发酵　malolactic fermentation

二甲花翠素 -3,5- 双葡萄糖苷　malvidin-3-5-diglucoside

锰　manganese

曼赞尼拉雪利酒　Manzanilla

玛格丽特河　Margaret River

利润（零售）　margins（retail）

泥灰土　marl

马尔堡　Marlborough

马萨拉葡萄酒　Marsala

混合选种　massal selection

机械采收　mechanical harvesting

中世纪温暖期　medieval warm period

梅多克　Médoc

紫米加（用葡萄果皮和种子制成的浓缩物，可以增加葡萄酒的颜色）　megapurple

膜　membrane

门西亚（葡萄品种名）　Mencia

门多萨　Mendoza

硫醇　mercaptans

美乐　Merlot

中气候　mesoclimate

偏酒石酸　metatartaric acid

2-甲氧基-3,5-二甲基吡嗪　2-methoxy-3,
　5-dimethylpyrazine

2-甲氧基-3-异丁基吡嗪　2-methoxy-3-isobutyl
　pyrazine

甲氧基吡嗪　methoxypyrazines

4-甲基愈创木酚　4-methyl-guaiacol

一种白垩土　micraster

微生物群系　microbiome

微气候　microclimate

微氧合/微氧合作用　micro-oxygenation

小果粒　millerandage

矿质元素　minerals

密斯特拉风　Mistral

杂质/非葡萄果实物质　materials other than
　grapes（MOGS）

慕斯卡黛（葡萄品种名称）　Moscatel

产于葡萄牙 Sétubal 半岛的一种加强葡萄酒
　Moscatel de Sétubal

摩泽尔　Mosel

蛾　moth

慕斯　mousse

麝香葡萄　Muscat

葡萄醪　must

支原体　mycoplasma

纳帕　Napa

自然葡萄酒　natural wine

内比奥罗　Nebbiolo

线虫　nematodes

种子探头　neutron probes

尼尔森　Nielsen

氮/氮气　nitrogen

贵腐病　noble rot

节　node

结节　nodosities

嗅觉　nose

氮磷钾肥料　NPK fertiliser

橡木　oak

赭曲霉毒素 A　ochartoxin A

奥斯勒度　Oechsle

粉孢子　oidium

嗅球　olfactory bulb

嗅上皮　olfactory epithelium

欧罗索雪莉酒　Oloroso

光学分选　optical sorting

有机葡萄酒　organic wine

感官分析　organoleptic analysis

氧化/氧化作用　oxidation

氧合/氧合作用　oxygenation

味觉　palate

乳突　papillae

部分根干燥　partial root drying

巴斯德杀菌　pasteurization

波亚克　Pauillac

果胶酶　pectolytic enzymes

果柄/花柄　pedicel

小球菌属　*Pediococcus*

总穗梗　peduncle

奔富　Penfolds

五氯苯甲醚　pentachloroanisole

棚架　pergola

珍珠岩　perlite

允许的添加物　permitted additives

霜霉病　peronospera

叶柄分析　petiole analysis

小味儿多　Petit Verdot

酚类双黄酮　phenolic biflavaniod

酚类物质成熟度　phenolic ripeness

韧皮部　phloem

拟茎点霉属　Phomopsis

磷脂　phospholipids

磷　phosphorus

光合作用　photosynthesis

葡萄根瘤蚜禁区　*Phylloxera* Exclusion Zones

生理成熟度　physiological ripeness

皮尔斯病　Pierce's disease

踩皮/压帽　pigeage

黑比诺　Pinot Noir

塑料瓶塞　plastic stoppers

时不时地摇动　poignettage

授粉　pollination

聚合作用　polymerisation

多酚　polyphenols

聚乙烯聚吡咯烷酮　polyvinylpolypyrrolidone
（PVPP）

波美侯　Pomerol

波特酒　Port

钾　potassium

一种白葡萄酒　Pouilly Fumé

类烘焙贵腐　pourri rôti

白粉病　powdery mildew

精细葡萄栽培　precision viticulture

黎明前水势　pre-dawn water potential
（PDWP）

一级　Premier cru

过早氧化　premox

价格/价格点　price point

一类香气　primary aromas

过程传感器技术　process sensor technology

轮廓　profit

普罗塞克汽酒(一种意大利葡萄汽酒）　Prosecco

原产地命名保护　Protected Designation of
Origin（PDO）

地理标志保护　Protected Geographical Indication
（PGI）

蛋白浑浊　protein haze

修剪方法　pruning methods

果肉　pulp

泵送　pump over

泵　pumps

香槟酒架　pupitres

葡萄长须卷蛾　pyrale

吡嗪　pyrazines

质量评价/质量评定　quality assessment

质量管理体系　quality management system

检疫　quarantine

石英　quartz

栎属　*Quercus*

穗轴　rachis

倒灌并回混　rack and return

倒罐　racking

青冈木　rauli

适饮性　readiness for drinking

精馏的浓缩葡萄醪　rectified concentrated
grape must

还原反应/还原　reductivity

折光仪　refractometer

淋汁　remontage

转瓶　rémuage

残糖　residual sugar

鼻后通道　retro-nasal passage

反渗透　reverse osmosis

罗纳河　Rhône

雷司令　Riesling

边/边缘　rim

砧木　rootstocks

桃红/粉红 rosé

旋转真空过滤机　rotary vacuum filter

旋转发酵罐　rotary vinifiers

葡萄锈螨　rust mites

酵母属　*Saccharomyces*

有内衬的低碳钢　SAFRAP

抽汁　saignée

圣埃美隆分级　Saint-Émilion Classification

盐　salinity

咸味　saltines

沙/砂土　sand

苏特恩葡萄酒/苏玳　Sauternes

长相思　Sauvignon Blanc

片岩/片岩土　schist

斯科特-亨利整形　Scott Henry Trellis

螺旋帽　screw-cap

二类香气　secondary aromas

优级葡萄酒　second wine

部分二氧化碳浸渍　semi-carbonic maceration

赛美容　Semillon

性困惑　sexual confusion

薄板过滤机　sheet filter

雪利酒　Sherry

西拉　Shiraz

弹丸果/子弹果　shot berries

中断/停止（葡萄植株）　shut dawn（vine）

黏土/黏粒　silt

地点特征为主的葡萄酒　site driven wines

果汁和果皮接触　skin contact

果皮（葡萄）　skins（grapes）

板岩　slate

烟污染　smoke taint

腹足类　snails

钠　sodium

土壤　soil

索莱拉　Solera

山梨酸　sorbic acid

分选（葡萄）　sorting（grapes）

南澳的 Riverland　South Australia Riverland

澳大利亚东南部　South-Eastern Ausralia

晚收葡萄酒　Spätlese

红蜘蛛　spider mites

旋转锥　spinning cones

吐酒器　spittoons

喷施/喷洒　spraying

短枝修剪　spur pruning

不锈钢　stainless steel

穗梗　stalks

储存条件　storage conditions

胁迫　stress

结构（葡萄酒）　structure（wine）

发酵中止　stuck fermentation

底土　subsoil

蔗糖　sucrose

糖/糖分　sugar

二氧化硫　sulfur dioxide

硫　sulfur

夏季修剪　summer pruning

日灼　sunburn

超市　supermarkets

味觉超敏感者　supertasters

超级托斯卡纳葡萄酒　Super Tuscans

甜葡萄原汁　Süssreserve

甜度　sweetness

西拉　Syrah

次级葡萄汁　tailles

污染/破败　taint

切向过滤　tangential filtration

单宁　tannin

酒石酸　tartaric acid

酒石酸盐晶体　tartrate crystals

味蕾　taste buds

品尝　tasting

酒泪　tears

技术分析　technical analysis

染色葡萄　teinturier

蒂考瓦塔双层整形　Te Kauwhata Two Tier（TK2T）

温度　temperature

萜烯　terpene

红色石灰土　terra rossa

风土　terroir

三类香气　tertiary aromas

2,3,4,6-四氯苯甲醚　2,3,4,6-tetrachloroanisole

质地（葡萄酒）　texture（wine）

热冲击　thermic shock

热蒸　thermo détente

热装瓶　thermotic bottling

热浸渍酿造　thermo-vinification

烘烤　toasting

托卡伊　Tokaji

舌　tongue

大木桶　tonneaux

补足　topping up

表土　topsoil

微量元素　trace elements

传统法　tranditional method

整形　training systems

转移法　transfer method

蒸腾作用　transpiration

格架/格子架　trellis

2,4,6-三溴苯甲醚　2,4,6-tribromoanisole

2,4,6-三溴苯酚　2,4,6-tribromophenol

2,4,6-三氯苯甲醚　2,4,6-trichloroanisole

精选过熟干化葡萄酒　Trockenbeerenauslesen

结节　tuberosities

典型性　typicity

英国葡萄酒销售　UK wine sales

缺量　ullage

鲜味　umami

液泡　vacuoles

真空蒸发　vacuum evaporation

优可谷　Valle de Uco

瓦尔波利塞拉葡萄酒　Valpolicella

香草/香草味　vanilla

香草醛　vanillin

品种特征　varietal characteristics

品种香为主的葡萄酒　variety driven wines

Vaslin 压榨机　Vaslin press

罐　vats

威尼托　Veneto

转色/转色期　veraison

垂直筐式压榨机　vertical basket press

新梢垂直定位　vertical shoot positioning（VSP）

垂直品尝　vertical tasting

生长势强　vigour

法国葡萄酒　Vin de France

次级以下葡萄汁　vin de rebèche

果蝇　vinegar flies

灰色葡萄酒　vin gris

黄葡萄酒　Vin Jaune

圣酒　Vin Santo

葡萄植株/葡萄树体　vine

葡萄园卫生　vineyard hygiene

清酒　vins clairs

天然甜型葡萄酒　vins doux naturels

年份因素　vintage factor

维欧尼　Viognier

病毒　virus

天气　weather

气象站　weather station

杂草　weeds

整个果穗压榨　whole cluster pressing

整个葡萄发酵　whole grape fermentation

鼓风机　wind machines

《葡萄酒倡导家》　*Wine Advocate*

葡萄酒及烈酒教育基金会　Wine and Spirit Education Trust（WSET）

澳大利亚酿酒师协会　Winemakers Federation of Australia

葡萄酒厂设计　winery designs

葡萄酒协会　Wine Society

《葡萄酒观察家》　*Wine Spectator*

Winkler 系统（度日）　Winkler System（degree day）

《美酒世界》　*World of Fine Wine*

WSET®系统品尝法（学业水平）　Systematic Approach to Tasting（Diploma）

酵母　yeast

产量　yields

锌　zinc

朱卡迪酒庄　Zuccardi

彩　图

图 1.1　阿根廷种植的一些葡萄品种

图 1.3　手持折光仪

图 2.1　新西兰的葡萄园鼓风机

图 2.2　安装防雹网后的篱架葡萄

图 2.3　落花造成的稀疏葡萄果穗

图 2.4　摩泽尔河谷的陡坡葡萄园

图 3.1　摩泽尔的板岩土

图 3.2　波尔多左岸的碎石土

图 3.3　杜罗河谷的片岩土

图 3.4　受缺绿症影响的葡萄植株

图 4.1　修剪后不久的灌木葡萄（瓦伦西亚）

图 4.3　未修剪的古约特整形葡萄

图 4.4　修剪后不久的古约特整形葡萄

图 4.5　修剪和绑缚后的古约特整形葡萄

图 4.6　冬季修剪后的 VSP 整形葡萄

图 4.7　夏季的 VSP 整形葡萄

图 4.8　威尼托的棚架葡萄

图 4.9　双篱架七弦琴整形

图 4.10 阿根廷葡萄园沟灌
（阿根廷朱卡迪酒庄惠赠）

图 4.11 葡萄园滴灌

图 4.12 葡萄的花序

图 5.1 受灰葡萄孢菌侵染的葡萄果实

图 5.2 南非感染卷叶病毒的葡萄植株

图 6.1 昆虫性诱剂胶囊

图 6.2　葡萄园中的覆盖作物

图 6.3　喷施液化葡萄柚抵抗灰霉菌

图 6.4　制作生物动力学制剂所使用的坑

图 7.1　波尔多产区拉赛格酒庄的手工采收
（拉赛格酒庄惠赠）

图 7.2　工作中的机械采收机（罗马尼亚）

图 7.3　将偏重亚硫酸钾添加到盛果容器中

图 8.1　无墙壁工业化的葡萄酒厂

图 8.2　夏布利的鸡蛋形混凝土罐

图 8.3　碧尚女爵酒庄的不锈钢罐

图 8.4　庞特卡奈酒庄的木质罐

图 9.1　安装在分选台上的除梗机

图 9.2　发酵罐中葡萄果皮形成的浮帽

图 9.3　淋汁俯视图

图 11.1　葡萄醪浓缩机

图 11.2　充气泵送

图 11.3　混凝土罐中的内置木条

图 11.4　酵母增殖机

图 11.5　水平板框压榨机

图 11.6　水平气囊压榨机

图 11.7　垂直筐式压榨机

图 12.1　制作木桶的风干橡木板

图 13.1　旋转真空过滤机

图 13.2　薄板过滤机

图 13.3　错流过滤机

图 13.4　倒灌之后留在不锈钢罐中的酒石酸盐

图 14.1　干化处理的葡萄

图 15.1 转瓶用香槟酒架
（Taittinger 香槟酒/Hatch Mansfield 惠赠）

图 15.2 陀螺式自动转瓶机
（Brett Jones 惠赠）

图 16.1 ISO 品酒杯

图 16.2 Riedel Central Otago '黑比诺' 品酒杯
（Riedel 惠赠）

图 16.3　不同高度的吐酒器

图 16.6　倾斜品酒杯以评价外观

图 17.1　俯视葡萄酒以获得对颜色深度的
印象

图 17.2　与图 17.1 一样的葡萄酒酒杯倾斜至
30°观察

图 17.3 　各种颜色的桃红葡萄酒

图 17.4 　波尔多中级酒庄葡萄酒新酒
（5 年）

图 17.5 　非常成熟的波尔多列级酒庄葡萄酒
（约 45 年）

图 17.6　气泡细小、像珍珠一样的优质
香槟酒

图 17.7　查马法酿造的气泡不一致的起泡
葡萄酒

图 23.1　智利库里科谷 Molina 葡萄园的
一部分

图 23.2　"La Moutonne"（夏布利特级
葡萄园 Preuses 和 Vaudésir 的一部分）

图 24.2　无人管理的葡萄园新梢四处蔓延

图 24.3　正在卸葡萄的 10 t 自卸车

图 25.1　新西兰南岛的行间加植的葡萄园

图 25.2　圣埃美隆重新种植的葡萄园

图 25.3　手工分拣

图 25.4　振动分选台分选

图 25.5　Tribaie 密度分选机
（AMOS INDUSTRIE 惠赠）

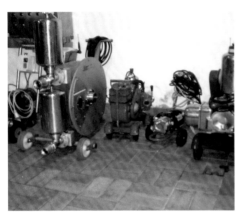

图 25.6　各种叶轮泵和离心泵

图 25.7　蠕动泵

图 25.8　白马酒庄的发酵罐

图 25.9　荔仙酒庄的发酵罐

图 25.10 阿根廷朱卡迪酒庄的双耳罐（阿根廷朱卡迪酒庄惠赠）

图 25.11 圣埃美隆拉赛格酒庄用产自 Paris-Hlatte 的橡木桶